高等学校计算机教材

Illustrator 实用教程

郑阿奇　主　编

电子工业出版社·

Publishing House of Electronics Industry

北京·BEIJING

内 容 简 介

本书按照"基础—基本操作—综合应用"的递进方式分三部分介绍 Illustrator CS3。第一部分为 Illustrator 基础，包括第 1～3 章，分别介绍 Illustrator CS3 的操作环境、基本概念和作品制作流程；第二部分为 Illustrator 基本操作，包括第 4～11 章，结合实例介绍各种命令和工具；第三部分，即第 12 章，为 Illustrator 综合应用，列举了 Illustrator CS3 在几方面的典型应用，可以满足课堂教学和课程实践的需要。本书配有教学课件和配套辅助文件。

本书可作为大学本科、高职高专有关课程的教材，也可作为广大 Illustrator 用户自学和参考用书。

图书在版编目（CIP）数据

Illustrator 实用教程 / 郑阿奇主编. —北京：电子工业出版社，2008.11
高等学校计算机教材
ISBN 978-7-121-07572-8

Ⅰ. I… Ⅱ.郑… Ⅲ.图形软件，Illustrator－高等学校－教材 Ⅳ.TP391.41

中国版本图书馆 CIP 数据核字（2008）第 161671 号

策划编辑：童占梅
责任编辑：秦淑灵
印　　刷：北京市顺义兴华印刷厂
装　　订：三河市双峰印刷装订有限公司
出版发行：电子工业出版社
　　　　　北京市海淀区万寿路 173 信箱　邮编：100036
开　　本：787×1 092　1/16　印张：17.75　字数：454 千字
印　　次：2008 年 11 月第 1 次印刷
印　　数：4 000 册　　定价：28.00 元

凡所购买电子工业出版社图书有缺损问题，请向购买书店调换。若书店售缺，请与本社发行部联系，联系及邮购电话：（010）88254888。

质量投诉请发邮件至 zlts@phei.com.cn，盗版侵权举报请发邮件至 dbqq@phei.com.cn。

服务热线：（010）88258888。

前　言

Illustrator 是目前最优秀的图像处理软件之一，是 Photoshop 的姐妹软件，它的最新版本是 Illustrator CS3。Illustrator 的强大功能使它成为目前最受欢迎的图像处理软件之一，学习和使用者众多，市场上也有各种各样版本的 Illustrator 书籍。

我们在编写本教程时，更多地考虑了教材的**可读性和可用性**。

本书按照学习者循序渐进的认知规律，用**"基础—基本操作—综合应用"的递进方式**，分三部分介绍 Illustrator CS3。

第一部分为 Illustrator **基础**，包括第 1～3 章，分别介绍 Illustrator CS3 的操作环境、基本概念和作品制作流程，为读者理解后续章节内容打下坚实的基础。

第二部分为 Illustrator **基本操作**，包括第 4～11 章，采用文、图、例结合的方式，简洁而清晰地介绍各种操作命令和工具。

第三部分，即第 12 章，为 Illustrator 的**综合应用**，列举了 Illustrator CS3 在几个方面的典型应用，可以满足课堂教学和**课程实践**的需要。

为了方便教学，本书配有**教学课件和配套辅助文件**，需要者可以到华信教育资源网 http://www.huaxin.edu.cn 或 http://www.hxedu.com.cn **免费注册下载**。

实际上，本教程不仅适合于教学，也非常适合于培训和用户自学。只要阅读本书，结合实验进行练习，就能在较短的时间内基本掌握 Illustrator CS3 及其应用技术。

本书由南京师范大学郑阿奇主编，李文辉、杨阳参加了本书的部分编写工作。很多同志对本书的编写提供了帮助，在此一并表示感谢！

参加本套丛书编写的有郑阿奇、梁敬东、顾韵华、王洪元、杨长春、丁有和、徐文胜、曹弋、姜乃松、刘启芬、殷红先、张为民、彭作民、郑进、王一莉、周怡君、刘毅等。

由于作者水平有限，不当之处在所难免，恳请读者批评指正。

编　者

目　　录

第 1 部分　Illustrator 基础

第 2 部分　Illustrator 基本操作

第 3 部分　Illustrator 综合应用

第 1 部分　Illustrator 基础

第 1 章　Illustrator CS3 的操作环境

1.1　Illustrator CS3 的操作界面

双击桌面上的 Illustrator 图标，或单击桌面左下角"开始/程序"命令，选择 Illustrator 应用程序，界面上出现 Adobe Illustrator CS3 的启动画面。

启动完成后进入操作界面，首次运行会出现欢迎屏幕，如图 1-1 所示。

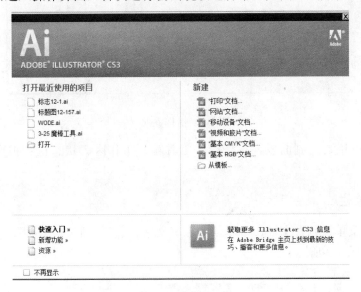

图 1-1　欢迎屏幕

位于欢迎屏幕左半边的是"打开最近使用的项目"区域，左下角有 4 个选项，分别是"快速入门"、"新增功能"、"资源"和"不再显示"。选择"打开…"选项，出现"打开"对话框（默认情况下是 Adobe 对话框），单击左下角"使用 OS 对话框"按钮，对话框模式发生转换；单击"取消"按钮退出对话框。选中对话框左下角"不再显示"选项，在每次启动 Illustrator 程序时将不会出现欢迎屏幕；如果需要重新打开欢迎屏幕，则要选择菜单栏"帮助"选项卡里的"欢迎屏幕"选项。

位于欢迎屏幕右半边的是"新建"区域，包括"'打印'文档…"、"'网站'文档…"、"'移动设备'文档…"、"'视频和胶片'文档…"、"'基本 CMYK'文档…"和"'基本 RGB'文档…"选项，选择新建文档后，会弹出"新建"对话框，可以有选择地设定新文档的属性；新建文档下面是"从模板…"文件夹，它可以用系统预设的模板新建文档（用户创建的文档也可以存储为模板），是创建文档的快捷方式。

在欢迎屏幕上选择新建文档的类型，设定好"新建"对话框中的选项，单击"确定"按钮，界面上出现的就是 Adobe Illustrator CS3 的操作界面，如图 1-2 所示。

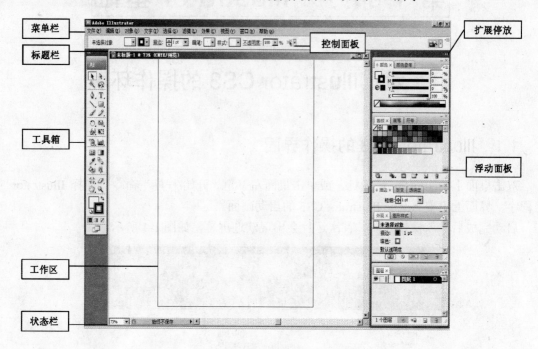

图 1-2　操作界面

其中包含菜单栏、控制面板、标题栏、工具箱、工作区、状态栏、扩展停放、浮动面板等。

1.1.1　菜单栏

Illustrator 的菜单栏包含文件、编辑、对象、文字、选择、滤镜、效果、视图、窗口、帮助 10 个菜单，如图 1-3 所示。

文件(F)　编辑(E)　对象(O)　文字(T)　选择(S)　滤镜(L)　效果(C)　视图(V)　窗口(W)　帮助(H)

图 1-3　菜单栏

单击菜单栏中的任意一个菜单命令，随即会出现一个下拉菜单，其中的命令就是可以选择执行的命令。有些命令的后面带有字母，表示执行该命令的快捷键，在键盘上按对应的字母可以迅速执行该命令；命令右侧的"▶"符号表示该命令有级联菜单；而命令后面的"…"符号表示单击该命令会弹出一个对话框；而命令显示为灰色表示当前不可用，如图 1-4 所示。

1.1.2　控制面板

使用"控制面板"可以快速访问所选对象的相关选项，如图 1-5 所示。在默认情况下，"控制面板"停放在工作区域的顶部，菜单栏的下方。单击控制面板最右端的 ≡▼ （面板菜单）按钮，弹出面板菜单，选择"停放到底部"命令，可以把此面板放到工作区底部。拖动面板的最左端可将控制面板拖放到工作区的任意位置。

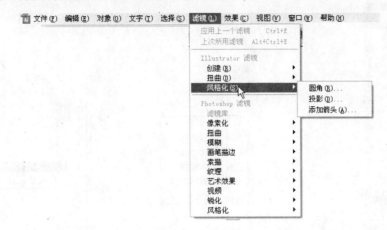

图 1-4　菜单命令

图 1-5　控制面板

控制面板也包括"变换"面板，如图 1-6 所示。在"变换"面板中可以设置目标的坐标位置、长宽、旋转角度和倾斜程度。

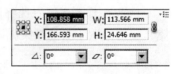

控制面板中显示的选项根据所选对象的类型而异。例如，当选择文本对象时，除了显示可更改对象的颜色、位置和尺寸选项之外，"控制面板"还显示文本格式选项，如图 1-7 所示。

图 1-6　"变换"面板

图 1-7　文本控制面板

在控制面板中，文本为蓝色且带下画线，可以单击文本以显示弹出式面板。例如，单击控制面板中的"描边"选项，则弹出与描边相关的选项面板，其作用等同于"描边"面板。

1.1.3　工具箱

工具箱中的工具用于在 Illustrator 中创建、选择和处理对象。可以通过单击或者按快捷键来选择工具。当鼠标指针放在工具上时，将出现该工具名称和其键盘快捷键的提示，如图 1-8 所示。执行"窗口/工具"菜单命令，可以显示/隐藏工具箱。

有的工具下面还有其他工具，称为"隐藏工具"。工具图标右下角带有小三角的表示有隐藏工具。要查看隐藏工具，则按住工具图标右下角的三角形按钮；要选择隐藏工具，则继续按住鼠标左键，将指针移到要选择的工具上释放鼠标即可，如图 1-9 所示（鼠标所指的工具会凹陷发亮显示）。隐藏工具也可以调出，形成单独的工具面板。按住鼠标左键将指针移到隐藏工具箱末尾的小三角上单击，隐藏的工具就形成一个新的工具面板，如图 1-10 所示。单击面板上的"关闭"按钮，可使工具返回工具箱。

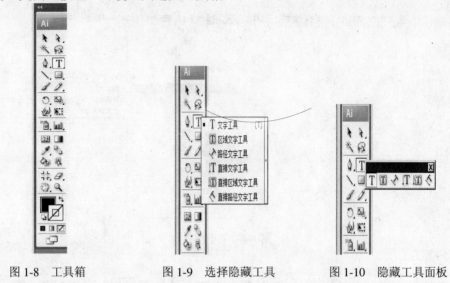

图 1-8 工具箱　　　　图 1-9 选择隐藏工具　　　　图 1-10 隐藏工具面板

下面对工具箱中的工具进行简单的分类说明，具体使用方法将在以后的章节中介绍。

1. 选取工具

选取工具主要用于选择图形中的操作对象，包括选择、直接选择、编组选择、魔棒、套索，应用选取工具的效果如图 1-11 所示。

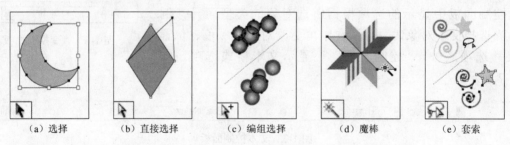

（a）选择　　　（b）直接选择　　　（c）编组选择　　　（d）魔棒　　　（e）套索

图 1-11 选取工具效果

选择：选择整个图形、路径或编组对象、文字块等，也可以通过按住鼠标左键拖动矩形框来选择图形。

直接选择：选择对象内的节点或路径，以便单独修改（包括编组的图形）。

编组选择：选择编组后图形内的子图形或组内的组。

魔棒：选择具有相似属性的对象，主要根据对象颜色进行选择。

套索：选择对象内的点或路径段。

2. 绘图工具

绘图工具主要用于绘制各种形状图形、路径线段和一些效果图。绘图工具主要包括钢笔工具组、形状工具组和铅笔工具等，应用绘 图工具的效果如图 1-12 所示。

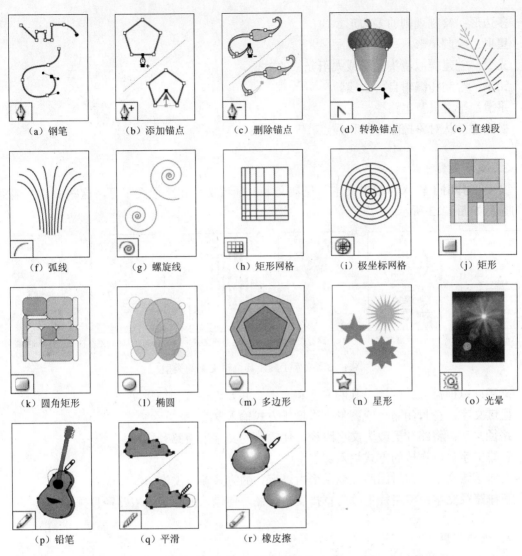

（a）钢笔　　（b）添加锚点　　（c）删除锚点　　（d）转换锚点　　（e）直线段

（f）弧线　　（g）螺旋线　　（h）矩形网格　　（i）极坐标网格　　（j）矩形

（k）圆角矩形　　（l）椭圆　　（m）多边形　　（n）星形　　（o）光晕

（p）铅笔　　（q）平滑　　（r）橡皮擦

图 1-12　绘图工具效果

钢笔：绘制直线和曲线。

添加锚点：将锚点添加到路径。

删除锚点：从路径中删除锚点。

转换锚点：将平滑点与角点互相转换。

直线段：绘制各个直线段。

弧线：绘制各种凹入或凸起的曲线段。

螺旋线：绘制顺时针和逆时针螺旋线。

矩形网格：绘制方形和矩形网格。

极坐标网格：绘制圆形网格。

矩形：绘制方形和矩形。

圆角矩形：绘制具有圆角的方形和矩形。

椭圆：绘制圆和椭圆。

多边形：绘制规则的多边形。

星形：绘制星形。

光晕：创建类似镜头光晕或太阳光晕的效果。

铅笔：绘制和编辑自由线段。

平滑：平滑贝塞尔路径。

橡皮擦：从对象擦除路径和锚点。

3．文字工具

文字工具用于输入和编辑文本，包括文字、区域文字和路径文字等，这些工具及编辑文字的类型如图 1-13 所示。

   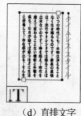  

（a）文字　　　　　（b）区域文字　　　　（c）路径文字　　　　（d）直排文字　　　（e）直排区域文字　　（f）直排路径文字

图 1-13　文字工具及其编辑文字的类型

文字：以横排方式创建单独的文字和文本，并允许输入和编辑文字。

区域文字：在封闭路径或图形中以横排方式输入文字。

路径文字：将路径更改为文字路径，使输入的文字沿着路径横排。

直排文字：以直排的方式输入文字。

直排区域文字：在封闭路径或图形内以直排的方式输入文字。

直排路径文字：将路径更改为直排文字路径，使输入的文字沿着路径直排。

4．着色工具

Illustrator 提供了下列着色工具：画笔、网格、渐变和吸管，此外还有实时上色和实时上色选择工具，应用着色工具的效果如图 1-14 所示。

（a）画笔　　　　　　　（b）网格　　　　　　　（c）渐变　　　　　　（d）吸管

图 1-14　着色工具效果

画笔：徒手绘制形状、书法线条，以及任意路径和图案效果。

网格：将图形转换成多种编辑网格。在网格中任意节点处的颜色都可以改变。

渐变：创建渐变颜色。调整对象中渐变的起点、终点和角度，可创建不同方位的渐变效果。

吸管：从对象中对颜色或文字属性进行取样并加以应用。

实时上色：按当前的上色属性绘制"实时上色"组的表面和边缘。

实时上色选择：选择"实时上色"组中的表面和边缘，再对其上色。

5．变形工具

变形工具主要用于对已创建形状做多样化的变形处理，主要包括旋转、缩放、变形等工具，应用变形工具的效果如图 1-15 所示。

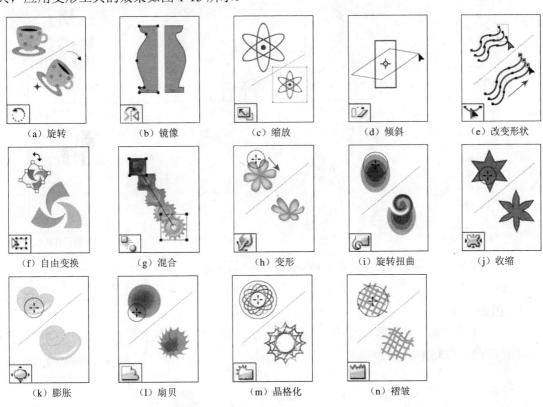

（a）旋转　　　　（b）镜像　　　　（c）缩放　　　　（d）倾斜　　　　（e）改变形状

（f）自由变换　　（g）混合　　　　（h）变形　　　　（i）旋转扭曲　　　（j）收缩

（k）膨胀　　　　（l）扇贝　　　　（m）晶格化　　　（n）褶皱

图 1-15　变形工具效果

旋转：围绕固定点旋转对象。

镜像：围绕固定轴翻转对象。

缩放：围绕固定点调整对象大小。

倾斜：围绕固定点斜拉对象。

改变形状：在保持路径及形状不变的同时调整所选择的锚点。

自由变换：对所选对象进行缩放、旋转或倾斜等变形处理。

混合：对对象的颜色和形状进行混合，创建一系列的对象。

变形：通过拖动鼠标重新塑造对象形状。

旋转扭曲：在对象中顺时针或逆时针创建旋转扭曲。

收缩：通过向十字线方向收缩控制点收缩对象。

膨胀：通过向远离十字线方向移动控制点扩展对象。

扇贝：使对象的轮廓形成扇贝状的起伏效果。

晶格化： 向对象的轮廓添加随机锥化的细节。

褶皱： 使对象的轮廓出现皱褶。

6. 符号工具

符号工具用于创建和编辑符号的形状。包含符号喷枪、符号位移、符号缩放、符号旋转、符号着色等工具，具体应用效果如图 1-16 所示。

（a）符号喷枪　　（b）符号位移　　（c）符号紧缩　　（d）符号缩放

（e）符号旋转　　（f）符号着色　　（g）符号滤色　　（h）符号样式器

图 1-16　符号工具应用效果

7. 图表工具

图表工具用于创建各种数据图表，例如柱形图、条形图、折线图、面积图、散点图、饼图、雷达图等，如图 1-17 所示。

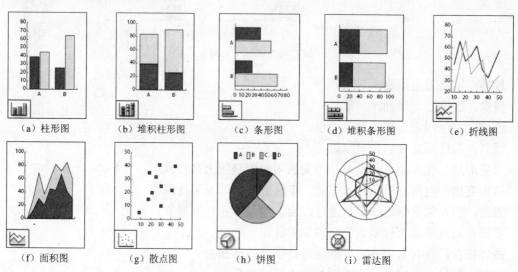

（a）柱形图　　（b）堆积柱形图　　（c）条形图　　（d）堆积条形图　　（e）折线图

（f）面积图　　（g）散点图　　（h）饼图　　（i）雷达图

图 1-17　图表工具应用效果

8．其他工具

其他工具包括切片、切片选择、剪刀、美工刀、抓手、页面、裁剪区域、缩放和度量，这些工具的应用效果如图 1-18 所示。

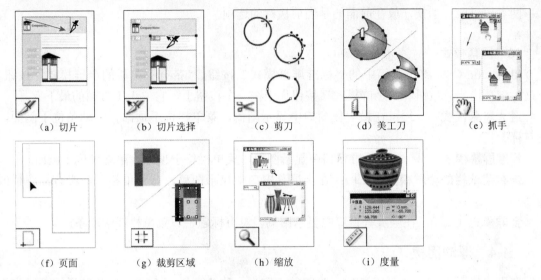

（a）切片　　　　（b）切片选择　　　　（c）剪刀　　　　（d）美工刀　　　　（e）抓手

（f）页面　　　（g）裁剪区域　　　（h）缩放　　　（i）度量

图 1-18　其他工具的应用效果

切片： 将图稿分割为单独的 Web 图像。

切片选择： 选择分割的 Web 切片。

剪刀： 在特定点剪切路径。

美工刀： 将对象和路径分割。该工具只对面积路径有效。

抓手： 在图像窗口中移动，滚动页面，查看所需的地方。

页面： 调整页面网格，控制图稿在打印页面上显示的位置。

裁剪区域： 选择指定的区域来打印或导出。

缩放： 放大或缩小页面中图像的预览比例。

度量： 对对象高度、宽度以及角度等参数进行测量。

9．填色和描边工具

填色和描边工具用来定义对象的填充色和边线颜色，其图标是两个重叠在一起的颜色框，如图 1-19 所示。

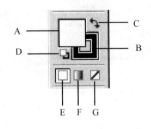

图 1-19　"填色和描边"图标

其中：

两者可以前后切换，放在前面的是当前执行的选项。

10. 屏幕模式

Illustrator CS3 将工具箱中的"标准屏幕模式"按钮、"带有菜单栏的全屏模式"按钮、"最大屏幕模式"按钮和"全屏模式"按钮集中在一个按钮上，它位于工具箱的最下方。

最大屏幕模式（▢）：在最大化窗口中显示图稿，菜单栏位于顶部，滚动条位于侧面，没有标题栏。

标准屏幕模式（▱）：在标准窗口中显示图稿，菜单栏位于顶部，滚动条位于侧面。

带有菜单栏的全屏模式（▢）：在全屏幕窗口中显示图稿，有菜单栏，但没有标题栏或滚动条。

全屏模式（▢）：在全屏幕窗口中显示图稿，没有标题栏、菜单栏或滚动条。

1.1.4 浮动面板

在操作界面上有一些可以移动、关闭的小窗口，称为浮动面板。单击菜单栏的"窗口"命令，在弹出菜单中可以选择显示或隐藏某一浮动面板，如图 1-20 所示。在菜单命令前带有"√"（复选符号）的为当前已打开的面板。在默认状态下，Illustrator 有两组串接在一起的浮动面板。有的面板中包含的项目不止一项，如图 1-21 所示。

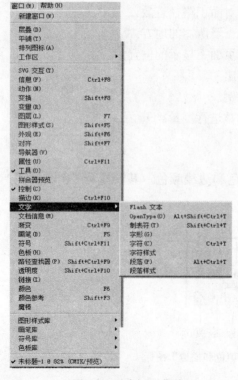

图 1-20 "窗口"菜单

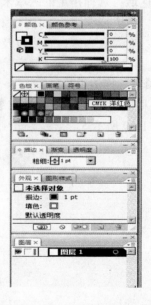

图 1-21 浮动面板

拖动顶层的面板可以整体移动串接在一起的面板。也可以拖出其中任意一项，形成新的面板，如图 1-22 所示。同样也可以拖动任意项到其他面板，将散落在外的项目组合到一起，节省面板占用的空间。

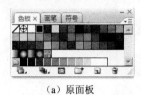

（a）原面板　　　　　　　　　（b）"画笔""符号"面板　　　　　　（c）"色板"面板

图 1-22　单独拖出面板

在面板之间也可以重新进行上下串接，例如，将"画笔"面板和"色板"面板串接在一起，只需拖动"画笔"面板移到"色板"面板的底部，释放鼠标即可，如图 1-23 所示。

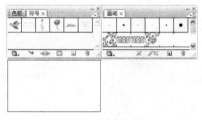

（a）拖动"画笔"面板　　　　　　　　　（b）串接后的面板

图 1-23　串接面板

串接到一起的面板可以进行统一管理，如果只想保留组中面板的名称栏部分，就单击顶层面板窗口右上角的"最小化"按钮收缩面板，如图 1-24 所示。再次单击就会全部打开。为了操作方便，也可以在收缩面板后单独使用某一面板，只要在面板组中单击要使用的面板选项卡即可，如图 1-25 所示。

图 1-24　收缩所有面板　　　　　　　　图 1-25　使用"颜色"面板

在每个面板的右上角都有 ⬛（面板菜单）按钮，单击可显示当前所用面板的面板菜单，如图 1-26 所示。

有些面板的左侧有 ⬤ 符号，表示面板有隐藏选项，如"颜色"面板、"描边"面板、"透明度"面板等，单击此双三角符号可循环显示面板中的选项，如图 1-27 所示。从其面板菜单中执行"显示/隐藏选项"命令，也可显示或隐藏选项。

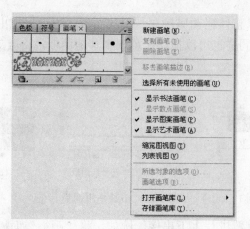

图 1-26　面板菜单

图 1-27　循环显示面板中的选项

要还原到默认状态下的面板，可执行"窗口/工作区/默认"菜单命令。

下面具体介绍在 Illustrator 应用中经常会用到的一些面板的功能和用法。

1. 画笔面板

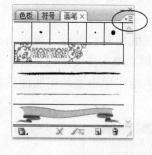

图 1-28　"画笔"面板

"画笔"面板显示当前文件的画笔，单击面板中的笔尖样式，可以改变当前选择文件的画笔样式。若"画笔"面板没有在窗口中显示，可执行"窗口/画笔"菜单命令，调出"画笔"面板，如图 1-28 所示。

"画笔"面板中的笔尖分为 4 种类型："显示书法画笔"、"显示散布画笔"、"显示艺术画笔"和"显示图案画笔"。从面板菜单中选择这些类型，可以显示或隐藏这些画笔。"画笔"面板还允许从另一个文件导入画笔类型。打开面板菜单，执行"打开画笔库"命令，或执行菜单栏"窗口/打开画笔库"命令，选择一种画笔，如图 1-29 所示。例如，选择"装饰_文本分隔线"画笔，弹出"装饰_文本分隔线"面板，如图 1-30 所示。

单击"装饰_文本分隔线"面板中的笔尖样式可以将笔尖添加到"画笔"面板中。要从"画笔"面板中删除画笔，则选择画笔并单击面板底部的 🗑 （删除画笔）按钮，或直接拖动画笔到该按钮上。

若要创建新的画笔库，则把所需的画笔添加到"画笔"面板，并删除所有不需要的画笔，然后从"画笔"面板菜单中执行"存储画笔库"命令即可。

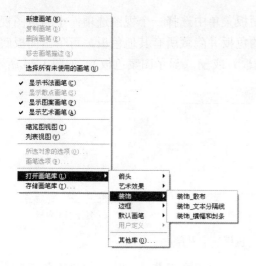

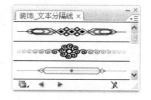

图 1-29 "打开画笔库"命令   图 1-30 "装饰_文本分隔线"面板

2．描边面板

"描边"面板用于控制路径的粗细、路径为实线还是虚线、路径为虚线时的虚线次序、斜接限制，以及线段连接和线段端点的样式。若"描边"面板不在窗口中显示，可执行"窗口/描边"菜单命令，调出"描边"面板，如图 1-31 所示。

图 1-31 "描边"面板

在默认情况下，"描边"面板中只显示"粗细"选项。若要显示所有选项，则从面板菜单中执行"显示选项"命令，也可以单击面板选项卡上的 ⇕（双三角形）来循环切换显示。

图 1-32 "符号"面板

3．符号面板

使用"符号"面板用于管理文档的符号，选择面板中的符号形状后，使用工具箱里的喷枪工具可画出符号形状。若"符号"面板不在窗口中显示，可执行"窗口/符号"菜单命令，调出"符号"面板，如图 1-32 所示。

在默认情况下，"符号"面板中包含各种预设符号，可以从创建的符号库中添加符号，也可以执行"窗口/符号库"菜单命令，或在"符号"面板菜单中执行"打开符号库"命令，然后选择需要的符号添加到"符号"面板中（添加方法同添加画笔库到"画笔"面板）。

4．色板面板

使用"色板"面板用于控制所有文档的颜色、渐变、图案和色调，也可以命名和存储任意项用于快速访问。当所选对象的填色或描边包含从"色板"面板应用的颜色、渐变、图案或色调时，应用的色板在"色板"面板中突出显示。若"色板"面板不在窗口中显示，可以执行"窗口/色板"菜单命令，调出"色板"面板，如图 1-33 所示。

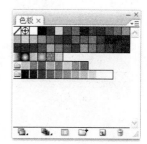

图 1-33 "色板"面板

要更改色板的显示，可以从"色板"面板菜单中选择一个视图选项：小缩览图视图、大缩览图视图或列表视图。要显示特定类型的色板并隐藏所有其他色板，可单击面板底部的按钮：▇（显示颜色色板）、▇（显示渐变色板）或▇（显示图案色板），如图 1-34 所示。

（a）显示颜色色板　　　　（b）显示渐变色板　　　　（c）显示图案色板

图 1-34　色板显示内容

要删除色板，则先选择一个或多个色板，然后从面板菜单中执行"删除色板"命令，或单击面板底部的 ▇（删除色板）按钮，也可以将选定色板拖动到该按钮上。

5．颜色面板

"颜色"面板用于将颜色应用于对象的填色和描边，编辑和混合颜色，还可用于以不同颜色模式显示颜色值。执行"窗口/颜色"菜单命令，可以打开/隐藏"颜色"面板。在默认情况下，"颜色"面板中只显示最常用的选项，如图 1-35 所示。单击面板右上角的三角形弹出面板菜单，选择"显示选项"命令或单击选项卡旁的 ⬍（双三角形）可显示面板中的其他选项，如图 1-36 所示。

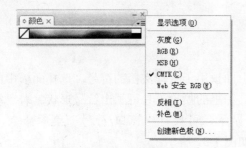

图 1-35　默认"颜色"面板　　　　　　　图 1-36　完全显示面板选项

根据所选颜色模式的不同，"颜色"面板中显示的选项也有所差异，图 1-37 所示是分别选择灰度、RGB、HSB 和 Web 颜色模式时面板中显示的选项。

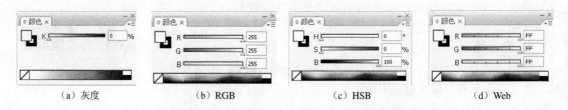

（a）灰度　　　　　　（b）RGB　　　　　　（c）HSB　　　　　　（d）Web

图 1-37　不同颜色模式的"颜色"面板选项

6. 图层面板

使用"图层"面板可快速复制对象、组和整个图层，可以创建或改建任何图层的对象而不影响其他图层。执行"窗口/图层"菜单命令，可以打开或隐藏"图层"面板。在默认情况下，"图层"面板中自动存在一个图层"图层 1"，此后新建立的图层默认命名为"图层 2"、"图层 3"，……如图 1-38 所示。

一般在创建较简单的图稿时，不需要新建图层，图稿的所有项目都被组织到一个图层下。当某一图层中包含其他项目时，在图层缩览图的左侧会出现一个三角形（▶），单击此三角形可以查看组成图稿的子图层或编组图层，如图 1-39 所示。

图 1-38 "图层"面板

图 1-39 查看子图层

在创建复杂图稿时，选择图稿的难度增加，这时可以使用图层来管理组成图稿的所有项目，每一个图层都可视为结构清晰的图稿文件夹，可以在文件夹间移动项目，也可以在文件夹中创建子文件夹，总之，一切都要以操作简单方便为目标。

7. 渐变面板

使用"渐变"面板可创建和修改渐变。若"渐变"面板不在窗口中显示，可执行"窗口/渐变"菜单命令，调出"渐变"面板，如图 1-40 所示。

（b）显示所有选项

（a）默认选项

图 1-40 "渐变"面板

单击"渐变"填色框可对所选对象应用渐变，使用"渐变"滑块可调整渐变，使用色标可编辑渐变颜色。在默认情况下，"渐变"面板中仅显示"渐变"滑块。从面板菜单中执行"显示选项"命令，可以显示所有选项，还可以单击面板选项卡上的 ⇕ （双三角形）循环切换显示选项。

1.2　设定 Illustrator CS3 的工作环境

Illustrator CS3 的工作环境允许自行设定，并存储用户设定的参数，包括工具设定、显示、标尺和计量单位设定等。

1.2.1 设定画板大小

原始的画板大小是根据新建文件的页面大小而确定的，在进行设定后也可以更改画板的大小。执行"文件/文档设置"菜单命令，弹出"文档设置"对话框，从左上角的下拉列表中选择"画板"选项，如图1-41所示。

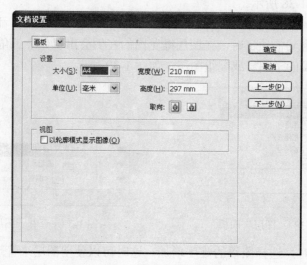

图1-41 "文档设置"对话框

在"大小"下拉列表中选择页面规格，或在后面的"宽度"和"高度"文本框中输入尺寸自定义纸张大小。如果需要，可在"单位"下拉列表中选择一种计量单位，或使用默认的"毫米"为单位。此对话框中设置的单位只对当前文本有效，要在每次启动 Illustrator 时都执行自己设定的单位，则执行"编辑/首选项/单位和显示性能"菜单命令。

要对纸张的颜色进行设定，同样可以在"文档设置"对话框内进行，从左上角的下拉列表中选择"透明度"选项，显示关于纸张的设定项，选择"模拟彩纸"选项，然后单击色块，从拾色器中选择一种颜色，单击"确定"按钮即可。

1.2.2 参数预设

Adobe Illustrator 的参数设置命令位于菜单栏的"编辑"菜单中。执行"首选项"菜单命令，展开子菜单，其中有 11 个子命令，比旧版本多了"选择和锚点显示"和"用户界面"两个子命令，如图1-42所示。Illustrator 在每次启动时都会查询该文件中的各项参数，给出符合要求的工作环境。如果对于这些设定不太熟悉，使用默认的设定即可，必要的时候进行针对性调整。

下面介绍子命令中某些基本项的设定。

1. 常规

执行"编辑/首选项/常规"菜单命令，弹出"首选项"对话框，"常规"选项的设定项如图1-43所示。

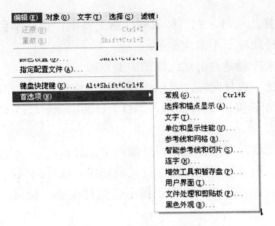

图1-42 "首选项"子菜单

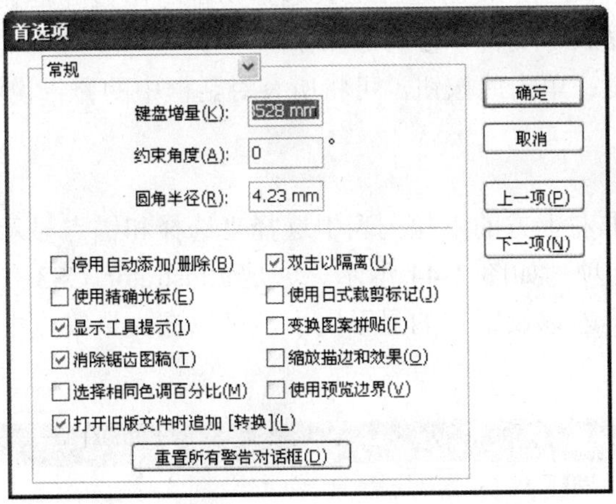

图1-43 "常规"设定项

"常规"选项中的设定项如下。

键盘增量：用来设定使用键盘上的方向键移动物件的距离。在实际操作中，极小的移动使用鼠标很难控制，此时大多使用方向键来做精确移动。后面文本框中的数值就是每次使用方向键移动物件的距离，其中的数值可以自行设定。

约束角度：用来设定页面坐标的角度，默认值为 0，当在其中输入一定数值后，创建的任何图形都将倾斜成所设的角度。

圆角半径：用来设定圆角矩形的圆角半径，当使用工具箱中的▢（圆角矩形）工具绘图时，其圆角矩形的半径大小便可以在此处设定。

停用自动添加/删除：主要用来对钢笔工具进行设定。不选择此项，使用钢笔工具时，把鼠标放在所绘制的路径或节点上，钢笔工具会自动转换成添加或删除锚点工具；选择此项，钢笔工具就不会自动转换。

使用精确光标：用来控制使用工具箱中的工具时各工具在页面上的显示形式。选择此项，使用工具箱的工具时光标始终是交叉线的形状；若不选择此项，有些工具在使用时出现在页面上的光标和工具的形状相同，例如，使用画笔、铅笔、橡皮擦等工具时，光标保持画笔、铅笔、橡皮擦的形状。

显示工具提示：选择此项时，把鼠标放到任意工具上停留，都会出现关于这一工具的简短说明和快捷键；不选择此项则不出现提示。

消除锯齿图稿：用来控制是否消除线稿图中的锯齿。

选择相同色调百分比：选择此项，可以选择图稿中色彩百分比相同的物件。

打开旧版文件时追加[转换]：选择此项，当打开 Illustrator CS3 以前的版本时，进行追加（转换）操作。

双击以隔离：选择此项，在选择对象时分隔两个部分。

使用日式裁剪标记：用来控制是否使用日式裁切线。选择此项，可以产生日式裁切线。

变换图案拼贴：选择此项，含有拼贴的图形在执行缩放、旋转、倾斜等变换操作时，拼贴也一起变化。

缩放描边和效果：选择此项，在缩放图形时，线宽和图像效果也随着缩放。

使用预览边界：选择此项，使用选择工具选择物件时由边界框显示出来，拖动边界框上的节点可以对物件执行缩放、旋转、移动等操作。

重置所有警告对话框：单击此按钮，可将所有对话框中的警告说明重置为其默认设置。

2．选择和锚点显示

在"首选项"对话框左上方的下拉列表中选择"选择和锚点显示"选项，将出现"选择和锚点显示"选项的设定项，如图 1-44 所示。这是 Illustrator CS3 的新增功能，通过设置使用选择工具选择锚点的容差以及锚点的显示大小，可以在大量锚点中快速选择所需锚点，提高工作效率。

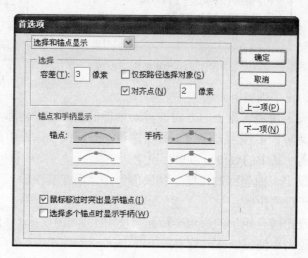

图 1-44 "选择和锚点显示"设定项

3．文字

在"首选项"对话框左上方的下拉列表中选择"文字"选项，将出现"文字"选项的设定项，如图 1-45 所示。还可以单击"上一项"或"下一项"按钮来选择要设定的选项。

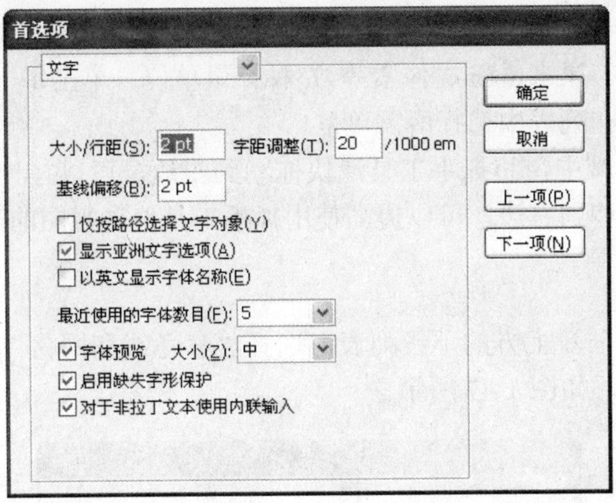

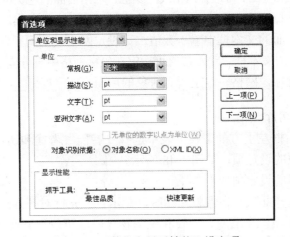

图 1-45　"文字"设定项

大小/行距：在文本框中输入数值可调节文字的行距。

字距调整：在文本框中输入数值可调节文字的字间距。

基线偏移：用来设定文字基线的位置。

仅按路径选择文字对象：选择此项，只有单击文字块的路径方可将文字选中；不选择此项，用鼠标单击文字块的任意位置都可选中文字。

显示亚洲文字选项：选择此项，"字体"下拉列表中的字体只显示亚洲文字字体。

以英文显示字体名称：选择此项后，"字体"下拉列表中的字体名称全以英文显示。

最近使用的字体数目：指定最近使用过的字体个数。

字体预览：指定预览使用的字体规模。

启用缺失字形保护：缺失字形得到系统保护。

对于非拉丁文本使用内联输入：在使用非拉丁文本时通过内联可输入。

4．单位和显示性能

在"首选项"对话框左上方的下拉列表中选择"单位和显示性能"选项，将出现"单位和显示性能"选项的设定项，如图 1-46 所示。

图 1-46　"单位和显示性能"设定项

在"单位"区域中，可设定度量、边线、文字等使用的计量单位，Illustrator CS3 提供了点、派卡、英寸、毫米、厘米、Ha、像素等 7 种计量单位。单击每一选项后面列表框内的小三角可弹出下拉列表，在列表中选择所需单位。

在"显示性能"区域中，将抓手工具滑块拖动到左边，可以在使用抓手工具移动视图时提高视图质量；将其拖移到右边，可以提高使用抓手工具移动视图的速度。

5．参考线和网格

从"首选项"对话框左上方的下拉列表中选择"参考线和网格"选项，将出现"参考线和网格"选项的设定项，如图 1-47 所示。

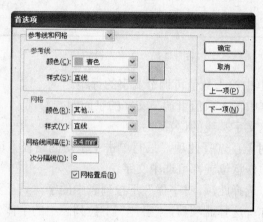

图 1-47 "参考线和网格"设定项

参考线和网格可用于在页面上对齐文本和图形。参考线由标尺拖出，网格通过执行"视图/显示网格"菜单命令显示出来。参考线和网格只能帮助对齐图稿，不能打印出来。

"参考线"选项的设定项如下。

颜色：在后面的下拉列表中可选择参考线的颜色，双击后面的色块可自定义参考线的颜色。

样式：在后面的下拉列表中可选择参考线的线型——直线或点线。

"网格"选项的设定项如下。

颜色：在后面的下拉列表中可选择网格线的颜色，双击后面的色块可自定义网格线的颜色。

样式：在后面的下拉列表中可选择网格线的线型——直线或点线。

网格线间隔：在后面的文本框中输入数值，可设定网格线的间距。

次分隔线：在后面的文本框中输入数值可指定在坐标网格中再分隔的数量，默认值为8。

网格置后：选择此项，网格将位于所有对象的后面。

6．智能参考线和切片

在"首选项"对话框左上方的下拉列表中选择"智能参考线和切片"选项，将出现"智能参考线和切片"选项的设定项，如图 1-48 所示。

"显示选项"区域的设定项如下。

文本标签提示：选择此项，在调整光标时，显示目前光标对齐方式的信息。

变换工具：选择此项，在缩放、旋转和镜像物体时，可以得到此操作关于基准点的参考信息。

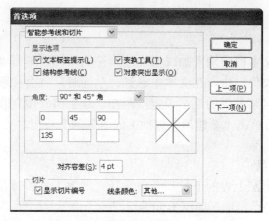

图 1-48 "智能参考线和切片"设定项

结构参考线：选择此项，在使用智能参考线时，在页面窗口中会显示直线，该直线可作为参考线来确定位置。

对象突出显示：选择此项，在光标围绕物体移动时，能够高亮度显示光标下的对象。

"角度"选项设定各方向角度，在后面的列表框中选择一组角度或输入数值，可使参考线从临近物体的节点处设置角度。

"切片"选项的设定项如下。

显示切片编号：选择此项，在使用切片工具分割图形时，显示分割后每一图形分区的编号 1，2，3，4，…；取消选择则不显示编号。

线条颜色：在后面的下拉列表中可选择切片分割线的颜色。

7．连字

在输入英文文本时，经常会因为单词太长而在一行的末尾写不完，转到下一行又可能会在阅读时误解为两个单词，此时就要在上一行的末尾加连字符。

在"首选项"对话框左上方的下拉列表中选择"连字"选项，将出现"连字"选项的设定项，如图 1-49 所示。

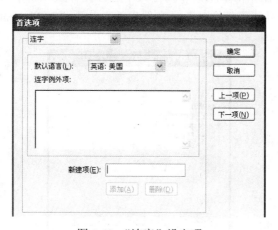

图 1-49 "连字"设定项

默认语言：从后面的下拉列表中选择输入文本所使用的语言，这是因为使用的语言不同，连字规则也不一样。

新建项：在后面的文本框中输入加或不加连字符的单词，单击"添加"按钮，该单词即添加到"**连字例外项**"收集框中，在文本中遇到此单词时，就会按照设定的情况来加或不加连字符。若要取消以前对某单词的连字设定，则在"连字例外项"收集框中单击选择需要取消连字设定的单词，然后单击"新建项"选项下的"删除"按钮。

8. 增效工具和暂存盘

从"首选项"对话框左上方的下拉列表中选择"增效工具和暂存盘"选项，将出现"增效工具和暂存盘"选项的设定项，如图 1-50 所示。

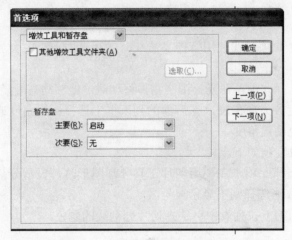

图 1-50 "增效工具和暂存盘"设定项

其他增效工具文件夹："增效工具"是 Illustrator 附带的特殊效果插件，这些工具被自动安装到了"增效工具"文件夹。如果要改变"增效工具"文件夹的位置，则单击该区域中的"选取"按钮，弹出"新建的其他增效工具文件夹"对话框，如图 1-51 所示，从中找到 Illustrator 的安装路径，在"增效工具"文件夹中选择文件夹或新建文件夹，单击"确定"按钮，重新启动 Illustrator，便可使增效工具文件生效。此后要对 Illustrator 新增插件效果，便要安装到该文件夹下。

图 1-51 "新建的其他增效工具文件夹"对话框

"暂存盘"用来解决内存不足的问题，把硬盘当做临时暂存盘来使用。安装操作系统的硬盘叫做主暂存盘，当主暂存盘已满时，处理速度就会变慢甚至无法运转，这时可以更改主盘位置，重新指定一个暂存盘。这样当处理图像内存不足时，就会把暂存盘当内存来用。

主要：主暂存盘，可从下拉列表中指定主暂存盘的位置。

次要：第二暂存盘或次暂存盘，可从下拉列表中指定次暂存盘的位置。指定的主盘和次盘均在重启 Illustrator 后生效。

9.用户界面

从"首选项"对话框的左上方下拉列表中选择"用户界面"选项，将出现"用户界面"选项的设定项。用户界面的设定很简单，主要功能界面如图 1-52 所示。

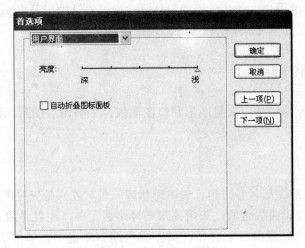

图 1-52 "用户界面"设定项

在此选项面板中，可以设置用户界面的显示亮度。此控件影响所有面板，包括"控制"面板。此功能也是新版本的新增功能。

第 2 章　Illustrator 基本概念

2.1　Illustrator 含义

Adobe Illustrator 是绘制矢量图形的软件，它可以又快又精确地制作出彩色或黑白图形，也可以设计任意形状的特殊文字并置入影像。用 Adobe Illustrator 制作的文件，无论以何种倍率输出，都能保持原来的高品质。

Adobe Illustrator 的用户大体包括平面设计师、网页设计师以及插画师等，他们用它来制作商标、包装设计、海报、宣传手册、插画以及网页等。

2.2　矢量图和位图

计算机图形主要分为两类：矢量图形和位图图像，了解两类图形间的差异对创建、编辑和导入图片很有帮助。

1．矢量图形

用 Illustrator 绘制的图形（有时也称矢量形状或矢量对象）是矢量图形，矢量图形由矢量的数学对象定义的直线和曲线组成。矢量图形与分辨率无关，也就是说，可以将它们缩放到任意尺寸，从而可以按任意分辨率打印，而不丢失细节，也不会降低清晰度，如图 2-1 所示。因此，对于缩放到不同大小时必须保留清晰线条的图形（如徽标），矢量图形是表现这些图形的最佳选择。

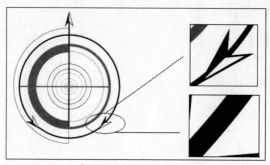

图 2-1　放大矢量图形

2．位图图像

说到位图就不能不说色彩深度的概念，也可称之为像素深度，它是一种衡量每个像素中包含多少位色彩信息的方法。像素深度的值越大，表明像素中含有的色彩信息越多，也就越能反应实物的颜色。若是位图（像素深度为 1），则图像只有黑、白两种颜色，称为二值图；若是 4 位图像（像素深度为 4），便有 2 的 4 次方（16）种颜色；若是 8 位图像（像素深度为 8），便有 2 的 8 次方（256）种颜色。

位图图像在技术上称为栅格图像，它由网格上的点组成，组成位图图像的点称为像素。像素是组成位图图像的基本单元，它是一个方形的小色块。当用缩放工具将图像放大到一定比例时，就会出现马赛克的效果，如图 2-2 所示。

图 2-2　不同比例放大的位图图像

在处理位图图像时，我们所编辑的是像素，而不是对象或形状。位图图像是处理/编辑连续色调图像最常用的电子媒介，因为它们可以表现阴影和颜色的细微层次，位图图像中的每个像素都有不同的颜色值，单位面积内的像素越多（分辨率越高），图像效果就越好。因此，分辨率是影响图像品质的关键，分辨率越高，图像越清晰。

2.3　颜色基础知识

2.3.1　颜色模式

颜色取决于显示和打印时的颜色模式，Illustrator 正是根据建立的颜色模式描述和再生颜色的，Illustrator CS3 中的颜色模式有灰度模式、HSB 模式、RGB 模式、CMYK 模式和 Web 安全 RGB 模式。

1．灰度模式

灰度模式指的是使用黑色来表示一个物体，主要通过不同亮度值来表现物体的外观（白色、灰色和黑色），亮度值在 0%～100%之间，0%表示白色，100%表示黑色，其他数值表示不同程度的灰色。

2．HSB 模式

HSB 模式是 Hue（色相）、Saturation（饱和度）和 Brightness（亮度）的缩写。这种模式根据人眼接受的颜色，描述了颜色的 3 种基本特征。

Hue（色相）：它是对象反射或透射出来的颜色，也就是通常所说的红色、橘黄、绿色等，是对象所固有的颜色，一般用"度"来表示，度量范围为 0～360 度。

Saturation（饱和度）：它表示颜色的强度或纯度，也就是色相比例中灰色度的数量。一般由百分数来表示，范围是 0%～100%，0%为黑色，100%为白色。

Brightness（亮度）：它是颜色的相对亮暗程度，通常也是由百分数来表示的，0%为黑色，100%为白色。

3．RGB 模式

RGB 是 Red（红色）、Green（绿色）和 Blue（蓝色）的缩写。大部分可见光谱都是由这 3 种颜色以不同比例混合而成的。R（红色）、G（绿色）、B（蓝色）三原色以不同比例混合叠加可产生青、品、黄等颜色，三原色完全叠加可产生白色，因此，该颜色模式也称为加色原理，电视屏幕和计算机显示器就是加色原理的例子。

RGB 也有一个强度范围，即 0（黑色）～255（白色）。如果 3 个值都是 0 时结果色为纯黑色，那么 3 个值都是 255 时结果色就是纯白色；若取中间的数值，那么当 3 个值相同时，结果色是不同程度的灰色。因为每种颜色都有 256 种强度，故 RGB 颜色模式可有 256×256×256 种不同颜色。当用户绘制的图形用于屏幕显示时，可采用此模式。

Illastrator 中还有一种"Web 安全 RGB"模式，它仅包含适合在 Web 上使用的 RGB 颜色。

4．CMYK 模式

CMYK 是 Cyan（青色）、Magenta（洋红）、Yellow（黄色）和 Black（黑色）的缩写。RGB 模式是根据光源定义的，而 CMYK 模式是根据纸张上油墨的吸收特性来定义的。白色光遇到半透明的油墨时，一部分光被吸收，而没有被吸收的光反射到眼睛里，就是看到的颜色。简单地讲，物体呈现出的颜色取决于白色光照到物体上后反射回来的部分。

理论上，青色、洋红、黄色 3 种颜料结合起来可吸收所有的光谱并产生黑色，因此这种颜色模式又称为减色原理。但实际上，由于颜料的纯度关系，这 3 种颜料结合形成的是深灰色，只有在加上黑色颜料时才可产生真正的黑色。这 4 种颜料结合产生的颜色叫四色分色印刷色。

在 CMYK（青色、洋红、黄色、黑色）模式下，可以为每个像素的每种印刷油墨指定一个百分比值，范围是 0%～100%。为较亮（高光）颜色指定的印刷油墨颜色百分比较低，而为较暗（阴影）颜色指定的百分比较高。当 4 种分量的值均为 0% 时，就会产生纯白色；当 4 种分量的值均为 100% 时，可产生纯黑色，取值不同，就会形成不同的颜色。CMYK 颜色模式是打印时最常用的颜色模式。

5．Web 安全 RGB 模式

Web 安全 RGB 模式是网页浏览器所支持的 216 种颜色，与显示平台无关。当所制图像只用于网页浏览时，可以使用该颜色模式。

注意：灰度模式可以与其他几种模式相互转换，但是，当彩色模式转换为灰度模式后，再要将其转换回彩色模式，将不能恢复原有的色彩信息，画面将转为单色，即一直为灰度模式。

2.3.2　色彩空间和色域

色彩空间是指可见光谱中的颜色范围，它也可以是另一种形式的颜色模型。色彩空间包含的颜色范围称为色域。整个工作流程内用到的不同设备（如计算机显示器、扫描仪、桌面打印机、印刷机、数码相机）都在不同的色彩空间内运行，它们的色域各不相同。有些颜色位于计算机显示器的色域内，但不在喷墨打印机的色域内；有些颜色位于喷墨打印机的色域内，但不在计算机显示器的色域内。无法在设备上生成的颜色被视为超出该设备的色彩空间，换句话说，该颜色超出色域。人眼能够看到的颜色范围大大宽于用任何方法再生的颜色范围，在使用颜色模式过程中，RGB 的色域最大，因为这种颜色是由颜色设备发射出红、绿、蓝三色而生成的。不过纯青或纯黄是不能在显示器上精确显示出来的。色域最小的要算 CMYK 模式了，它的颜色是由印刷油墨打印在纸上，光通过油墨反射进入人眼形成的。

2.3.3　印刷色和专色

1．印刷色

印刷色就是传统分色印刷时所用的 4 种油墨色（青色、洋红、黄色和黑色）。当工作需要大量颜色，以至于使用单独的专色油墨昂贵或不实际时（如打印彩色照片），就使用印刷色。在 Illustrator 中可将印刷色指定为全局色或非全局色。全局印刷色保留与“色板”调板中色板的链接，这样如果修改全局印刷色的色板，所有使用该颜色的对象都将更新。编辑颜色时，文档中的非全局印刷色不会自动更新。在默认情况下，印刷色为非全局色，不过可通过“色板”调板菜单中“色板选项”命令调出的“色板选项”对话框改变为全局印刷色。全局印刷色和非全局印刷色都可指定为 CMYK、RGB、HSB 和 Web 安全 RGB 模式。

> **说明**：全局和非全局印刷色仅影响特定颜色应用于对象的方式，不影响在应用程序间移动它们时颜色如何分色或表现。

印刷色的最终颜色值是其 CMYK 值，因此，如果指定使用 RGB 的印刷色，则当分色打印时这些颜色值将转换为 CMYK 值。这些转换因颜色管理设置和文档配置文件的不同而不同。不要根据印刷色在显示器上的显示状况来指定，除非已经正确设置颜色管理系统并且了解其预览颜色的限制。

2．专色

专色是用于代替或补充 CMYK 四色油墨的特殊预混合油墨，并且在印刷机上需要其自己的印版。当指定少量颜色并且颜色准确度很重要时须使用专色。专色油墨可准确重现印刷色色域以外的颜色。但是，印刷专色的确切外观由印刷商所混合的油墨和所用纸张共同来确定，而不是由指定的颜色值或色彩管理来确定。当指定专色值时，所描述的仅是显示器和彩色打印机的颜色模拟外观。

专色和印刷色有时可以同时使用，比如一本印刷品，每页都有一个同样的标志而且是单色的，这个标志就可以使用单色，页面中的其他彩色内容则使用印刷色；又如在印刷色的上面需要加一种特别的修饰色，这时就要用 5 种颜色，即 4 种印刷色和 1 种专色。

> **注意**：要在打印的文档中实现最佳效果，就要指定印刷商所支持的颜色匹配系统中的专色。Illustrator 提供了一些颜色匹配系统库，要显示库，可执行“窗口/色板库”菜单命令，或“色板/打开色板库”调板菜单命令。

要最小化使用的专色数量。创建的每个专色都将为印刷机生成额外的专色印版，从而增加印刷成本。如果需要 4 种以上专色，可以考虑使用印刷色输出文档。

2.4　页面拼贴

当图稿面积大于打印机的可打印面积时，就要分割画板以适合打印机的可用页面大小，再把打印出来的若干张稿件拼贴起来，形成整个原稿的文件，这种方法称为页面拼贴。拼贴图稿如图 2-3 所示。

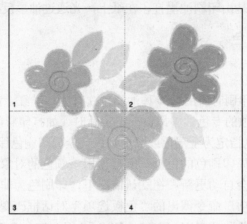

图 2-3　拼贴图稿

拼贴图稿时，页面边缘和图稿大小如何配合，以及整个原稿的大小，都需要仔细编排。在拼贴过程中，按从上到下、从左至右的次序编排，首页为第一页。在每一页面上都有编号，这些页码只在页面上显示，仅供参考，不会被打印出来。使用页码可以打印文件中的所有页面，或者指定特定页面进行打印。

要查看画板上的页面拼贴边界，可执行"视图/显示页面拼贴"菜单命令。

2.5　图形定界框

只要使用"选择"工具选择一个或多个对象，被选对象的周围便会出现一个带有节点（沿定界框排布的中空小方框）的矩形框，这个矩形框称为图形定界框，如图 2-4 所示。

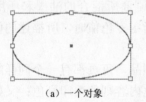　　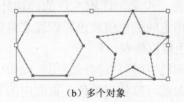

（a）一个对象　　　　　　　　　　（b）多个对象

图 2-4　图形定界框

可以通过拖动定界框上的节点来轻松移动、旋转、复制对象，以及进行比例缩放。

执行"视图/隐藏定界框"或"视图/显示定界框"菜单命令，可以隐藏或显示所选对象上的定界框。

2.6　扩展对象

扩展对象可用来将单一对象分割为若干个对象，这些对象共同组成其外观。例如，如果要扩展一个简单对象，如一个具有实色填色和描边的图形，那么，填色和描边就会变为离散的对象，如图 2-5 所示。如果要扩展更加复杂的图稿，如具有图案填充的对象，则图案会被分割为各种截然不同的路径，如图 2-6 所示。所有路径组合在一起，就是创建这一填充图案的路径。

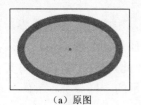
（a）原图

（b）扩展后图形

图 2-5　扩展简单图形

（a）原图
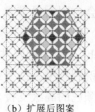
（b）扩展后图案

图 2-6　扩展图案填充

通常，当需要修改对象的外观属性及其中特定图素的其他属性时，就需要扩展对象。此外，当要在其他应用程序中使用 Illustrator 自有的对象（如网格对象），而此应用程序又不能识别该对象时，扩展对象也可派上用场。

2.7　文件格式

在 Illustrator "文件"菜单下存储、导出、打开和置入文件时，都可以在相应的对话框中选择需要的文件格式。图 2-7 所示是存储 Illustrator 文件时可选择的格式。

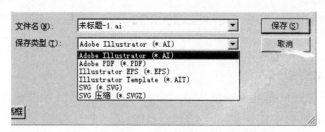

图 2-7　文件可存储格式

不同的文件格式适用的场合不同，下面将针对常用的几种格式加以说明。由于格式重复出现，这里仅以存储和导出文件为例。

2.7.1　Illustrator 存储格式

在存储图稿时，可将图稿存储为 4 种基本文件格式：AI、PDF、EPS 和 SVG，这些格式称为本机格式，它们可保留所有的 Illustrator 数据。对于 PDF 和 SVG 格式，必须选择"保留 Illustrator 编辑功能"选项才能保留所有的 Illustrator 数据。

AI：Illustrator 的专用格式，在 Illustrator 中制作的所有特殊效果和载入的色标、画笔、图案等都会被完整地保存下来，但是，如果文件指定为旧版本，则新版本中增加的各种效果会消失。

PDF：在 Adobe Acrobat 中使用的电子文档图像文件格式，使用 Adobe Acrobat 软件可以查看 PDF 文件。

SVG：一种可产生高质量交互式 Web 图形的矢量格式。SVG 格式有两种版本——SVG 和 SVG 压缩（SVGZ）。SVG 压缩可将文件缩小 50%～80%，但不能使用文本编辑器编辑 SVG 压缩文件。

此外还有 GIF、JPEG、WBMP 和 PNG 等格式，它们用于 Web 的位图图像格式，使用像素网格来描述图像。生成的文件有可能很大，局限于单一（通常较低）的分辨率，且在 Web 上会占用大量带宽。

SVG 是将图像描述为形状、路径、文本和滤镜效果的矢量格式，生成的文件很紧凑，在 Web 上、印刷媒体上，甚至资源十分有限的手持设备中都可提供高质量的图形。用户无须牺牲锐利程度、细节或清晰度，即可在屏幕上放大 SVG 图像的视图。此外，SVG 提供对文本和颜色的高级支持，可以确保用户看到的图像和 Illustrator 画板上显示的一样。

2.7.2　Illustrator 导出格式

在 Ilustrator CS3 中，执行"文件/导出"菜单命令，可以将 Illustrator 中的图形输出成 13 种其他格式的文件，以便于在其他软件中进行编辑处理。下面着重介绍一些常用的格式。

1．导出 AutoCAD 格式

AutoCAD 的导出格式有两种：AutoCAD 绘图（DWG）和 AutoCAD 交换文件（DXF）。AutoCAD 绘图是用于存储 AutoCAD 中创建的矢量图形的标准文件格式。AutoCAD 交换文件是用于导出 AutoCAD 绘图或从其他应用程序导入的绘图交换格式。

2．导出 BMP 格式

BMP 是标准 Windows 图像格式，它支持 RGB、索引颜色、灰度和位图色彩模式，但不支持 Alpha 通道。

3．导出 GIF 格式

GIF（图形交换格式）是在 World Wide Web（WWW）及其他联机服务上常用的一种文件格式，多用于显示网页中的图形和小动画。GIF 是一种压缩格式，可将文件大小控制到最小，将传输时间控制到最短。GIF 格式保留索引颜色图像中的透明度，但不支持 Alpha 通道。

4．导出 JPEG 格式

JPEG（联合图像专家组）常用于存储照片。JPEG 格式保留图像中的所有颜色信息，但通过有选择地舍弃数据来压缩文件大小。JPEG 是在 Web 上显示图像的标准格式。

5．导出 Photoshop 格式

导出标准 Photoshop（PSD）格式，可以保留 Illustrator 中的图层和子图层，可在 Photoshop 中打开。如果图稿包含不能导出到 Photoshop 格式的数据，Illustrator 可通过合并文档中的图层或栅格化图稿，来保留图稿的外观。因此，图层、子图层、复合形状和可编辑文本也有可能无法在 Photoshop 文件中存储。

6．导出 TIFF 格式

TIFF（标记图像文件）格式，用于在应用程序和计算机平台间交换文件。TIFF 是一种灵活的位图图像格式，绝大多数绘图、图像编辑和页面排版应用程序都支持这种格式。大部分桌面扫描仪都可生成 TIFF 文件。

7. 导出 PNG 格式

PNG（便携网络图形）格式，用于无损压缩和 Web 上的图像显示。与 GIF 不同，PNG 支持 24 位图像，并产生无锯齿状边缘的背景透明度；但是，某些 Web 浏览器不支持 PNG 图像。PNG 保留灰度和 RGB 图像中的透明度。可以执行"文件/存储为 Web 所用格式"菜单命令将图像存储为 PNG 文件。

第3章 作品制作流程

本章以建立如图 3-1 所示的 MP3 外形为例，介绍 Illustrator 的设计过程，同时使读者对第 2 章中介绍的基本概念的作用有一个感性认识，对后面各章内容有一个总体把握。

图 3-1 MP3 外形

3.1 制作背景图案

（1）新建宽度为 210 mm，高度为 250 mm 的画板，选用 CMYK 颜色模式，画板为纵向。

（2）使用矩形工具绘制一个小正方形，填充颜色（C=30，M=0，Y=0，K=0），无描边。

（3）打开"符号"面板，从面板菜单中执行"打开符号库/艺术纹理"命令，打开"艺术纹理"符号面板，从中选择名称为"印象派"的符号，如图 3-2 所示。

（4）在页面中置入一个刚选择的符号，执行"符号"面板菜单中的"断开符号链接"命令，或单击"符号"面板底部的 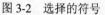（断开符号链接）按钮。将符号填充色改为白色，放到蓝色的矩形上，如图 3-3 所示。

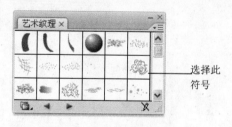

图 3-2 选择的符号

图 3-3 制作的符号图案

（5）选中符号和矩形，执行"编辑/定义图案"菜单命令，弹出"新建色板"对话框，输入图案色板名称，单击"确定"按钮。在"色板"面板中出现新建立的图案色板。

（6）使用矩形工具绘制一个小正方形，填充颜色（C=0，M=10，Y=20，K=0），无描边，如图 3-4 所示。

（7）使用椭圆工具绘制一系列重叠的圆形，黄色圆形的颜色值为 C=0，M=20，Y=40，K=0，创建的图形如图 3-5 所示。选中所有构成图案的圆形，将它们编组。缩小图案，然后移到矩形的左上角，如图 3-6 所示。

图 3-4　矩形　　　　　　图 3-5　圆形图案　　　　　图 3-6　移动图案到矩形上

（8）选中圆形图案和矩形，将鼠标指针放在定界框内，按住【Alt】键水平拖动，复制圆形图案和矩形。拖动时只显示图形的轮廓，当复制矩形的左侧和原矩形的右侧边缘对齐时，如图 3-7 所示，释放鼠标。

（9）删除复制后的矩形，效果如图 3-8 所示。

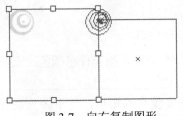

图 3-7　向右复制图形　　　　　　图 3-8　删除向右复制后的矩形

（10）选中圆形图案和矩形，将鼠标放在定界框内，按住【Alt】键垂直向下拖动，复制圆形图案和矩形。当复制矩形的顶部和原矩形的下部边缘对齐时，如图 3-9 所示，释放鼠标。

（11）删除复制后的矩形，效果如图 3-10 所示。

（12）在矩形内放置一个图案，适当放大内部图案的大小，如图 3-11 所示。

图 3-9　向下复制图形　　　图 3-10　删除向下复制后的矩形　　　图 3-11　矩形内部放置图案

（13）单独选中矩形，执行"编辑/复制"菜单命令（按【Ctrl】+【C】键），再执行"编辑/贴在后面"菜单命令（按【Ctrl】+【B】键），将复制的矩形改为无填色，无描边。

提示：执行"贴在后面"命令（按【Ctrl】+【B】键）后，复制出的矩形是被选中的，直接在工具箱中更改填色和描边即可。

（14）选中所有图形，执行"编辑/定义图案"菜单命令，弹出"新建色板"对话框，输入图案色板名称，单击"确定"按钮，在"色板"面板中即出现新建立的图案色板。

（15）在画板上绘制两个矩形，分别使用以上制作的两个图案填充，结果如图 3-12 所示。选中画板中的两个背景，执行"对象/锁定/所选对象"菜单命令（【Ctrl】+【2】）。

图 3-12　填充背景结果

3.2　制作 MP3 外观

（1）使用矩形工具在画板外的草稿区域绘制一个矩形，填充任意颜色，无描边，如图 3-13 所示。

（2）在矩形的一侧再绘制一个高度相同、宽度较窄的矩形，便于区分及使用不同颜色填充，如图 3-14 所示。

（3）使用工具箱中的 （倾斜工具）将侧边上的矩形稍做倾斜，然后在垂直方向镜像复制倾斜后的矩形，并将复制的图形摆放在大矩形的另一侧，如图 3-15 所示。

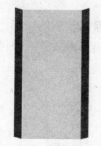

图 3-13　创建矩形　　　　图 3-14　绘制边上矩形　　　　图 3-15　镜像复制结果

（4）选中所有图形，打开"路径查找器"面板，单击面板中的 （形状区域相加）按钮，再单击后面的"扩展"按钮，则所选图像被合并为一个图形。

（5）在"渐变"面板中设置如图 3-16 所示的渐变，色标中较浅颜色的值为 C=11，M=33，Y=0，K=0，较深颜色的值为 C=22，M=50，Y=0，K=17。填充渐变的效果如图 3-17 所示。

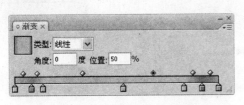

图 3-16 "渐变"面板设置 1

图 3-17 渐变填充效果 1

（6）使用矩形工具绘制与渐变图形同样宽度的矩形，使用如图 3-18 所示的"渐变"面板中的设置填充，色标中较浅颜色的值为 C=5，M=40，Y=0，K=10，较深颜色的值为 C=22，M=50，Y=0，K=17。填充效果如图 3-19 所示。

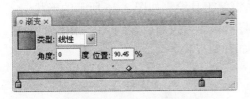

图 3-18 "渐变"面板设置 2

图 3-19 渐变填充效果 2

（7）将刚填充渐变的矩形置于底层，选中这两个渐变图形，将它们编组。

（8）创建一个灰色渐变的矩形，描边黑色，如图 3-20 所示。

（9）使用钢笔工具绘制苹果标志，放在灰色矩形上，如图 3-21 所示。

（10）使用椭圆工具，绘制重叠的圆形，分别以不同方向填充灰色渐变，如图 3-22 所示。外部大圆描边为黑色，内部小圆无描边。

图 3-20 绘制灰色渐变矩形

图 3-21 绘制苹果标志

图 3-22 渐变圆形

（11）选择多边形工具，设置边数为 3，填充黑色，无描边。使用直线工具或钢笔工具绘制小段直线，无填充，描边为黑色，创建 MP3 上的按键，如图 3-23 所示。

（12）使用文字工具，输入文字"MENU"，设置适当字号，选择字体为"黑体"，在字母之间插入文字光标，通过"字符"面板，调整字母间距。把文字移到中间的圆形上，如图 3-24 所示。

（13）将按键放到图形中，完成 MP3 的基本外观设计，如图 3-25 所示。选中所有的 MP3 构成元素，按【Ctrl】+【G】键编组图形。

图 3-23 创建按键

图 3-24 文字按钮

图 3-25 完成外观

3.3 在背景上放置 MP3

（1）将 MP3 图形移动到背景上，使用钢笔工具绘制如图 3-26 所示的形状。

（2）使用由白到黑的渐变填充形状，将形状作为投影放置到 MP3 图形的下方。可以使用直接选择工具进一步调整投影形状，效果如图 3-27 所示。

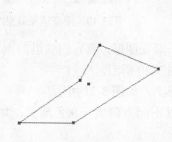

图 3-26 绘制形状

图 3-27 调整投影形状

（3）使用矩形工具绘制一个与画板同样大小的矩形，无填色，无描边。

（4）使用选择工具在画板周围拉出一个选框，将画板内的所有图形选中，执行"对象/剪切蒙版/建立"菜单命令（【Ctrl】＋【7】）。最终效果如图 3-28 所示。

图 3-28 最终效果

第 2 部分　Illustrator 基本操作

第 4 章　基本操作命令

4.1　文件管理

菜单栏的第一项就是"文件"菜单，菜单中的命令专指文件新建、打开、关闭、存储、置入、输出、打印和打印设定等有关文件管理的操作。

4.1.1　新建文件

在执行图稿创作之前，新建一个空白文件是必不可少的，执行"文件/新建"菜单命令，弹出"新建文档"对话框，如图 4-1 所示。

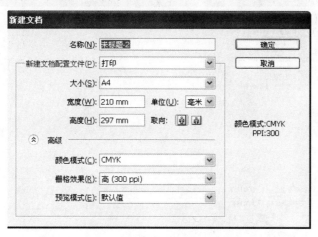

图 4-1　"新建文档"对话框

在"新建文档"对话框中可以进行有关新文件的设定，该设定主要针对画板大小和颜色模式的使用。

名称： 在后面的文本框中可输入文件名称，也可以使用默认名称。

新建文档配置文件： 选择新建文档的类型，包括打印、网站、移动设备、视频和胶片、基于 RGB、基于 CMYK 以及自定义等。

大小： 从下拉列表中选择纸张类型，确定画板大小。如果需要自定义画板大小，可选择"自定"选项，然后在"高度"和"宽度"文本框中输入所需数值。

宽度/高度： 设置文档在水平/垂直方向的大小。

单位： 设置文档的计量单位。一般情况下，进行网页操作时选择"像素"，而需打印时则选择"毫米"。

取向：设置文档的方向为纵向还是横向。

如果要进行文档的高级设置，则单击"高级"前面的"⁀"下拉框，可以进一步设置"颜色模式"、"栅格效果"和"预览模式"。

颜色模式：可设置文档的颜色为"CMYK 颜色"或"RGB 颜色"模式。如果图稿用于平面印刷，建议选用 CMYK 颜色模式；如果图稿用于网页设计，建议选用 RGB 颜色模式。

栅格效果：可设置文档的分辨率为"高（300 ppi）"、"中（150 ppi）"或"低（72 ppi）"三种，一般打印输出可以设置为高或中，而网页则设置为低。

预览模式：可设置模式为"默认值"、"像素"或"叠印"。

最后单击对话框右上方的"确定"按钮，完成新文件创建。

另外，还可以从现有模板中新建文件，方法是执行"文件/从模板新建"菜单命令，弹出"从模板新建"对话框，在对话框中选择作为模板的文件名，单击"新建"按钮。新建的页面使用所选文件页面的大小。

4.1.2　打开文件

如果要对已有的文件进行编辑或浏览，则执行"文件/打开"菜单命令，弹出"打开"对话框，如图 4-2 所示。

图 4-2　"打开"对话框

在"查找范围"后面的下拉列表中选择文件所在的路径，如果该路径下的文件过多，可以从"文件类型"下拉列表中选择要打开文件的格式，以缩小查找范围（默认显示所有格式的文件）。对话框中间的列表框内显示所指路径下包含的文件，选择要打开的文件名，底部的预览框会显示该文件的缩览图，核对无误后单击"打开"按钮。

执行"文件/最近打开的文件"菜单命令，可以直接打开最近使用过的文件，命令中只保留距当前打开时间最短的前 10 个文件，如图 4-3 所示。

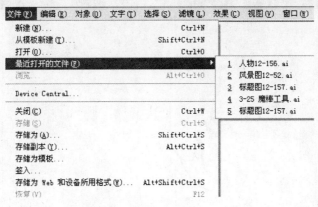

图 4-3 "最近打开的文件"命令

说明：新建文档、打开文档以及模板功能也可以通过弹出的欢迎屏幕来执行。

4.1.3 存储文件

Illustrator CS3 提供了多种方法存储文件，以满足不同场合的应用需求。

1．"存储"命令

执行"文件/存储"菜单命令，可将文件存储为当前文件格式及文件名，并覆盖原文件。若当前文件首次运行，不存在原文件，则使用"存储"命令会弹出"存储为"对话框，在对话框中可指定存储路径，为文件重命名，选择需要的格式存储即可。

2．"存储为"命令

执行"文件/存储为"菜单命令，弹出"存储为"对话框，可将文件存储为不同的格式和文件名，并保留打开的原文件不变。

3．"存储副本"命令

执行"文件/存储副本"菜单命令，弹出"存储副本"对话框，可指定存储路径，将文件另存成副本，并保持原文件的执行状态。

4．"存储为模板"命令

执行"文件/存储为模板"菜单命令，弹出"存储为"对话框，可将文件存储为模板文件，并保留原文件不变。

5．"存储为 Web 和设备所用格式"命令

执行"文件/存储为 Web 和设备所用格式"菜单命令，弹出"存储为 Web 和设备所用格式"对话框，如图 4-4 所示，可将文件另外存储为一个专门供网页设计使用的 GIF、JPEG、PNG 等最佳化副本，并保持原文件的执行状态。此命令结合"切片工具"使用，可将分割后的图形分别存储。

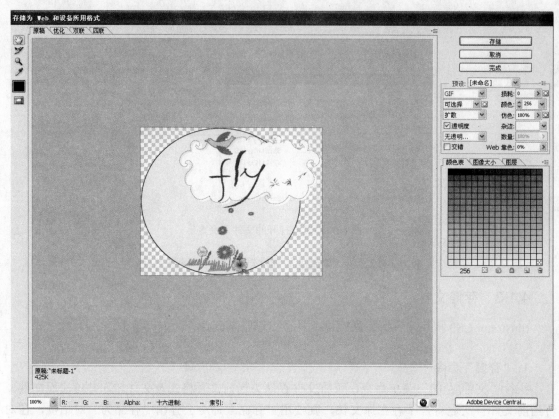

图 4-4 "存储为 Web 和设备所用格式"对话框

"存储为 Web 和设备所用格式"对话框提供了 4 种文件的预览状态，如图 4-5 所示。

原稿预览：显示文件未经最佳化时的样子和文件大小。

优化预览：显示文件经过最佳化设定后的样子和文件大小。

双联预览：显示两个预览窗口，一个显示最佳化设定前的样子及大小；另一个显示最佳化设定后的样子及大小。

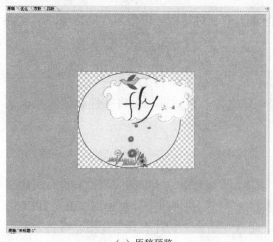

（a）原稿预览

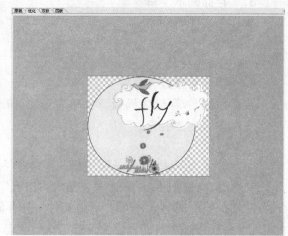

（b）优化预览

图 4-5　预览文件

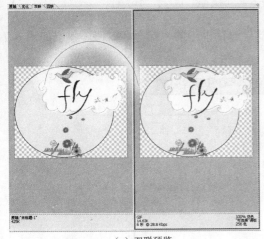

（c）双联预览   （d）四联预览

图 4-5 预览文件（续）

四联预览：同时显示 4 个预览窗口，除了显示文件未经最佳化和经过最佳化设定后的样子和大小外，还显示其他的建议最佳化模式的样子和大小，以比较哪一种方式比较有利，从而挑选一个文件最小，且与原文件最接近的最佳化设定。

在对话框右侧显示的是最佳化设定项，在"预设"下拉列表中选择一种预设格式，其他的设定项可以使用默认值，如图 4-6 所示。

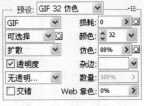

图 4-6 最佳化设定

当图稿要存储为网页用图时，GIF 格式是首要考虑的存储格式，因为 GIF 格式采用无失真的方式压缩文件，故使用 GIF 格式存储过的文件也能重复存储使用，其图像品质不会有任何变化，尤其对包含文字或线条的图稿，GIF 格式是最佳选择。不过 GIF 格式最多只能显示 8 位元深度的 256 色图像，它以减少使用颜色的方式来降低文件大小，会把原来全彩的图像转换为最多 256 色的图像，因此，在一般全彩的点阵图场合中并不适合使用 GIF 格式。如果只有以全彩模式才能表达图像，那么 JPEG 格式就是优先考虑的了，它可以完整显示 24 元的全彩图像，不过 JPEG 采用的是有损压缩格式，也就是说，在压缩处理的过程中，图像的某些细节会被忽略，压缩设定越强，图像品质损失的越多。

PNG-24 文件格式也适用于输出全彩或具有连续色调的图像。在通常状况下，同一图像压缩出的 PNG-24 文件要比 JPEG 文件大，故只有在输出全彩或具有连续色调的图像中包含多色阶透明时才推荐使用 PNG-24 格式。JPEG 格式不支持透明，当有透明区域的文件存储为 JPEG 格式后，透明区域会被填色。PNG-8 格式和 GIF 格式相似，要根据浏览器的支持情况选择最佳格式。

注意：对话框的右下角有一个"Adobe Device Central"按钮，为 Illustrator CS3 的新增功能，单击此按钮，可在窗口中将作品设置为手机移动设备的应用图像。

6. Illustrator 存储选项

当将图稿存储为 Illustrator 格式时，单击"存储"对话框上的"保存"按钮，弹出如图 4-7 所示的"Illustrator 选项"对话框。

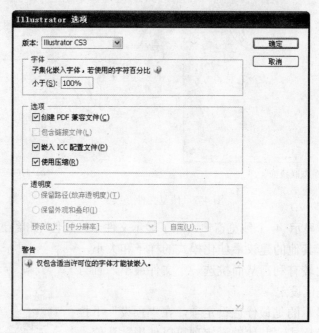

图 4-7 "Illustrator 选项"对话框

在对话框中可设置如下选项。

版本：指定希望文件兼容的 Illustrator 版本。旧版本只支持当前版本的部分功能，因此，当选择当前版本以外的版本时，某些存储选项不可用，并且有些数据将更改。务必阅读对话框底部的警告，这样可以知道数据将如何更改。

字体：子集化嵌入的字体，当使用的字符百分比低于指定百分比时，根据文档中使用的字体的字符数量嵌入完整字体（相对于文档中使用的字符），例如，如果字体包含 1 000 个字符，但文档仅使用其中的 10 个字符，则可以确定不值得为了嵌入该字体而额外牺牲文件大小。

创建 PDF 兼容文件：在 Illustrator 文件中存储文档的 PDF 演示文件。如果希望 Illustrator 文件与其他 Adobe 应用程序兼容，请选择此选项。

包合链接文件：嵌入与图稿链接的文件。

嵌入 ICC 配置文件：创建色彩受管理的文档。

使用压缩：在 Illustrator 文件中压缩 PDF 数据。使用压缩将增加存储文档的时间，因此，如果现在的存储时间很长，请取消选择此选项。

"透明度"区域中的两个选项可确定当选择早于 9.0 版本的 Illustrator 格式时，如何处理透明对象。

保留路径：可放弃透明度效果，并将透明图稿重置为 100%不透明度和"正常"混合模式。

保留外观和叠印：可保留与透明对象互不影响的叠印，与透明对象相互影响的叠印将被拼合。

4.1.4 置入

"置入"命令是导入文件的主要方法，因为它对文件格式、置入选项和颜色提供了最高级别的支持。置入文件后，可使用"链接"面板来识别、选择、监控和更新文件。

打开要将图稿置入的目标 Illustrator 文档，执行"文件/置入"菜单命令，弹出"置入"对话框。在文件所在路径下选择需要打开的文件，单击"置入"按钮。

4.1.5 导出

执行"文件/导出"菜单命令，弹出"导出"对话框，指定文件存储位置，输入文件名，在"保存类型"下拉列表中选择文件导出格式。

1．导出 JPEG 格式图像

在导出 JPEG 格式图像时，会弹出如图 4-8 所示的"JPEG 选项"对话框，若选择导出图像的品质较低，则图像的压缩级别较高，文件也相对较小；若要得到高品质的图像，则图像压缩级别会较低，文件相对较大。JPEG 图像在打开时会自动解压缩，在大多数情况下，选择"最佳"选项的高品质存储图像，解压后与原图像没有太大差别。

2．导出 Photoshop 格式图像

当将图稿导出为 Photoshop 格式时，弹出"Photoshop 导出选项"对话框，如图 4-9 所示，在对话框中可设置以下选项。

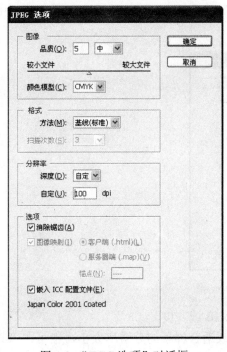

图 4-8 "JPEG 选项"对话框

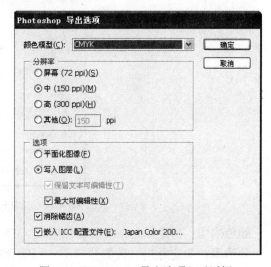

图 4-9 "Photoshop 导出选项"对话框

颜色模型：决定导出文件的颜色模式（CMYK、RGB 或灰度）。如果将 CMYK 文档导出为 RGB 格式（或相反），可能会在透明区域外观引起意外的变化（尤其是那些包含混合模式

的区域），而更改了导出文件的颜色模式（灰度除外），故而必须将图稿导出为平面化图像，此时"写入图层"选项不可用。

分辨率：决定导出文件的分辨率。可选择中、高或适合屏幕的分辨率大小，也可在"其他"文本框中自定义分辨率大小。

平面化图像：合并所有图层并将 Illustrator 图稿导出为栅格化图像。选择此项可确保保留图稿的视觉外观。

写入图层：导出每个 Illustrator 图层为 Photoshop 图层。

保留文本可编辑性：导出图层中的水平和垂直点类型到可编辑的 Photoshop 类型。

最大可编辑性：将每个图层（包括子图层）写入到单独的 Photoshop 图层（前提是这样做不影响图稿的外观），包含子图层的 Illustrator 图层成为 Photoshop 图层组，并将图稿中的隐藏图层导出到隐藏 Photoshop 图层，还将为图层中的每个复合形状创建一个 Photoshop 形状图层（前提是这样做不影响图稿的外观）。如果不选择此项，则包含子图层的图层在导出过程中拼合到父图层中。

注意：Illustrator 无法导出应用了图形样式、虚线描边或画笔的复合形状，此类复合形状将栅格化。

消除锯齿：通过超像素采样消除图稿中的锯齿边缘。取消选择此项有助于栅格化线状图时维持其硬边缘。

嵌入 ICC 配置文件：创建色彩受管理的文档。

3. 导出 TIFF 格式图像

当将图稿导出为 TIFF 格式时，弹出"TIFF 选项"对话框，如图 4-10 所示，在对话框中可设置以下选项。

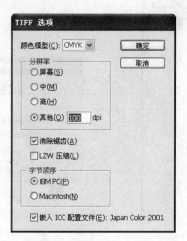

图 4-10 "TIFF 选项"对话框

颜色模型：决定导出文件的颜色模式（CMYK、RGB 或灰度）。

分辨率：决定导出文件的分辨率。可选择中、高或适合屏幕的分辨率大小，也可在"其他"文本框中自定义分辨率大小。

消除锯齿：通过超像素采样消除图稿中的锯齿边缘。取消选择此项有助于栅格化线状图时维持其硬边缘。

LZW 压缩：应用 LZW 压缩，是一种不放弃图像细节的无损压缩方法。选择此项可产生较小的文件。

字节顺序：以所选平台为基础，决定用于编写图像文件的相应字节顺序。Illustrator 和最新应用程序可读取使用任一平台的字节顺序的文件。但是，如果不知道文件可能在哪种程序中打开，则可以选择用来读取文件的平台。

嵌入 ICC 配置文件：创建色彩受管理的文档。

4.2　标尺和参考线

通过标尺和参考线可以帮助用户在画板中精确地放置和度量对象。

4.2.1　建立标尺

标尺用于度量对象，要在窗口中显示标尺，可执行"视图/显示标尺"菜单命令。标尺显示在画板窗口的顶部和左侧，如图 4-11 所示。

图 4-11　显示标尺

标尺上显示 0 的位置称为标尺原点，在默认状态下，顶部（水平）的标尺原点位于画板的左侧；左侧（垂直）的标尺原点位于画板的底部。要更改标尺原点，可将鼠标移动至顶部标尺和左侧标尺的交叉处，然后拖动，出现一个交叉的十字线，如图 4-12 所示，移到希望的新标尺原点处释放鼠标即可。更改后的原点位于画板的左上角。要恢复默认的标尺原点，双击窗口左上角两个标尺的交叉处即可。

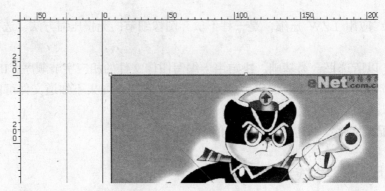

图 4-12　改变标尺原点

要更改标尺的度量单位，可以执行"文件/文档设置"菜单命令，在弹出的对话框中更改即可，此时更改的单位仅作用于当前文档。若要更改预设的度量单位，则执行"编辑/首选项/单位和显示性能"菜单命令，在弹出的对话框中更改即可。

4.2.2　建立参考线

参考线指放置在工作区中辅助用户创建和编辑对象的垂直和水平直线，它可以帮助用户在页面中对齐对象。参考线分为两种：普通参考线和智能参考线。普通参考线又分为标尺参考线和自定义参考线。参考线是不可打印出来的。

1．标尺参考线

标尺参考线即从标尺中拖出的参考线。只需将鼠标放到顶部或左侧的标尺上，拖动鼠标，便可拖出水平或垂直的参考线。

2．自定义参考线

自定义参考线可以通过矢量对象建立，选中要作为参考线的对象（如路径），接着执行"视图/参考线/建立参考线"菜单命令，可将所选矢量对象转换为参考线。自定义参考线可以直接显示在工作区，并且为锁定状态，但用户可以根据需要将其隐藏或解锁。

3．智能参考线

智能参考线是临时对齐，它可以辅助相对于其他对象创建、对齐、编辑和变换对象。要激活"智能参考线"，则执行"视图/智能参考线"菜单命令。激活智能参考线功能后，当鼠标移至工作区的对象上时，参考线会自动以高亮方式显示对象的轮廓路径，并且标注出对象的名称等属性，如图 4-13 所示。

当移动或旋转对象时，会出现智能辅助线，并显示所经过对象的一些属性或旋转角度，如图 4-14 所示。

当建立、移动或变换对象时，可以通过下列方式使用"智能参考线"。

（1）在使用钢笔或形状工具创建对象时，可利用"智能参考线"相对于现有对象来放置新对象的锚点。

（2）在移动对象时，可以使用"智能参考线"来使光标对齐到结构参考线和现有路径。对齐方式基于指针的位置，而不是对象的边缘，因此要确保单击之处恰好是精确的要对齐的点。

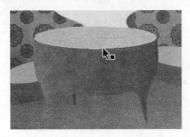

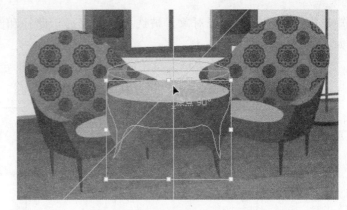

图 4-13　显示图形属性　　　　　　　图 4-14　激活智能参考线功能时移动图形

（3）当选择首选项中"智能参考线和切片"中的"变换工具"选项，并变换一个对象时，"智能参考线"会自动显示以帮助变换。

4.2.3　移动、删除、释放参考线

在移动、删除或释放参考线之前，要确定参考线没有被锁定。锁定的参考线是不能编辑的。在默认状态下参考线都是锁定的，可以执行"视图/参考线/锁定参考线"菜单命令，取消"锁定参考线"命令前面的"√"符号，为参考线解锁。再次选择此命令可以将参考线锁定。

移动参考线：移动参考线就是将参考线移动到任意位置以帮助对齐对象。将鼠标放到需要移动的参考线上拖动便可以任意移动参考线。拖动时按住【Alt】键可以复制参考线。

删除参考线：执行"视图/参考线/清除参考线"菜单命令，可以清除页面中的所有参考线。如果需要删除某条参考线而保留其他参考线，可以使用选择工具将需要删除的参考线选中（在参考线解除锁定的情况下），再按【Delete】键删除，或执行"编辑/清除"菜单命令，或将需要删除的参考线拖至标尺上然后释放鼠标。

释放参考线："释放参考线"命令可将已制作为参考线的矢量图形恢复为常规的图形对象，或将标尺参考线转化成路径。选中需要转化的参考线，执行"视图/参考线/释放参考线"菜单命令即可。注意，此操作也要在参考线解除锁定的情况下进行。

4.3　使用选择工具

要改变一个对象，例如移动、复制、删除或变换等，首先需要选择它，Illustrator 的选择工具可以选择单个对象或对象的一部分。工具箱中的选择工具有 5 种，分别是选择工具、直接选择工具、编组选择工具、魔棒工具和套索工具，如图 4-15 所示。

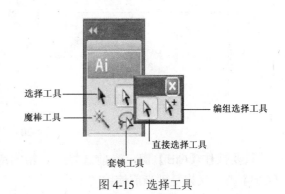

图 4-15　选择工具

4.3.1　选择工具

选择工具是最常用的对象选择工具，它可以选择整个对象，如整个图形、路径、群组图形或文字块。单击工具箱中的 ▶（选择工具）按钮，然后单击要选择的对象，也可以拖动

矩形框覆盖图形来选择对象。被选择的图形显示路径和路径上的节点，以及图形定界框，如图 4-16 所示。

执行"视图/隐藏定界框"菜单命令，可以隐藏图形定界框，只显示所选图形的路径和节点，如图 4-17 所示。再次执行"视图/显示定界框"命令，又可显示定界框，

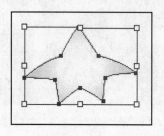

图 4-16　选择图形

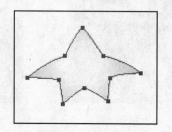

图 4-17　隐藏定界框

通过图形定界框可以对图形执行缩放、旋转等操作。定界框是临时的，在拖动过程中，它显示图形的轮廓线，释放鼠标又恢复为定界框。例如，当把鼠标放到定界框的节点上（小方块）时，鼠标指针变为"↔（水平缩放）"、"↕（垂直缩放）"和"↗（比例缩放）" 3 种形状，此时按住鼠标拖动节点可以缩放图形，按住【Shift】键拖动拐角处的节点可以等比例缩放图形，如图 4-18 所示。把鼠标移开节点少许距离，鼠标指针会变成"↻（旋转图形）"形状，此时移动鼠标可以旋转图形，如图 4-19 所示。

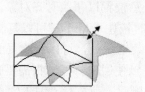

图 4-18　缩小图形

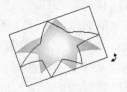

图 4-19　旋转图形

若要使用选择工具选取多个对象，可以按住【Shift】键单击需要选择的对象，或按住鼠标拖出一个选框，框选住所要选择对象的一部分，释放鼠标，被选框覆盖到的对象即被选中，如图 4-20 所示。

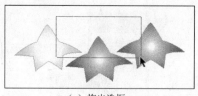

（a）拖出选框

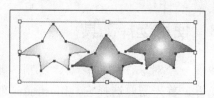

（b）选中的对象

图 4-20　框选图形

只要按住【Ctrl】键，当前选择工具箱的所有工具都会临时转变成"选择工具"。放开【Ctrl】键，又恢复到当前使用的工具。

注意：当选择工具移到未选中的对象或组上时，其形状将变为 ▸▫；当选择工具移到选中的对象或组上时，其形状将变为 ▸；当选择工具移到选中的对象的锚点上时，其形状将变为 ▸○；当选择工具移到未选中的对象的锚点处时，箭头的旁边将出现一个空心方框 ▸▫。

4.3.2 直接选择工具

直接选择工具可以选择单个节点或一段路径，可对路径上的节点做单独修改，使用此工具不受成组图形的限制。该工具在实际操作中的使用频率也非常高。

选择工具箱中的 ▶ （直接选择工具）按钮，单击所选对象，如果单击图形的填充部分，则所选对象路径上的节点显示为实心的小方框；如果单击图形的路径，则所选图形路径中的节点呈空心小方框，如图 4-21 所示。

使用直接选择工具单击图形的填充区域，然后按住鼠标左键拖动可以移动图形；若单击图形路径并拖动鼠标，则改变的是所单击路径段的位置；当单击路径上某一节点时，被单击的节点呈实心方形，拖动节点可以改变路径形状，如图 4-22 所示。

（a）单击填充区域　　　　　　（b）单击路径

图 4-21　使用直接选择工具选择对象

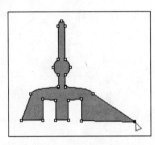

图 4-22　修改路径

4.3.3 魔棒工具

使用魔棒工具可以选择具有相似颜色、线宽、透明度和混合模式的对象。在使用魔棒工具之前，要对"魔棒"面板中的选项进行设定，如果"魔棒"面板没有在窗口中显示，可以执行"窗口/魔棒"菜单命令，调出"魔棒"面板，如图 4-23 所示。

（a）

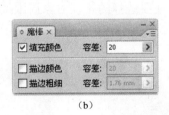

（b）

（c）

图 4-23　"魔棒"面板

在"魔棒"面板中选择所需选项，选择一个选项的同时最好取消其他选项的选择，这样可以使选择的对象更精确，避免受到其他选项的影响。如果要根据对象的描边颜色选择对象，则在面板中选择"描边颜色"选项，其他的选项可以取消选择。

面板中除了"混合模式"选项外，选择其他任意选项都会激活后面对应的"容差"设定项。

说明：容差用来确定选定对象的相似点差异，对于 RGB 模式，容差值介于 0～255 像素之间；对于 CMYK 模式，容差值应介于 0～100 像素之间。

举个例子来说明魔棒工具的作用，在页面中有如图 4-24 所示的一组图形。

如果要根据对象的填充颜色选择对象，则在面板中选择"填充颜色"选项，容差可以使用默认值也可以自行设定，然后单击工具箱中的 ![魔棒工具按钮]（魔棒工具）按钮，在页面中单击五角星，与它具有相同填色的圆形也被选中，如图 4-25 所示。

如果要根据对象的描边粗细选择对象，则在面板中选择"描边粗细"选项，使用 ![魔棒工具按钮]（魔棒工具）单击页面中的描边路径，矩形也被选中，如图 4-26 所示。

如果要根据对象的不透明度选择对象，则在面板中选择"不透明度"选项，使用 ![魔棒工具按钮]（魔棒工具）单击页面中的六边形，透明度相似的椭圆也被选中，如图 4-27 所示。

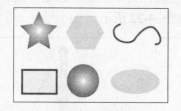

图 4-24　基础图形

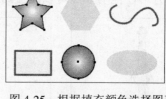

图 4-25　根据填充颜色选择图形

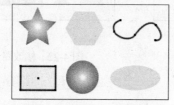

图 4-26　根据描边粗细选择图形

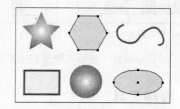

图 4-27　根据不透明度选择图形

4.3.4　套索工具

套索工具可以通过自由拖动的方式选取多个物体、锚点或者路径片段。

在工具箱里选择套索工具，在要选择的路径对象周围按住鼠标左键，并拖动鼠标圈出需要选择的路径对象区域，然后释放鼠标即可，如图 4-28 所示：

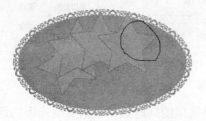

图 4-28　套索工具的选择

4.3.5　移动、复制对象

移动和复制对象往往是同时进行的，在移动的同时对对象进行复制。使用工具箱中的 ![选择工具]（选择）工具选择一个或多个对象，鼠标指针对准需要移动或复制的对象，指针会变成"▶"形状。如果操作对象是图形，则鼠标可以放在填充区域内，这时要保证菜单栏下"编辑/首选项"对话框中"常规"选项卡下的"仅按路径选择对象"选项没有被选中，方可有效；如果操作对象是路径，则鼠标指针要对准选择的路径，然后拖动鼠标，到所需位置释放鼠标，便可以移动所选对象，如图 4-29 所示。

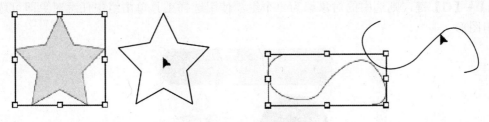

图 4-29　移动所选对象

如果在拖动对象的同时按住【Alt】键，则鼠标指针变成"▶"形状，移动到所需位置释放鼠标后可以复制所选图形，如图 4-30 所示。

如果是比较轻微的移动，通过鼠标很难控制移动距离，这时可以通过键盘上的方向键来轻移图形。箭头每次移动的增量和"首选项"对话框中"常规"选项卡下"键盘增量"文本框中设置的参数有关，如果设置的数值是 1，选用单位是 mm，那么每按一次方向键，对象朝着相应的方向移动 1 mm。

如果要使对象移动的距离更精确，可以双击工具箱中的 ▶（选择工具）按钮，或执行"对象/变换/移动"菜单命令，弹出"移动"对话框，如图 4-31 所示

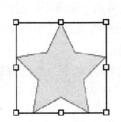  

图 4-30　复制图形　　　　　　　　图 4-31　"移动"对话框

选择对话框中的"预览"选项，在设定数值时可以看到对象在页面中的变化。

"水平"和"垂直"选项决定对象移动的方向。在文本框中输入数值，水平数值为正，对象右移，为负左移；垂直数值为正，对象上移，为负下移。

"距离"和"角度"选项决定对象移动的位置。在文本框中输入对象移动的距离和角度，单击"确定"按钮。如果要复制移动的对象，则单击"复制"按钮。

4.4　编组对象

编组对象可以将若干个对象合并到一个组中，把这些对象作为一个单元同时进行处理。这样，就可以同时移动或变换若干个对象，且不会影响其属性或相对位置。例如，可将同一对象中的构成元素编为一组，以便将其作为一个单元进行移动和缩放。

1. 创建编组

使用工具箱中的 （选择工具）拖出矩形框，选中要进行编组的若干对象，或按住【Shift】键单击要进行编组的对象，如图 4-32 所示。然后执行"对象/编组"菜单命令，或按【Ctrl】+【G】键，则选中的对象编为一个组。使用选择工具单击组中任意对象即可选中整个编组图形。

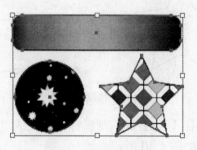

图 4-32　选择多个对象

编组后的对象被连续堆叠在图稿的同一图层上，位于组中最前端对象之后；因此，编组可能会更改对象的图层分布及其在给定图层上的堆叠顺序。如果选择位于不同图层中的对象并将其编组，则其所在图层中的最靠前图层，即是这些对象将被编入的图层。

组还可以是嵌套结构，也就是说，组可以被编组到其他对象或组之中，形成更大的组。组在"图层"面板中显示为<组>项目。可以使用"图层"面板将项目移进或移出组。

2. 使用编组选择工具

编组选择工具用来选择编组后的单个对象或组内的组。选择工具箱中的 （编组选择工具），在成组的对象上单击，则单击的对象被单独选中；如果双击图形则选中这个图形所在的组。如果图形属多重成组图形，那么每多单击一次就可多选择一组图形。

如图 4-33 所示，视图中 4 个五角星组成一组，然后再和圆执行编组命令。当选择编组选择工具后，单击第一个五角星，将其选中；再单击一下，则选中其所在的组，即 4 个五角星；如果单击 3 下，则整个图形被选中。

（a）选中一个图形　　　　　　　　　　　　（b）选中一组图形

图 4-33　编组选择工具的使用

使用编组工具可以对成组后的图形单独进行移动、复制、更改填充和描边颜色等操作。

3. 取消编组

选择要取消编组的对象，执行"对象/取消编组"菜单命令，或按【Shift】+【Ctrl】+【G】键，即可取消对象编组。

4.5 为对象着色

着色对绘图软件来说是必不可少的操作，要使绘制的图形更生动、更丰富，就要对图形填入丰富多彩的颜色。Illustrator 中着色的主要对象是描边和填色，所以在介绍着色方法之前，先介绍填充色和描边色的设定。

4.5.1 填色和描边

填色是针对对象中的颜色、图案或渐变。填色可以应用于开放和封闭的对象，以及"实时上色"组的表面。

描边是针对对象的可见轮廓以及"实时上色"组的边。可以控制描边的宽度和颜色，还可以创建虚线描边，使用画笔绘制风格化描边。当前的填色和描边颜色都会显示在工具箱中，如图 4-34 所示。

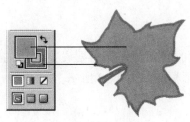

图 4-34　填色和描边

Illustrator 默认的填色为白色，描边为黑色。如果需要为填色设定颜色，则单击工具箱中的"填色"图标，将其置放在"描边"图标之上；如果需要为描边设定颜色，则单击工具箱中的"描边"图标，将其置放在"填色"图标之上。

单击图标右上角的 ↳（互换填色和描边）按钮，可以在填色和描边之间切换，如图 4-35 所示。

单击图标左下角的 ↳（默认填色和描边）按钮，可以返回默认颜色设置（白色填色和黑色描边），如图 4-36 所示。

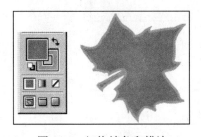

图 4-35　切换填色和描边

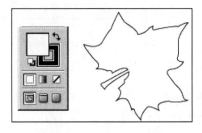

图 4-36　默认填色和描边

单击图标下方的 □（颜色）按钮，可将上次选定的纯色应用于具有渐变填色或者没有描边（填色）的对象。

单击图标下方的 ▧（渐变）按钮，可将当前选定的填色改为上次选定的渐变。

单击"无"按钮，可删除对象的填色或描边，如图 4-37 所示。

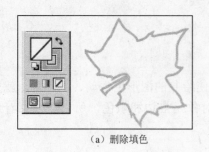
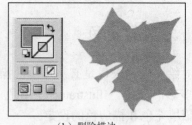

（a）删除填色 （b）删除描边

图 4-37 删除填色和描边

4.5.2 着色的一般方法

为对象着色的方法有多种，可用工具箱中的"填色"和"描边"图标、控制面板、"颜色"面板、"色板"面板、以及拖放颜色的方法为对象着色。不过在设定颜色前要先确定着色是用于填色还是描边。

1．用工具箱着色

使用选择工具选中要着色的对象，假如需要设定描边的颜色，则双击工具箱中的"描边"图标，弹出"拾色器"对话框，如图 4-38 所示。

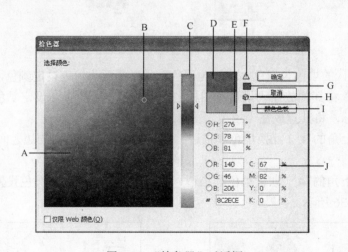

图 4-38 "拾色器"对话框

其中：

A：颜色选择区	B：选取颜色标记
C：色相轴和颜色滑块	D：当前选定颜色
E：以前选取颜色	F：印刷不可实现颜色警告标志
G：最接近的对应印刷色	H：不是 Web 安全色警告标志
I：最接近的对应 Web 安全色	J：颜色定义区

定义颜色时，在"拾色器"对话框中拖动色相轴上的滑块，或单击色相轴中的颜色确定需要选取的色域，然后在对话框左侧的颜色选择区中单击，会以圆圈标出当前鼠标所单击的位置，并在图中"D"处显示当前选取的颜色。

如果在选择颜色时出现 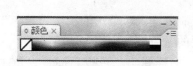 图标，说明当前选取的颜色不在色域内，是印刷时实现不了的颜色，可单击图标下面的颜色块，自动选择与当前所选颜色最接近的印刷色。

如果在选择颜色时出现 ⬡ 图标，说明当前选取的颜色不是 Web 的安全颜色，可单击图标下面的颜色块，自动选择与当前所选颜色最接近的 Web 颜色（当图稿用于网页时需要注意此处警告）。

在实际工作中，通常参照印刷色谱中的颜色配比，通过输入数值的方式确定颜色，这种方式最准确，可以最大限度地避免显示器的误差。

定义好需要的颜色后，单击对话框上的"确定"按钮，设定的颜色便自动作用于对象描边上。

2. 用"颜色"面板着色

选中需要着色的对象，打开"颜色"面板，如图 4-39 所示，从面板菜单中执行"显示选项"命令，使"颜色"面板中的选项全部显示，如图 4-40 所示。

图 4-39 "颜色"面板　　　　　　图 4-40 面板上的警告图标

拖动颜色各分量上的滑块，或在对应颜色分量后面的文本框中输入颜色值，定义所需颜色。也可以把鼠标移到面板底部的颜色带上，此时鼠标变成细管的形状，单击所需颜色处，这时颜色滑块和文本框中的颜色值会同时改变。

设定的颜色显示在面板左上角的"填色"或"描边"图标上（取决于用户所指定着色要作用的对象），同时在选中的对象上也有相应的更改。

如果在设定颜色时，在"颜色"面板上也出现了警告标志，如图 4-40 所示，同样可单击后面的色块，用一种最接近的颜色代替当前所选颜色。

3. 用"色板"面板着色

使用"色板"面板为对象着色，是比较简单也比较常用的方法。"色板"面板中有颜色色块、渐变色块和图案色块 3 种基本色块，如果是设定描边颜色，则不可使用面板中的渐变色块；如果是设定填色则无此限制。

选中着色对象，在"色板"面板中单击所需的色块即可，所选色块的外围会出现一个边框，如图 4-41 所示。在这里单击的色块，也会在"颜色"面板中显示，可查看所用颜色的数值。

"色板"面板允许把创建的颜色、图案和渐变加入面板中。方法是选中创建的对象，单击"色板"面板底部的 ▣（新建色板）按钮。如果执行面板菜单中的"新建色板"命令，将弹出"新建色板"对话框，如图 4-42 所示。

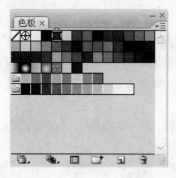
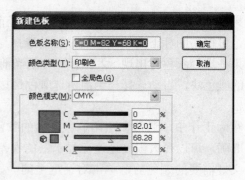

图 4-41　选择的色块　　　　　　　　　图 4-42　"新建色板"对话框

在对话框"颜色模式"下拉列表中选择一种颜色模式，定义新颜色，输入颜色名称，单击"确定"按钮，则新颜色被添加到"色板"面板中，同时被选中并应用。

"色板"面板里还提供了很多种预置色板库，每个色板库中均有大量的颜色供选用。单击色板下面的 按钮或执行"窗口/色板库"命令，弹出"色板"菜单，如图 4-43 所示。

4．用"控制"面板着色

选中需要着色的对象，菜单栏下方会出现"控制"面板，单击面板上"填色"后面的色块，弹出"色板"面板，如图 4-44 所示。单击需要的颜色将其应用到填色。

若单击"控制"面板上"描边"后面的色块，同样弹出"色板"面板，单击需要的颜色并应用到描边。如果按住【Shift】键单击"填色"或"描边"，则可弹出"颜色"面板，如图 4-45 所示。同时在控制面板上还可以设置描边的粗细。

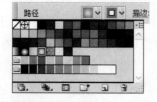

图 4-43　"色板"菜单　　　图 4-44　弹出"色板"面板　　　图 4-45　弹出"颜色"面板

使用此方法为对象填色或描边着色时，不需要先确定着色是为填色还是描边。

5．用"颜色参考"面板着色

"颜色参考"面板是 Illustrator CS3 新增的面板。它基于工具箱中的当前颜色，根据颜色协调规则协调颜色，并且可以用这些颜色为对象着色，也可以将这些颜色存储为色板，如图 4-46 所示。

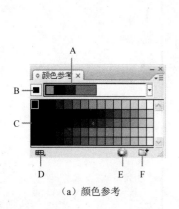
（a）颜色参考

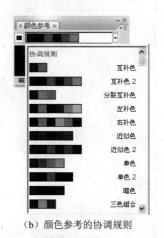
（b）颜色参考的协调规则

（c）颜色参考的隐藏选项

图 4-46 "颜色参考"面板

其中：

A：颜色协调规则菜单和当前颜色组　　　　　　B：设置为基色

C：颜色变化　　　　　　　　　　　　　　　　D：将颜色限定为指定的色板库

E：编辑颜色（在"实时颜色"对话框中打开颜色）　F：将组存储到"色板"面板

"颜色参考"选项：用于指定颜色变化的数目和范围，包括"步骤"和"范围"选项。"步骤"表示生成的颜色组中每种颜色的左侧和右侧显示的颜色数目。如果需要 6 种较深颜色变化和 6 种较浅颜色变化，可以在"步骤"后输入 6，默认情况下选择 7。而将"范围"滑块向左拖动可以减小变化范围；向右拖动可以增大变化范围。减小范围可以得到与原颜色更加相近的颜色。

"颜色变化"类型：打开"颜色参考"面板的菜单栏，其中共有 3 种颜色变化类型，分别是显示淡色/暗色、显示冷色/暖色、显示亮光/暗光。如果对象使用的是专色，那么就只能使用"显示淡色/暗色"变化，并从变化网格的淡色（右）侧选择颜色，因为所有的其他变化都会导致专色转换为印刷色。

显示淡色/暗色——对左侧的变化添加黑色，对右侧的变化添加白色。

显示冷色/暖色——对左侧的变化添加红色，对右侧的变化添加蓝色。

显示亮光/暗光——减少左侧变化中的灰色饱和度，并增加右侧变化中的灰色饱和度。

说明：需要详细调节颜色组时，可以单击"颜色参考"面板右下方的"👆"（编辑颜色）按钮，在弹出的"实时颜色"对话框中进行调节。

6．用实时颜色着色

可以使用"实时颜色"对话框创建和编辑颜色组，以及重新指定或减少图稿中的颜色。为特定文档创建的所有颜色组都将显示在"实时颜色"对话框（以及"色板"面板）的"颜色组"存储区域中，可以随时选择和使用这些颜色组，如图 4-47 所示。

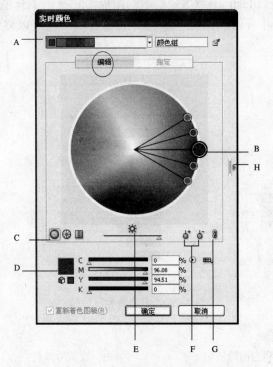

图 4-47 "实时颜色"对话框

其中：

A："颜色协调规则"菜单中显示的基色　　　B：拾色器
C：颜色显示选项　　　　　　　　　　　　D：选定的颜色标记或颜色条的颜色
E：在色轮上显示饱和度和色相　　　　　　F：添加颜色标记工具和减少颜色标记工具
G：取消协调颜色的链接　　　　　　　　　H：隐藏颜色组存储区

打开"实时颜色"对话框的方式有以下几种。

通过菜单栏：执行"编辑/编辑颜色/重新着色图稿"或"使用预设值重新着色"命令。

通过控制面板：单击控制面板中的 （编辑颜色）按钮。

通过"颜色参考"面板：单击"颜色参考"面板中的 （编辑颜色）按钮。

使用"编辑"选项卡可以创建新颜色组或编辑现有的颜色组。在"编辑"选项卡中可以使用"颜色协调规则"菜单和色轮对颜色协调进行试验。色轮将显示颜色在颜色协调中是如何关联的，同时，颜色条可查看和处理各个颜色值。此外，"编辑"选项卡中还可以调整亮度、添加和删除颜色、存储颜色组以及预览选定图稿上的颜色。

在"实时颜色"编辑状态下可以选择 3 种显示模式：显示平滑的色轮、显示分段的色轮、显示颜色条，可随机生成新的颜色组，如图 4-48 所示。

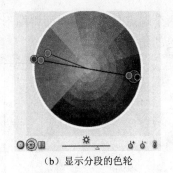

| （a）显示平滑的色轮 | （b）显示分段的色轮 | （c）显示颜色条 |

图 4-48 "颜色参考"面板的显示方式

　　与"编辑"选项卡并列的还有一个"指定"选项卡。如图 4-49 所示。使用"指定"选项卡可以查看和控制颜色组中的颜色如何替换图稿中的原始颜色。只有在文档中选定图稿的情况下，才能指定颜色。在"指定"选项卡里可以指定用哪些新颜色来替换哪些当前颜色、是否保留专色以及如何替换颜色。例如，可以完全替换颜色或在保留亮度的同时替换色相。使用"指定"选项卡还可以控制如何使用当前颜色组对图稿重新着色，或减少当前图稿中的颜色数目。

图 4-49 "指定"选项卡

7．用拖放方法着色

　　拖放着色是一种最容易的着色方法，无须选择对象，可直接将颜色拖放到对象上。不过首先要选择着色目标。

　　如果要为对象描边着色，则单击工具箱上的"描边"图标，将其置放在前，然后拖动"颜色"面板左上角设定的描边颜色到对象上，或拖动"颜色"面板中的色块到对象上即可。如果是为填色着色，则要将工具箱上的"填色"图标置前，然后拖动颜色到对象上即可。

4.5.3　为开放路径填色

　　在 Illustrator 中，开放的路径也可以被填充各种颜色，在对一个开放路径的图形进行填色时，系统会默认为开放图形的两个端点是连接的，而将图形的封闭区域填色。图 4-50 所示为对几种不同形式的开放路径填色的结果。

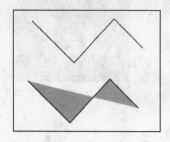 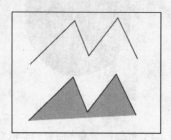 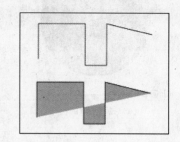

图 4-50　填充开放路径

第 5 章   绘 制 图 形

绘制图形是 Illustrator 软件最基本的操作，它提供了多种绘图方式，有绘制自由图形的工具，如铅笔工具、钢笔工具、画笔工具等；也有绘制基本图形的工具，如矩形工具、椭圆工具、星形工具等；还有绘制线形的工具，如直线工具、弧线工具、螺旋线工具等。

5.1   基本绘图工具

Illustrator 中的绘图工具主要是指钢笔工具和铅笔工具。

5.1.1   钢笔工具

在 Illustrator 中，钢笔工具是最基本的绘图工具，它以释放锚点的方式创建路径，可以绘制直线、折线、平滑曲线等，而且可对路径进行精确的控制。

1．绘制直线、折线

使用钢笔工具可以绘制的最简单路径是直线，选择工具箱中的 ♦（钢笔）工具，把鼠标移到页面中，指针变成 ♦ 形状，在画板上所需位置单击，此时画板中出现一个实心的蓝色锚点，作为直线的起点，再移动鼠标到所需的第二个位置单击，则两个点会自动连起来，直线绘制完毕，如图 5-1 所示。

继续单击可创建多段折线，如图 5-2 所示。若在单击鼠标的同时按住【Shift】键，则只能绘制水平、垂直或倾斜 45°的直线。

图 5-1   绘制直线   图 5-2   绘制折线

从图 5-2 可以看出，折线上的最后一个锚点是实心的，表明该点为选中状态，可作为连接下一锚点的起点；其余的锚点显示为空心方块，为非选中状态。

要结束开放路径的绘制，则按住【Ctrl】键，鼠标形状由原来的钢笔形状变成指针形状，单击鼠标即可结束绘制，或执行"选择/取消选择"菜单命令，也可以选择工具箱中的其他工具。

2．绘制曲线

在使用钢笔工具绘制曲线之前，首先要了解图形中最基本的组成元素——路径。路径包括一系列的锚点及其线段，锚点又包括方向线和方向控制点。在曲线上，被选定的节点两侧各有一段直线，这两条直线都分别通过锚点与曲线相切，它们叫做方向线；方向线的端点叫做方向控制点，如图 5-3 所示。

拖动方向控制点可以改变方向线的方向和长度，而方向线拖出的方向决定了曲线的倾斜度，方向线的长度决定了曲线的高度或深度。

在使用钢笔工具绘制曲线时，选择工具箱中的 ✍（钢笔）工具，在页面中单击，在单击的同时鼠标的钢笔图标会变成黑色箭头，按住鼠标拖动箭头，会出现两条方向线，释放鼠标，完成第一点创建。移动鼠标到第二点单击，以同样的方法拖出方向线，两点之间出现一段弧形路径，如图 5-4 所示。继续单击可以创建多段弧形连接的曲线，如图 5-5 所示。

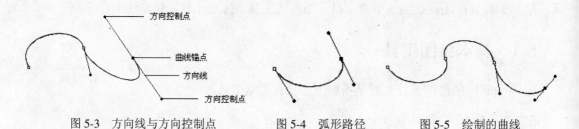

图 5-3 方向线与方向控制点　　　　图 5-4 弧形路径　　　　图 5-5 绘制的曲线

如果绘制的路径是闭合曲线，当把鼠标放到路径的第一个节点上时，钢笔工具图标会变成 ✍。形状。单击鼠标可使路径闭合。

钢笔工具还有一种比较智能的用法，可以随时在路径中添加、删除锚点或改变节点形式。如图 5-6 所示，选用钢笔工具后，当把鼠标放到路径上时，钢笔工具图标变成 ✍+（增加锚点）形状，单击可以在鼠标停放处增加一个节点；而把鼠标停放到路径的节点上时，钢笔工具图标会变成 ✍-（删除锚点）形状，单击可以删除鼠标所在处的锚点；若按住【Alt】键，则把鼠标停放到路径的节点上时，钢笔工具图标会变成 ト（转换节点）形状，单击可以使平滑节点转变成折角节点，单击后拖动鼠标又可以拖出方向线，如图 5-7 所示。这样就不需要在钢笔工具组中选择 ✍+（增加锚点）、✍删除锚点和 ト（转换锚点）工具了，它们的用法是一样的。

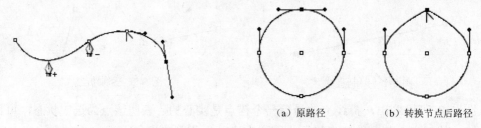

（a）原路径　　　　（b）转换节点后路径

图 5-6 转换钢笔工具用途　　　　图 5-7 转换节点工具

3. 使用钢笔工具连接路径

钢笔工具除了可以绘制路径外，还可以把多条开放的路径连接在一起。首先确定要进行连接的两条路径，路径可以是非选中状态。选择钢笔工具后把鼠标放在其中一条路径的终点处，原来的钢笔图标会变成 ✍。形状，表示可以继续绘制路径。单击鼠标，画出连接部分路径的形状，再把鼠标放到另一条路径的端点处，此时钢笔图标变成 ✍。形状，表示连接到下一条路径。单击鼠标使两条路径连接，如图 5-8 所示。

此外，执行"对象/路径/连接"菜单命令，也会将两条路径选中的端点用直线连起来，如图 5-9 所示。

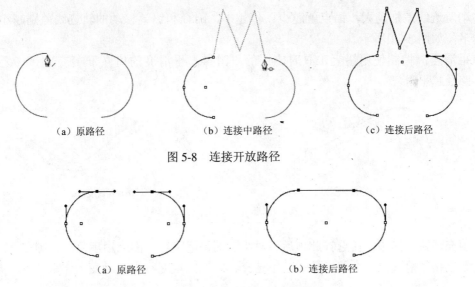

| （a）原路径 | （b）连接中路径 | （c）连接后路径 |

图 5-8　连接开放路径

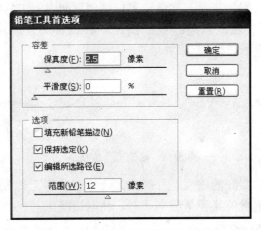

| （a）原路径 | （b）连接后路径 |

图 5-9　使用"连接"命令连接路径

注意： 使用钢笔工具时，光标会发生多种变换，可以根据变换了解当前的操作。

5.1.2　铅笔工具

使用铅笔工具可绘制开放和闭合路径，就像用铅笔在纸上绘图一样，这对于快速素描或创建手绘外观最有用。绘制路径后，如有需要还可以立刻更改。

1．铅笔工具的设定

当使用铅笔工具绘制路径时，锚点所在位置是不能预先确定的，但是，在路径完成后可以调整它们。设置的锚点数量由路径的长度、复杂程度以及"铅笔工具首选项"对话框中的容差设置来确定。这些设置控制铅笔工具对鼠标移动的敏感程度。双击工具箱中的 ✐（铅笔工具）按钮，弹出"铅笔工具首选项"对话框，如图 5-10 所示。

图 5-10　"铅笔工具首选项"对话框

保真度： 控制路径的复杂程度，保真度的值介于 0.5～20 像素之间。值越大，路径和铅笔移动轨迹线差别越大，锚点就越少；值越小，路径和铅笔移动的轨迹线差别越小，锚点也会越多，如图 5-11 所示。

平滑度：控制使用铅笔工具时应用的平滑量。平滑度的值介于 0%～100% 之间，值越大，路径越平滑。

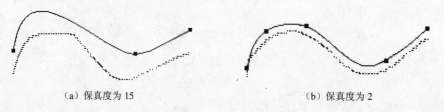

（a）保真度为 15　　　　　　　　　　　（b）保真度为 2

图 5-11　保真度设置

填充新铅笔描边：在选择此项后将对绘制的铅笔路径范围应用填色，如图 5-12 所示。但要在绘制路径前选择一个填充色，若不选择，路径的填充状态自动变为无。

（a）原路径　　　　　　　　　　　　（b）填色后路径

图 5-12　填充新路径

保持选定：决定在绘制完路径后，是否仍使路径保持选定状态。

编辑所选路径：决定是否可使用铅笔工具更改现有路径。

"范围"调节项：调节"范围"像素值，决定鼠标与现有路径的距离达到多少，才能使用铅笔工具编辑路径。此选项仅在选择了"编辑所选路径"选项时可用。

2．使用铅笔工具

单击工具箱中的 （铅笔工具）按钮，鼠标移到页面中，工具图标变成 ![形状] 形状，按住鼠标左键拖动，绘制出一条虚线轨迹；释放鼠标，虚线轨迹变成路径，此时铅笔工具下的"×"消失，如图 5-13 所示。

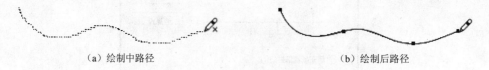

（a）绘制中路径　　　　　　　　　　　（b）绘制后路径

图 5-13　铅笔工具绘制路径

铅笔工具还可以对绘制好的路径进行修改。选择"铅笔工具首选项"对话框中的"编辑所选路径"选项，确定编辑的路径是选中状态，使用铅笔工具在路径需要修改的部位画线，得到所需形状后释放鼠标，就可得到修改后的形状，如图 5-14 所示。

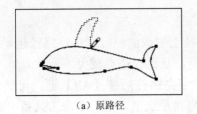

| (a) 原路径 | (b) 修改后路径 |

图 5-14　修改路径

　　在修改路径时，如果光标离开路径的距离超出了"铅笔工具首选项"对话框中"范围"调节项所设置的像素值，则铅笔图标又变成 ✐ 形状，表示开始一个新路径；当把光标靠近路径时，也就是在所设定的范围内时，图标变成 ✐ 形状，此时可以在原路径上编辑。

　　若要使用铅笔工具绘制闭合的路径，则先按住鼠标左键绘制路径，待需要闭合路径时再按【Alt】键，此时铅笔工具图标的下方会出现一个小圆圈 ✐，表示创建闭合路径。释放鼠标，便形成闭合路径。

　　铅笔工具也可以把多条开放的路径连接成一个开放或闭合的路径。首先选择两条路径，把鼠标停放到其中一条的端点处，按住鼠标左键向另一条路径画线。在画线的过程中按【Ctrl】键，此时铅笔工具图标变成 ✐ 形状，表示添加到现有路径。在另一条路径的端点释放鼠标，即可将两条路径连接起来，如图 5-15 所示。

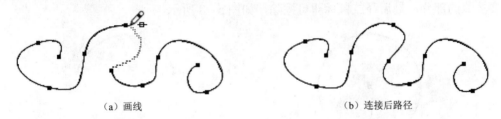

| (a) 画线 | (b) 连接后路径 |

图 5-15　连接路径

5.2　平滑路径和橡皮擦工具

　　平滑路径工具和橡皮擦工具用于修改绘制后的路径。平滑工具可以在保持路径基本形状的前提下平滑一条路径或路径的一部分。双击工具箱中的 ✐（平滑工具）按钮，弹出"平滑工具首选项"对话框，如图 5-16 所示。

图 5-16　"平滑工具首选项"对话框

　　保真度：定义平滑处理时保留图形原有路径的最大像素值。值越小，平滑路径偏离原有路径的像素值越小。低保真度会使路径出现更加尖锐的角度，而高保真度则使曲线平滑，但细节丢失较多。

平滑度：定义路径的平滑程度，值越大，路径上生成的锚点越多，路径越平滑。低平滑度可使路径弯曲起伏，高平滑度则使路径更加平滑，且路径锚点减少。

如果使用铅笔或画笔工具绘制路径，则在绘制完路径后按【Alt】键，可切换成平滑工具；如果对已存在的路径应用平滑处理，首先要将路径选中，然后单击工具箱中的 ✎（平滑工具）按钮，在路径上需要平滑的部位拖动即可使路径趋向平滑，如图 5-17 所示。若一次达不到理想的平滑效果，可以连续操作，直到满意为止。

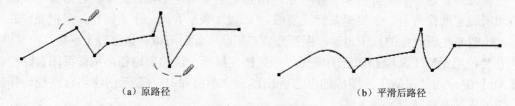

（a）原路径　　　　　　　　　　　　　　　　（b）平滑后路径

图 5-17　平滑路径

橡皮擦工具用于从对象中擦除路径和锚点，但不能擦除文本和渐变网格。橡皮擦工具的使用方法很简单，选择要进行擦除的路径，在工具箱的铅笔工具组中单击 ✐（橡皮擦工具）按钮，鼠标指针在页面中变成 ✐ 形状；然后沿着要擦除的路径拖动鼠标，橡皮擦经过的轨迹是将要擦除的部分，最后释放鼠标即可擦除，如图 5-18 所示。

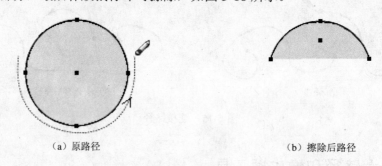

（a）原路径　　　　　　　　　　　　　　　　（b）擦除后路径

图 5-18　擦除路径

5.3　基本形状工具

Illustrator CS3 的工具箱中提供了多种绘制基本图形的工具，如图 5-19 所示。通过这些工具可以绘制基本的线状图形和各种规则图形，例如，绘制线状图形的有直线段工具、弧线段工具、螺旋线工具、矩形网格工具和极坐标网格工具；绘制规则图形的工具有矩形工具、圆角矩形工具、椭圆工具、多边形工具、星形工具和光晕工具。绘制好的图形也可以进行移动、旋转、缩放、变换等操作。

5.3.1　直线段、弧线段和螺旋线工具

1. 直线段工具

使用直线段工具可以绘制各个方向上的直线段，其使用方法也非常简单。单击工具箱中

的 ＼（直线段工具）按钮，在画板中单击并向着所需的方向拖动鼠标，释放鼠标便形成所需的直线段，如图 5-20 所示。

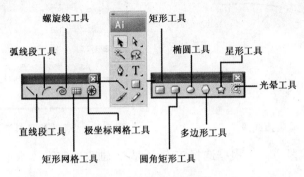

图 5-19　基本形状工具

如果要精确设置所画直线段的长度和倾斜度，则须设置"直线段工具选项"对话框中的参数。单击该工具箱中的 ＼（直线段工具）按钮后，在画板中单击鼠标，会弹出"直线段工具选项"对话框，双击"直线段工具"按钮也会弹出"直线段工具选项"对话框，如图 5-21 所示。设置相应的参数并单击"确定"按钮即可。

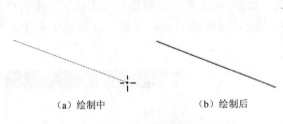

（a）绘制中　　　　　（b）绘制后

图 5-20　绘制直线段

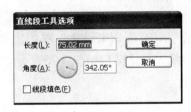

图 5-21　"直线段工具选项"对话框

长度：输入数值设定直线段的长度。

角度：输入数值设定直线段和水平方向的夹角。

线段填色：选择此项，将以工具箱中设定的填充色对直线段填色；不选择此项，则根据工具箱中的"描边"颜色生成直线段。

2．弧线段工具

绘制弧线段的方法和绘制直线段相似，只不过弧线段工具拖出的是弧形线段。单击工具箱中的 ⌒（弧线段工具）按钮，在画板适当位置单击并拖动鼠标，即可绘制出不同弧度和长短的弧线段，如图 5-22 所示。

要精确设置弧线段形状，则单击工具箱中的 ⌒（弧线段工具）按钮，在页面任意位置单击，弹出"弧线段工具选项"对话框，如图 5-23 所示。

在对话框中，单击参考点定位符上的方块 ⌷（所选位置的方块呈实心状），确定弧线段的开始绘制点。然后设置对话框中的其他选项，单击"确定"按钮即可。

X 轴长度：指定弧线段宽度。

Y 轴长度：指定弧线段高度。

类型：指定对象为开放路径还是封闭路径。

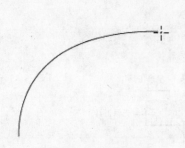

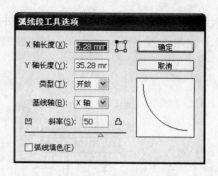

图 5-22　绘制弧线段　　　　　　　　　图 5-23　"弧线段工具选项"对话框

基线轴：指定弧线段方向。根据选择 X 轴还是 Y 轴来确定沿"水平"还是"垂直"轴绘制弧线基线。

斜率：指定弧线段曲率的方向。值为-100~+100，负值为凹陷，正值为凸起。斜率为 0 时将创建直线段。

弧线填色：指定是否以当前填充颜色为弧线段填色。

3．螺旋线工具

使用螺旋线工具可以绘制各种螺旋形状，如图 5-24 所示，螺旋线的形状、大小可以通过"螺旋线"对话框来设定。单击工具箱中的 ◎（螺旋线工具）按钮，在页面中单击，弹出"螺旋线"对话框，如图 5-25 所示。

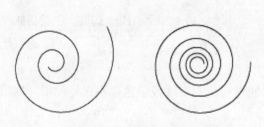

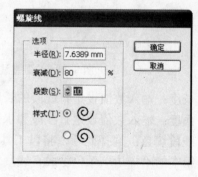

图 5-24　创建的螺旋线　　　　　　　　图 5-25　"螺旋线"对话框

半径：指定从中心到螺旋线最外点的距离。

衰减：指定螺旋线的每一螺旋相对于上一螺旋应减少的量。数值设为 100%，螺旋线将变为圆形。

段数：指定螺旋线具有的线段数。螺旋线的每一完整螺旋由 4 条线段组成。

样式：指定螺旋线的旋转方向为逆时针还是顺时针。

5.3.2　矩形网格和极坐标网格工具

1．矩形网格工具

矩形网格工具用于在矩形内部分割创建网格。单击工具箱中的 ▦（矩形网格工具）按钮，在画板中拖动即可画出网格，如图 5-26 所示。

矩形网格的各项参数也可通过对话框来设置，单击工具箱中的 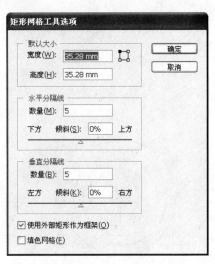（矩形网格工具）按钮，在页面任意位置单击，弹出"矩形网格工具选项"对话框，如图 5-27 所示。

"**默认大小**"区域选项设置如下。

在"**宽度**"和"**高度**"文本框中输入数值，定义网格外框大小。单击后面的 （参考点定位符）上的方块，确定网格的开始绘制点。

"**水平分隔线**"和"**垂直分隔线**"区域选项设置如下。

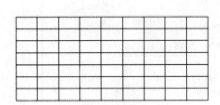

图 5-26　绘制矩形网格

图 5-27　"矩形网格工具选项"对话框

数量：在后面的文本框中输入数值，确定网格水平和垂直分隔数量。在拖动网格的同时，暂不释放鼠标，按键盘上的"↑"箭头，每按一次增加一个横向的网格；反之，按"↓"箭头会减少横向的网格数量；若按"→"箭头，则每按一次增加一个垂直方向的网格；反之，按"←"箭头，则减少垂直方向的网格。

倾斜：在后面的文本框中输入数值，或拖动下方的滑块可设置网格的倾斜方向。数值为 −500～+500。若输入正值，则水平方向网格上疏下密，垂直方向左疏右密；负值相反。同样，在创建网格的过程中，连续按键盘上的【C】键，则垂直方向上的网格逐渐向右变窄；按【X】键，网格逐渐向左变窄；若在拖动的同时按【F】键，则水平方向上的网格逐渐向下变窄；按【V】键，网格逐渐向上变窄，如图 5-28 所示。

填色网格：控制是否使用当前填充颜色对网格填色。

在拖动的同时按住【Shift】键，拖出网格的外框始终呈正方形，框内的子网格形状自定，如图 5-29 所示。

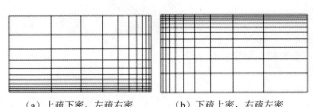

（a）上疏下密，左疏右密　　　（b）下疏上密，右疏左密

图 5-28　倾斜网格

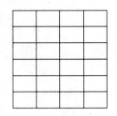

图 5-29　绘制正方形网格外框

2．极坐标网格工具

极坐标网格工具可以绘制同心圆，并向同心圆中添加放射线。与绘制矩形网格的方法类似，单击工具箱中的 ⊕ （极坐标网格工具）按钮，便可在画板中拖动出极坐标网格。在拖动时按住【Shift】键，可绘制出正圆形极坐标网格，如图 5-30 所示。

单击工具箱中的 ⊕ （极坐标网格工具）按钮，在页面上单击，弹出"极坐标网格工具选项"对话框，如图 5-31 所示。设定完成，单击"确定"按钮即可。

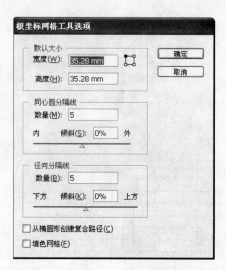

图 5-30　绘制极坐标网格　　　　　图 5-31　"极坐标网格工具选项"对话框

默认大小：设定极坐标网格图像的宽度和高度。

同心圆分隔线：设定在网格中分隔同心圆的数量和倾斜方式。

径向分隔线：设定网格中心和外围之间的径向分隔线数量；"倾斜"值决定径向分隔线倾向于网格的方式（逆时针或顺时针）。

从椭圆形创建复合路径：选择此项，将同心圆转换为独立复合路径，并隔一个圆填色，同时选择"填色网格"选项，如图 5-32 所示。

填色网格：控制是否以当前填充色填色网格，否则，填色为无。

（a）原图形　　　　　　　　　（b）复合路径

图 5-32　创建复合路径

5.3.3　矩形、圆角矩形及椭圆工具

1．矩形工具

矩形的绘制方法也很简单，在工具箱中单击 ▢（矩形工具）按钮，在画板上适当位置单击并沿对角线方向拖动鼠标，拖到合适大小释放鼠标即可。如果在拖动的同时按住【Shift】键，则拖出的形状为正方形，如图 5-33 所示。

若要精确地绘制矩形，可在工具箱中单击 ▢（矩形工具）按钮后，在页面中单击，弹出"矩形"对话框，如图 5-34 所示。鼠标单击位置为矩形左上角顶点。

在文本框中输入"宽度"和"高度"值，单击"确定"按钮即可。输入相等的"宽度"和"高度"值便可得到正方形。

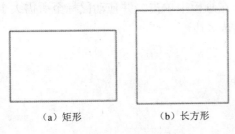

(a) 矩形　　　　(b) 长方形

图 5-33　绘制矩形

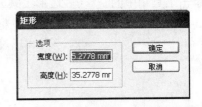

图 5-34　"矩形"对话框

2．圆角矩形工具

圆角矩形和矩形的绘制方法基本相同。单击工具箱中的 ▢（圆角矩形工具）按钮，在页面中单击，弹出"圆角矩形"对话框，如图 5-35 所示。

它与矩形的不同之处在于，选项中多了"圆角半径"设置，半径值越大，圆角矩形的圆角弧度越大；半径值越小，圆角弧度越小；当输入 0 时得到的是矩形。设置完选项后单击"确定"按钮完成，如图 5-36 所示。

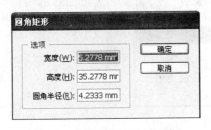

图 5-35　"圆角矩形"对话框

图 5-36　创建圆角矩形

3．椭圆工具

单击工具箱中的 ◯（椭圆工具）按钮，在画板中单击并向右下方拖动，到所需大小释放鼠标，如图 5-37 所示。如果在拖动时按住【Alt】键，则以中心点为起点绘制椭圆，鼠标单击处为椭圆中心；若按住【Shift】键，则得到一个正圆。

椭圆工具也有参数设置对话框，单击 ◯（椭圆工具）按钮，在页面中单击，弹出"椭圆"对话框，如图 5-38 所示。指定椭圆的"宽度"和"高度"，然后单击"确定"按钮即可。当输入的宽度和高度相等时，得到的是圆形。

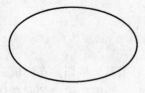

图 5-37　绘制椭圆　　　　　　　　　　图 5-38　"椭圆"对话框

5.3.4　多边形和星形工具

1. 多边形工具

使用多边形工具可以快速画出不同边数的多边形，这里所绘制的多边形边长都是相等的。单击工具箱中的 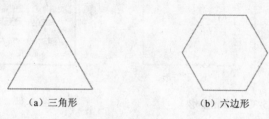（多边形工具）按钮，在画板中单击，并拖动鼠标至所需大小释放，如图 5-39 所示。在拖动的同时移动鼠标可以旋转多边形。

（a）三角形　　　　　　　　　　（b）六边形

图 5-39　绘制的多边形

要绘制不同边数和精确大小的多边形，须先对"多边形"对话框中的参数进行设置。单击 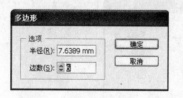（多边形工具）按钮后在页面中单击，弹出如图 5-40 所示的"多边形"对话框，定义多边形所需要的半径大小和边数，然后单击"确定"按钮即可。

半径：各边顶点到多边形中心的距离。在文本框中输入数值，可确定多边形的大小。

边数：单击向上和向下的黑色小三角可调整多边形边数。如果是拖动绘制多边形，则在拖动的同时按键盘向上的箭头，每按一次增加一条边；按向下的箭头则减少边数。

图 5-40　"多边形"对话框

2. 星形工具

使用星形工具可以绘制不同角数的星形。在工具箱中单击 （星形工具）按钮，将鼠标移到画板上单击并拖动，拖到合适大小释放鼠标，即可完成星形绘制，如图 5-41 所示。

如果在拖出形状的同时按键盘上的一些功能键，可以进行以下操作：

（1）拖动时按住【Ctrl】键，可保持星形的内部半径不变（即"半径 2"恒定）；

（2）拖动时按住【Alt】键，可保持星形的对边平直；

（3）拖动时按住空格键，可随鼠标移动形状（此操作适用于所有基本形状绘制时）；

（a）五角星 （b）七角星 （c）多角形

图 5-41　绘制不同角数的星形

（4）拖动时按键盘向上或向下的箭头，可增加或减少星形角点数。

也可以通过"星形"对话框来定义星形边数和具体大小。单击工具箱中的 ☆（星形工具）按钮，在页面上单击，弹出如图 5-42 所示的"星形"对话框，设置完参数单击"确定"按钮，即可完成创建。

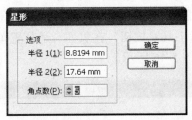

图 5-42　"星形"对话框

半径 1：星形顶角到星形中心的距离（外半径），可以自定义其中的数值。

半径 2：星形中心到星形最内点的距离（内半径），输入数值可定义内半径大小。

角点数：星形所具有的角数，单击小三角可增减星形角数，也可直接输入数值。

5.3.5　光晕工具

光晕工具用于创建具有明亮的中心、光晕、射线及光环的光晕对象。使用此工具可创建类似照片中镜头光晕的效果。

光晕包括手柄、射线、光晕、光环。手柄用于定位光晕及其光环。中央手柄是光晕的明亮中心，光晕路径从该点开始，如图 5-43 所示。

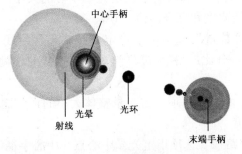

图 5-43　光晕效果

单击工具箱中的 ◎（光晕工具）按钮，在画板适当位置单击，单击处即为中心手柄的位置，按住鼠标拖动，到合适大小释放鼠标，便可得到一个带有射线的光晕，如图 5-44 所示；再选择一点单击并稍做移动，此时该点与中心手柄之间便会产生一条连线和许多圆形路径，如图 5-45 所示。

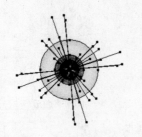
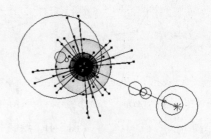

图 5-44 确定中心手柄   图 5-45 确定末端手柄

图 5-45 中拖动的点就是末端手柄,拖动的距离决定了中心手柄和末端手柄之间的距离,即光晕路径的距离;拖动方向决定了光晕路径的方向。释放鼠标便完成光晕效果绘制(只有在光晕效果为选中状态时,方可看到射线的分布状况)。

另一种精确定义光晕效果的方法是,通过设置"光晕工具选项"对话框中的参数完成创建。在工具箱中单击 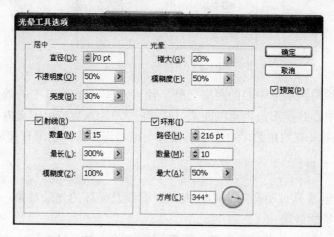(光晕工具)按钮,在页面合适位置单击,则光晕图案出现,并弹出"光晕工具选项"对话框,如图 5-46 所示。

图 5-46 "光晕工具选项"对话框

在"居中"区域中,"直径"选项用来设定光晕中心的大小;"不透明度"和"亮度"选项用来设定光晕整体的不透明度和亮度,值为 0%~100%。

在"射线"区域中,"数量"选项用于设定光晕中包含射线的数量,值为 0~50;"最长"选项定义平均射线的百分比;"模糊度"选项设置射线的模糊度,值为 0%~100%,0% 为锐利,100% 为模糊。

在"光晕"区域中,"增大"选项指定光晕整体大小的百分比,值为 0%~300%;"模糊度"选项调节光晕的模糊度。

在"环形"区域中,"路径"选项指定光晕中心点(中心手柄)和最远光环(末端手柄)的中心点的路径距离;"数量"选项指定光晕效果中希望拥有的光环数量;"最大"选项指定平均光环的百分比;"方向"选项用于调节光环方向或角度。

将光晕效果选中,执行"对象/扩展"菜单命令,可使光晕图案转变成可编辑的图形元素。

绘制光晕时结合某些快捷键,可以在绘制的同时快速改变光晕的效果。

（1）绘制光晕的同时按住【Shift】键，可将光晕的射线限制为以 45° 为增量的角度；

（2）在绘制光晕的同时按住【Ctrl】键，可以保持光晕的中心不变，但可以进行大小变化。

提示：本节中讲到的所有基础图形在绘制时，先按住鼠标左键拖出图形，再按住键盘上的【～】键，继续拖动鼠标，则可以重复画出多层图形，如图 5-47 所示。鼠标移动得快，画出的图形就疏松；移动得慢，图形就密集。

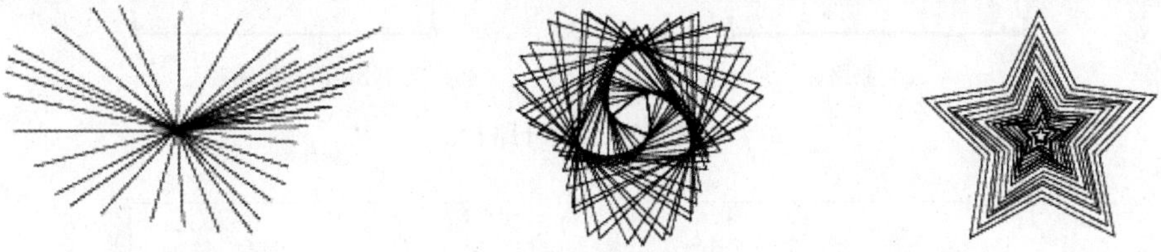

（a）直线　　（b）三角形　　（c）星形

图 5-47　图形层叠效果

5.4　剪刀和美工刀工具

剪刀和美工刀工具都是用来分割对象的，不同之处在于，剪刀工具主要针对路径进行剪切，剪切后的路径是开放的，如图 5-48 所示；而美工刀工具可以针对路径和图形进行分割，并且分割后图形的路径是闭合的，如图 5-49 所示。

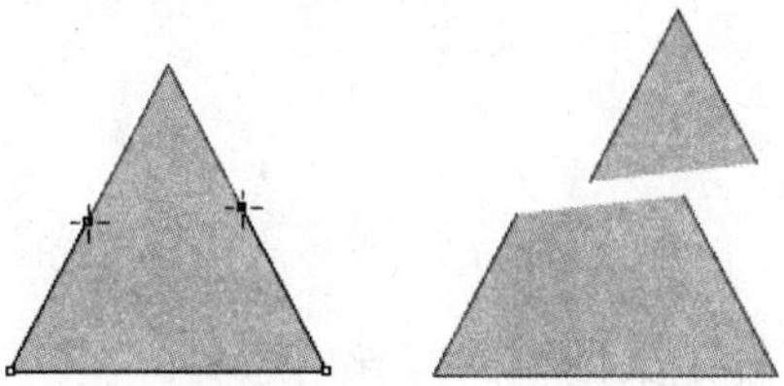

（a）原路径　　（b）剪切后路径

图 5-48　剪刀剪切的路径

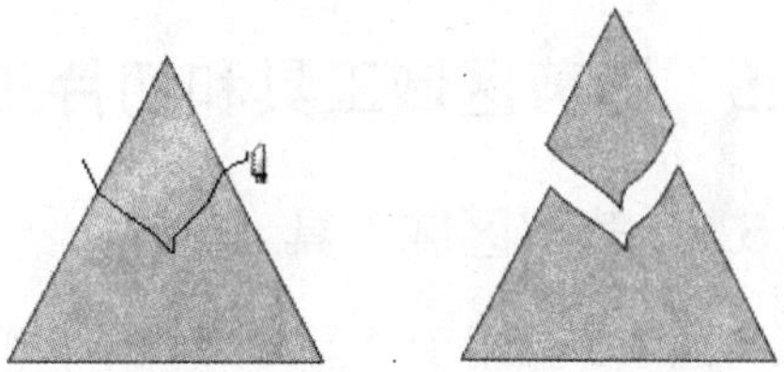

（a）原对象　　（b）分割后对象

图 5-49　美工刀分割对象

5.4.1　剪刀工具

剪刀工具用于在特定点断开路径。单击工具箱中的（剪刀工具）按钮，在路径任意处单击，单击处即被断开，形成两个重合的锚点，使用（直接选择工具）单击锚点，拖动分离断开的路径，如图 5-50 所示。

如果使用剪刀工具对图形进行分割，首先要在图形路径上单击，选定分割的第一个点，然后在路径其他位置单击，确定第二个点，图形就被连接这两个点的直线分割成两个图形。

5.4.2　美工刀工具

美工刀工具用于裁切对象和路径。使用美工刀裁切过的图形路径都会变为闭合路径。单击工具箱中的（美工刀工具）按钮，在需要分割的图形上拖动，美工刀走过的路线就是将被裁切的形状。如果拖动的范围小于图形的填充范围，那么得到的仍然是一个闭合路径，使用直接选择工具移动的时候，会发现只是在原路径上增加了一段路径，如图 5-51 所示；如果原来图形的路径是开放的，则经过裁切后，开放的路径变为闭合的，如图 5-52 所示。

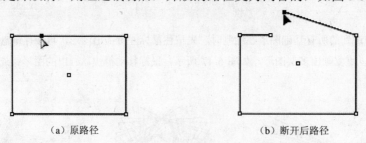

（a）原路径　　　　　　　　　　　　　（b）断开后路径

图 5-50　断开路径

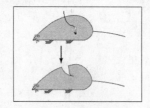

图 5-51　裁切图形

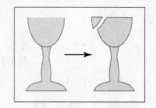

图 5-52　非闭合路径图形裁切

如果在美工刀的裁切范围内有不只一个对象，那么这个范围内的所有对象都将被裁切，包括重叠的对象。

注意： 美工刀工具对描边线条的切割不起作用，由于没有填色，线条不会真正被切割。

5.5　裁剪区域工具和切片工具

5.5.1　裁剪区域工具

裁剪区域工具用于设置文档中的印刷标记位置，并定义图稿的可导出边界。在默认情况下，Illustrator 将图稿裁剪到画板边界，此边界是在"新建文档"对话框中选择文档配置文件时指定的。但是，也可以选择将图稿裁剪到预设裁剪区域或自定裁剪区域。

1. 创建裁剪区域

选择裁剪区域工具，在工作区中拖动，形成一个矩形框，也就是裁剪区域。裁剪区域边界以虚线表示，边界外的区域以灰色显示。可以为文档创建多个裁剪区域，但每次只能有一个裁剪区域处于现用状态。如果定义了多个裁剪区域，则可以选择裁剪工具并按【Alt】键来查看所有裁剪区域。此时裁剪区域左上角显示编号，右上角显示 ⊠，表示删除，如图 5-53 所示。

2. 编辑和移动裁剪区域

要编辑裁剪区域，则将指针放在裁剪区域的边缘或角上，当光标变为双向箭头时，拖动裁剪区域以进行调整。也可在"控制"面板中指定新的"宽度"和"高度"值。要移动裁剪区域，则将指针放在裁剪区域的中间，当光标变为四向箭头时，拖动该裁剪区域。也可以选择该裁剪区域并按方向键（同时按【Shift】键和方向键，则以 10 点为增量进行移动），或者在控制面板中指定新的 X 和 Y 值。

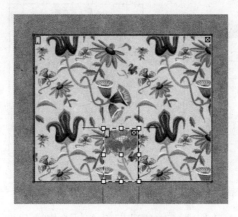

图 5-53　裁剪区域

3. 删除裁剪区域

要删除当前所用的裁剪区域，可以单击控制面板上的"删除"按钮；要删除所有的裁剪区域，则单击"全部删除"按钮。如果工作区中有多个裁剪区域，而删除的不是当前所用裁剪区域，则可以按住【Alt】键查看所有的裁剪区域，然后单击要删除的裁剪区域右上角的"⊠"（删除）图标即可。

5.5.2　切片工具

网页可以包含许多元素：HTML 文本、位图图像和矢量图等。在 Illustrator 中，可以使用切片工具来定义图稿中不同 Web 元素的边界。例如，如果图稿包含需要以 JPEG 格式进行优化的位图图像，而图像其他部分更适合作为 GIF 文件进行优化，则可以使用切片工具隔离位图图像。当使用"存储为 Web 和设备所用格式"命令将图稿存储为网页时，也可以选择将每个切片存储为一个独立文件，它具有自己的格式、设置及颜色面板。

选择切片工具，在工作区中拖动，形成一个矩形框，也就是子切片，边框显示为亮色，子切片外的图稿自动形成的切片叫做自动切片。Illustrator 会自动为切片编号，从图稿的左上角开始，从左至右、从上至下依次为切片编号。如果更改切片的排列总数，切片编号也会更新，以反映新的顺序。

也可以执行"对象/切片/建立"命令来创建切片，切片的位置和大小将捆绑到它所包含的图稿上。因此，如果移动图稿或调整图稿大小，切片边界也会自动调整。

切片和其他对象一样，也是可以移动和编辑的，如果需要调整切片的大小，则使用切片选择工具选择切片，并拖动切片的任一角或边，也可以使用选择工具和变换工具进行调整。如果需要更改切片的堆叠顺序，则将切片拖动到"图层"面板的其他位置即可，也可以执行"对象/排列"命令。切片也可以划分成更小的切片，选择切片后，执行"对象/切片/划分切片"命令，弹出"划分切片"对话框，如图 5-54 所示。设置后单击"确定"按钮，切片即被划分，如图 5-55 所示。

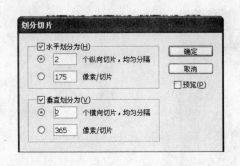

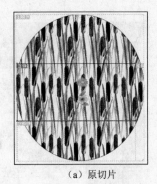

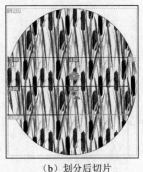

（a）原切片　　　　　　　（b）划分后切片

图 5-54　"划分切片"对话框　　　　　　　　　　图 5-55　划分切片

当然，也可以将用任意方法创建的切片进行组合，选择这些切片，执行"对象/切片/组合切片"命令即可。将被组合切片的外边缘连接起来所得到的矩形，即构成组合后切片的尺寸和位置。如果被组合切片不相邻，或者具有不同的比例或对齐方式，则新切片可能与其他切片重叠。

要将所有切片的大小调整到画板边界，则执行"对象/切片/剪切到画板"命令。超出画板边界的切片会被截断以适合画板大小，画板内部的自动切片会扩展到画板边界，所有图稿保持原样。

使用 ✂（切片选择工具）可以将切片拖到新位置。按【Shift】键可将移动限制在垂直、水平或45°对角线方向。

要删除所有切片，则执行"对象/切片/全部删除"命令；要释放某个切片，则选择该切片，然后执行"对象/切片/释放"命令。

5.6　画笔工具

画笔工具可以绘制出充满艺术格调的作品，结合"画笔"面板的使用，不但可使绘制过程轻松自由，"画笔"面板充满灵动的变化也令烦琐的工作变得简单而更加富有创意。

5.6.1　使用画笔工具绘制路径

使用画笔工具可以绘制形状多变的路径，它的操作方法和铅笔工具基本相同。在工具箱中单击 ✐（画笔工具）按钮，然后在"画笔"面板中选择一种画笔样式，也可以在菜单栏下方的控制面板上单击"画笔"图标后面的小预览框，弹出"画笔"面板，如图 5-56 所示。从中选择需要的画笔，在页面上拖动，即可绘制出所需形状的路径，如图 5-57 所示。

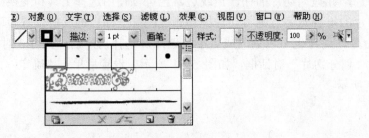

图 5-56　"画笔"面板

图 5-57　不同形状的路径

　　绘制好的画笔路径也可以随时更改其路径效果。选中已画好的画笔路径（包括使用铅笔、钢笔、基本形状工具创建的路径），在"画笔"面板中单击一种画笔形式，新选择的画笔即被应用到原路径上。

　　双击工具箱中的 ✎（画笔工具）按钮，会弹出"画笔工具首选项"对话框，如图 5-58 所示。它和"铅笔工具首选项"对话框一样，也可以对路径的"保真度"和"平滑度"等编辑选项进行设置（对话框中各选项的含义及用途与"铅笔工具首选项"对话框中的类似，可以参照设定）。

图 5-58　"画笔工具首选项"对话框

　　使用画笔工具绘制时，若在移动鼠标的同时按住【Alt】键，画笔工具图标会变为 ✎ 形状，表示所画的路径是闭合的，无论在何处释放鼠标，始点和终点都会自动连接起来，形成闭合路径。

5.6.2　使用画笔面板

　　使用画笔工具时首先要在"画笔"面板中选择需要的画笔类型，Illustrator CS3 中的"画笔"面板有非常丰富的画笔资源可供选择，也可以向面板中添加自己创建的画笔。执行"窗口/画笔"命令，可以在窗口中显示或隐藏"画笔"面板。

　　"画笔"面板中的画笔可以以列表视图（名称＋缩览图）的形式显示，如图 5-59 所示，也可以单独以缩览图的形式显示，如图 5-60 所示。默认状态是以缩览图的形式显示。改变视图显示的方法是单击"画笔"面板右上方的小三角，打开面板菜单，执行"列表视图"或"缩览图显示"命令。

　　"画笔"面板中包括 4 种预置的画笔类型，分别是书法画笔、散点画笔、艺术画笔和图案画笔。可以从"画笔"面板菜单中选择它们，使其在面板中显示或隐藏。前面带有"√"

符号的命令表示显示在面板中的类型，而呈灰色的命令表示尚未添加到"画笔"面板中的类型，不能选择。"画笔"面板菜单如图 5-61 所示。

图 5-59　列表视图显示

图 5-60　缩览图显示

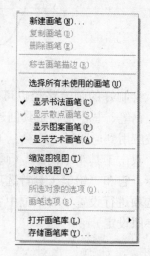

图 5-61　"画笔"面板菜单

如果需要向"画笔"面板中添加画笔类型，则在面板菜单中执行"新建画笔"命令，或单击"画笔"面板底部的 （新建画笔）按钮，弹出"新建画笔"对话框，如图 5-62 所示。选择要新建的画笔类型，单击"确定"按钮即可。注意，在执行"新建画笔"命令之前，页面中必须有被选择的图形，否则，对话框中的"新建散点画笔"和"新建艺术画笔"两个选项是灰色的，不能选择，如图 5-63 所示。

图 5-62　"新建画笔"对话框

图 5-63　不可选择的选项

下面分别介绍 4 种画笔的新建方法。

1．新建散点画笔

在画板中制作一个图形并选中，单击"画笔"面板底部的 （新建画笔）按钮，然后在弹出的"新建画笔"对话框中选择"新建 散点画笔"选项，单击"确定"按钮，弹出"散点画笔选项"对话框，如图 5-64 所示。

可以看到，在该对话框的右下角有个预览框，框内显示的图形就是当前在页面中被选择的图形，也是画笔工具将要应用的画笔形状。

对话框中的各选项设置如下。

名称： 在文本框中可输入新建画笔的名称，或使用默认名称。

大小： 控制作为散点图形的大小。可输入数值或拖动滑块调节大小。

间距： 控制散点图形间的间隔距离。

分布： 控制路径两侧散点图形与路径之间的接近程度。数值越大，对象距路径越远。

旋转：控制散点图形的旋转角度。

旋转相对于：设置散点图形相对页面或路径的旋转角度。例如，如果选择"页面"，取 0° 旋转，则对象将指向页面的顶部；如果选择"路径"，取 0° 旋转，则对象将与路径相切。

在以上选项中，"大小"、"间距"、"分布"、"旋转"4 个选项后面都有一个相同的下拉列表，其中包含 7 个选项，可控制画笔形状的变化，如图 5-65 所示。

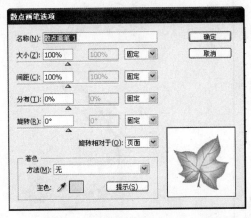

图 5-64 "散点画笔选项"对话框   图 5-65 选项下拉列表

固定：创建具有固定大小、间距、分布和旋转特征的画笔。

随机：创建具有随机大小、间距、分布和旋转特征的画笔。当选择"随机"选项时，选项中后面部分的变量文本框被激活，同时多出一个滑块，拖动滑块可以调节变量数值，也可以输入一个值来指定画笔特征可以变化的范围。例如，当"大小"固定值为 30%，变量值为 50% 时，散点图形的大小可以是 20%～80% 的任意数值。

压力、光笔轮、倾斜、方位、旋转：这些选项一般情况下呈灰色显示，不能使用，只有在配合压感笔使用时才起作用。

"着色"区域内的选项包括"方法"、"主色"和"提示"3 个设定项。

方法：单击后面的列表框，弹出下拉列表，其中包含 4 个选项——"无"、"色调"、"淡色和暗色"、"色相转换"，可选择需要的着色方法。

主色：设置散点图形中最突出的颜色，色块显示当前选定主色的颜色。主色的颜色可以改变，单击旁边的吸管工具，从预览框内的图形中吸取其他颜色，色块颜色便会随之改变。

提示：单击该按钮，弹出"着色提示"对话框，如图 5-66 所示。框内显示了不同着色方法的相关颜色信息。

无：表示画出散点图形的颜色和画笔本身设定的颜色一致。

淡色：绘制的散点图形使用工具箱中的描边颜色，并有不同程度的减淡，对应着色方法选项中的"色调"选项。若设置为画笔的图形中含有黑色部分，则绘制后图形中的黑色使用工具箱中的描边颜色；其余非黑色的部分显示为描边色的淡化颜色；而白色部分则维持不变。

淡色和暗色：表示使用工具箱中描边颜色的淡色和暗色来显示画笔画出来的图形。描边颜色的浓度和图形的明暗对应。原图中的黑色和白色保持色相不变。

色相转换：使用工具箱中的描边颜色表现画笔图形的主色，图形中的其他颜色则会变为与描边色相关的颜色。选择此项，黑、白、灰色保持不变。

设置完以上选项后单击所出现对话框上的"确定"按钮，这时散点画笔便被添加到"画笔"面板中，可选择此画笔并使用画笔工具绘制散点图形，如图 5-67 所示。

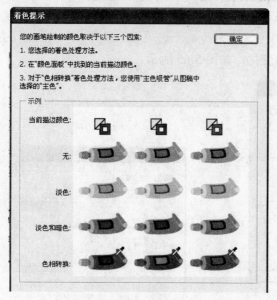

图 5-66 "着色提示"对话框

图 5-67 散点画笔路径

2．新建书法画笔

执行"新建画笔"对话框中的"新建书法画笔"命令，单击"确定"按钮，弹出"书法画笔选项"对话框，如图 5-68 所示。

名称： 在后面的文本框中输入新建画笔的名称，或使用默认名称。

角度： 决定画笔旋转的角度。可拖动预览区中的箭头，或在"角度"文本框中输入一个值。

圆度： 决定画笔的圆度。可单击预览框中的黑点朝向中心或背向中心拖动，或者在"圆度"文本框中输入一个值，这个值在 0%～100% 之间。

直径： 决定画笔的直径大小。可拖动滑块，或在"直径"文本框中输入一个值。

每个选项右侧都有一个下拉列表，可从中选择选项定义画笔形状的变化。其中的选项与作用和定义散点画笔时一样。选择"固定"选项可创建具有固定角度、圆度或直径的画笔；选择"随机"选项则创建角度、圆度或直径含有随机变量的画笔。

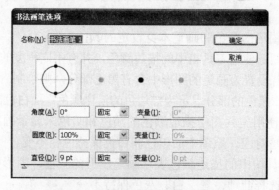

图 5-68 "书法画笔选项"对话框

设置完选项后单击对话框中的"确定"按钮，就完成了书法画笔的创建，这时新建的书法画笔被添加到"画笔"面板中，选择此画笔就可以在画板中绘图了。

3. 新建图案画笔

选择"新建画笔"对话框中的"新建 图案画笔"选项，单击"确定"按钮，弹出"图案画笔选项"对话框，如图5-69所示。

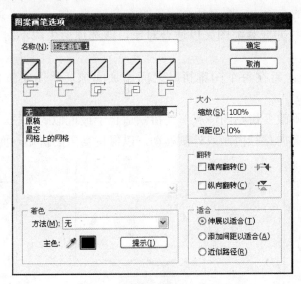

图5-69 "图案画笔选项"对话框

在对话框中的"名称"框内输入新建画笔的名称；紧接在其下方的 5 个带红色斜线的小方框，分别代表 5 种拼贴图案，从左至右依次为边线拼贴、外角拼贴、内角拼贴、起点拼贴、终点拼贴，方框下方是对应的拼贴样式图标。

边线拼贴：表示画笔的主体图案，如果在新建画笔之前页面中已有图形被选中，则该图形作为边线拼贴图案出现在"边线拼贴"小方框内。

外角拼贴：画笔绘制时外侧拐角处应用的图形。

内角拼贴：画笔绘制时内侧拐角处应用的图形。

起点拼贴：画笔起点绘制的图形。

终点拼贴：画笔终点绘制的图形。

下面的图案列表框内收集所要使用拼贴的图形，其中，"无"是无拼贴图形；"原稿"是页面中被选中的图形；"星空"和"网格上的网格"是预设的两种图案效果。如果要使用更多的图形制作拼贴图形，须在设置图案画笔选项之前，绘制出单独的图案单元，并添加到"色板"面板中，"色板"面板中的图案默认存放在"图案画笔选项"对话框的图案列表框内。在创建图案画笔之后，如果不打算在其他图稿中使用图案拼贴，则可以从"色板"面板中将其删除。

在"着色"选项框内可选择着色方法和主色颜色，具体的设定可参照"新建散点画笔"中的"着色"选项介绍。

"大小"区域内的选项调节拼贴图案的大小和间距。

缩放：相对于原始大小调整拼贴图案大小。数值为 1%～100%，数值为 100%时，图案与原始图形大小相同。

间距：调整拼贴之间的间距。数值为 0%～100%，数值为 0%时图案间是紧密相连的；数值为 100%时图案间距达到最大，用于边线拼贴的图案会因此受到挤压而变形。

"翻转"区域中的选项用于改变图案相对于线条的方向。

横向翻转：表示图案沿水平方向翻转。

纵向翻转：表示图案沿垂直方向翻转。

"适合"区域中的选项决定图案适合线条的方式。

伸展以适合：可拉伸或紧缩图案以适合对象，该选项会生成不均匀的拼贴，如图 5-70 所示。

添加间距以适合：可在每个图案拼贴之间添加间隙，将图案按比例应用于路径，如图 5-71 所示。

近似路径：可在不改变拼贴的情况下使拼贴适合于最近似的路径。该选项仅适用于矩形路径，使所应用的图案向路径内侧或外侧移动，以保持均匀的拼贴，而不是将中心落在路径上，如图 5-72 所示。

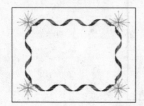  

图 5-70 "伸展以适合"选项效果　图 5-71 "添加间距以适合"选项效果　图 5-72 "近似路径"选项效果

应用拼贴时先要单击对话框上的"拼贴类型"小方框，确定拼贴类型，然后在图案列表中选择一种图案，添加到所指拼贴类型的方框内。

例如，制作如图 5-73 所示的拼贴图案。首先将需要的图形添加到"色板"面板中，单击"色板"面板底部的 ▓（显示图案色板）按钮，面板中只显示了添加进去的图案，如图 5-74 所示。

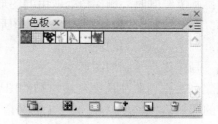

图 5-73　拼贴图案　　　　　　　　图 5-74　"色板"面板

然后打开"图案画笔选项"对话框，此时，对话框中的图案列表框内多了 5 个图案。它们按照在色板中建立的先后顺序自动命名为"新建图案色板 1"、"新建图案色板 2"……，也可以在色板中建立图案时根据将要应用的拼贴类型为其命名，如命名为"边线拼贴"、"外角拼贴"等，这样选择图案时会更明了。

最后就是分配拼贴类型，单击对话框中的"边线拼贴"图标框，再到列表中选择"新建图案色板 1"，此图案便进入了"边线拼贴"的方框内；再单击"外角拼贴"图标框，选择

"新建图案色板 2"；单击"内角拼贴"图标框，选择"新建图案色板 3"；单击"起点拼贴"图标框，选择"新建图案色板 4"；单击"终点拼贴"图标框，选择"新建图案色板 5"，分配后的拼贴如图 5-75 所示。单击"确定"按钮，图案画笔便被添加到"画笔"面板中，如图 5-76 所示。使用此画笔即可绘制出所要的图案效果（参见图 5-70）。

图 5-75　分配拼贴类型

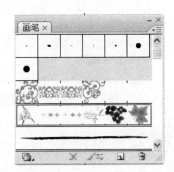

图 5-76　图案画笔被添加到"画笔"面板中

4．新建艺术画笔

在新建艺术画笔之前，页面中也要有被选中的图形。单击"画笔"面板底部的 ▣（新建画笔）按钮，弹出"新建画笔"对话框，选择"新建艺术画笔"选项，单击"确定"按钮，弹出"艺术画笔选项"对话框，如图 5-77 所示。

在对话框的"名称"栏中输入新建画笔的名称，或使用默认名称。

通过设置对话框上的其他选项，可以使画笔大小、方向得到改变，也可以让画笔沿路径翻转，或与路径交叉，具体设置如下。

着色：请参照"散点画笔"中的相关描述。

方向：可以单击箭头图标来改变画笔方向。例如，选择左指箭头"←"，表示画笔的结束方向在图形的左端，其他方向的箭头以此类推，箭头所指的方向即画笔结束的方向。

大小：可在"宽度"文本框中输入数值，设定画笔的宽度，100%表示画笔宽度与原图相同；选择"等比"选项，则画笔按比例缩放。

在"翻转"选项框中有"横向翻转"和"纵向翻转"两个选项。

横向翻转：表示画笔沿水平方向翻转。

纵向翻转：表示画笔沿垂直方向翻转。

以上选项设置完成后，单击"确定"按钮，完成艺术画笔创建，可以在"画笔"面板中选择刚创建的艺术画笔绘制图形，如图 5-78 所示。

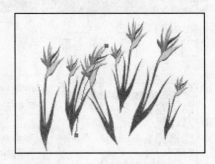

图 5-77 "艺术画笔选项"对话框　　　　　图 5-78 艺术画笔绘制的图形

5.6.3 画笔管理

1. 画笔修改

如果在使用某种画笔绘制图形后，对绘制的效果不满意，那么还可以对其选项重新设定。修改画笔效果的方式有两种：一种是只修改当前绘制后的画笔效果，对下次选用该画笔绘制的路径效果没有影响；另一种是对某一画笔修改后的设置选项始终应用于该画笔。

以散点画笔为例，新建一个散点画笔，在"散点画笔选项"对话框中的设置如图 5-79 所示，并使用该散点画笔绘制图形，如图 5-80 所示。

修改散点画笔绘制效果。在画笔路径被选中的情况下，单击"画笔"面板底部的 📷 （画笔选项）按钮，弹出"描边选项"对话框。对需要修改的选项重新设定数值，设置的参数如图 5-81 所示。单击"预览"按钮，可以随时观察到调整的结果。得到满意结果后单击"确定"按钮，则页面中的图形被改变，如图 5-82 所示。

此种方法修改的只是页面中被选中的图形路径，再次使用该散点画笔绘制时，仍须按照"散点画笔选项"对话框中的设定进行设置。

图 5-79 "散点画笔选项"对话框　　　　　图 5-80 散点画笔绘制的图形

图 5-81 "描边选项"对话框

图 5-82 修改后的图形

要使修改后的散点画笔一直有效，则双击"画笔"面板中所使用的散点画笔，弹出"散点画笔选项"对话框，此对话框和新建散点画笔时使用的对话框相同，只是多了一个"预览"选项。重新设置需要修改的选项，选择"预览"选项可以观察到修改后的结果。

设置完选项后，单击"确定"按钮，如果页面中已有使用此画笔绘制的路径，则会弹出"画笔更改警告"对话框，如图 5-83 所示。

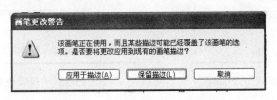

图 5-83 "画笔更改警告"对话框

对话框上有 3 个选项按钮，分别是"应用于描边"、"保留描边"和"取消"。

应用于描边：表示把更改后的选项应用到画笔路径中去，并按新设置改变"画笔"面板中的画笔效果。

保留描边：表示页面中已使用此画笔绘制的路径保持不变，而此后使用该画笔绘制的路径使用新设置。但对于艺术画笔选择此项后，原画笔路径保持不变，而在"画笔"面板中另外生成一个应用新设置后的艺术画笔。

取消：取消对画笔的更改设置。

2．移去画笔描边

在使用画笔工具绘图时，系统会自动将"画笔"面板中的画笔效果施加到绘制的路径上。然而并不是每次绘制都要用到面板中的画笔效果，例如，绘制简单的线条曲线就不需要应用"画笔"面板中的任何效果。

已添加到路径上的画笔效果，可以从面板菜单中执行"移去画笔描边"命令，或单击"画笔"面板底部的 ✖ （移去画笔描边）按钮，移去路径上的描边效果，如图 5-84 所示。移去描边后的路径使用工具箱中的描边颜色。

3．删除、复制画笔

对于"画笔"面板中不使用的画笔，可以将其删除。Illustrator 提供了删除画笔的便捷方法。选择"画笔"面板中要删除的画笔，单击面板右上角的 按钮，弹出面板菜单，执行

"删除画笔"命令，弹出如图 5-85 所示的提示框，单击"是"按钮删除所选画笔；单击"否"按钮取消删除。也可以在选择需要删除的画笔后，将其拖到面板底部的" 🗑 "按钮上将其删除。

（a）带有描边的路径　　　　　　　　　　（b）移去画笔描边的路径

图 5-84　移去画笔描边

如果要删除的画笔正在页面中使用，删除时会弹出如图 5-86 所示的"删除画笔警告"对话框，其中有 3 个选项按钮："扩展描边"，表示在删除画笔的同时，把此画笔绘制的路径转变为描边形状图形；"删除描边"表示需要在删除画笔的同时移去页面上使用的画笔描边，仅保留路径；"取消"表示取消删除画笔的操作。

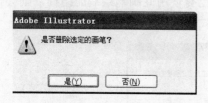

图 5-85　"删除画笔"提示框　　　　　　图 5-86　"删除画笔警告"对话框

要同时选择多个画笔，则在选择画笔的同时按住【Shift】键，能够选择多个连续的画笔；按住【Ctrl】键，可以选择面板中的任意画笔。执行面板菜单中的"选择所有未使用的画笔"命令，则在此次运行 Illustrator 时，"画笔"面板中所有未使用过的画笔都被选中，然后再执行删除操作。

4．导入画笔库

导入画笔库是从 Illustrator 的画笔库中选择需要的画笔并将其添加到"画笔"面板中。执行"窗口/画笔库"菜单命令，或在"画笔"面板菜单中执行"打开画笔库"命令，可展开如图 5-87 所示的"打开画笔库"菜单，执行其中的命令，就可调出画笔库素材面板，如图 5-88 所示。

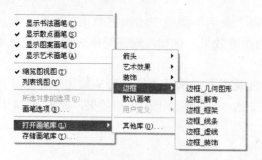

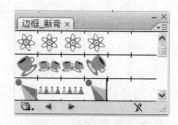

图 5-87　"打开画笔库"菜单　　　　　　图 5-88　画笔库素材面板

单击新素材面板中的画笔，便可把此画笔添加到"画笔"面板中。

5.7 符号应用

符号是存储在"符号"面板中的艺术对象，可以在图稿中重复使用，无须多次创建，这样即可节省时间又可显著减小文件大小。符号还极好地支持 SWF 和 SVG 导出。

5.7.1 符号面板

"符号"面板是收集符号对象的集合，它是使用和创建各种符号的基础，即可以从符号库中向面板内添加符号，也可以将新形状定义为符号。如果"符号"面板不在窗口中显示，可执行"窗口/符号"菜单命令，弹出"符号"面板，如图 5-89 所示。

"符号"面板默认以缩览图形式显示，要改变面板视图，则从面板菜单中执行"小列表视图"或"大列表视图"命令，在面板中不仅显示了符号的样式，而且列出了每个符号对应的名称，如图 5-90 所示。

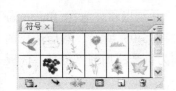

(a) 小列表视图　　　　　　　(b) 大列表视图

图 5-89 "符号"面板　　　　　　　　　　　图 5-90 变换面板视图

"符号"面板允许将任意绘制的图形建立为符号、从符号库添加符号、为符号重命名和删除符号等操作。也可以在"符号"面板内重排符号位置，只须拖动符号到所需位置即可，拖动的符号边框会加黑，而拖放位置的边框条也会加黑，同时拖放位置会以虚线显示边框，如图 5-91 所示。释放鼠标，符号即被移动到该处，如图 5-92 所示。

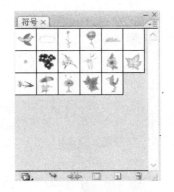

图 5-91 在面板内拖动符号　　　　　　　　图 5-92 移动符号位置

5.7.2 使用符号面板

在"符号"面板中选择一种符号样式，单击面板底部的 ↘（置入符号）按钮，将所选符号放置到页面的中心位置，如图 5-93 所示。也可以将符号从面板中拖到页面上任意位置。

要替换所置入的符号，则在页面中将需要被替换的符号选中，然后重新在"符号"面板中选择一种符号，打开"符号"面板，执行"替换符号"命令；或者双击新选择的符号，则新选择的符号替换掉原来的符号。选择符号，单击面板底部的 ⟷（断开符号链接）按钮，便可断开页面上所选符号的链接，如图 5-94 所示。

（a）原符号　　（b）断开链接后符号

图 5-93　置入符号　　　　　　　　　　图 5-94　断开符号链接

"符号"面板中的符号是 Illustrator 本身提供的预设符号。用户可以将任何在 Illustrator 中绘制的图形存为符号使用。首先在页面中绘制一个新图形，如图 5-95 所示，然后选择图形，单击"符号"面板底部的 ▣（新建符号）按钮，图形即被作为符号添加到"符号"面板中，如图 5-96 所示。新符号名称为默认。

要命名创建新符号，可以在选择图形后，按住【Alt】键单击"符号"面板底部的 ▣（新建符号）按钮，或从面板菜单中执行"新建符号"命令，弹出"符号选项"对话框，如图 5-97 所示。在"名称"文本框内输入新符号名称，单击"确定"按钮即可。

在"符号"面板中选择不需要的符号，单击面板底部的 ▣（删除符号）按钮，或执行面板菜单中的"删除符号"命令，则弹出"使用中删除警告"对话框，如图 5-98 所示。确定删除则单击"删除实例"按钮；取消删除则单击"取消"按钮。也可以直接拖动面板中的符号到 ▣（删除符号）按钮上（正在使用中的符号不能删除）。

图 5-95　绘制的新图形　　　　　　　　图 5-96　创建为符号

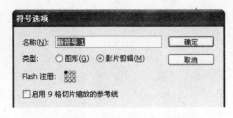

图 5-97 "符号选项"对话框   图 5-98 "使用中删除警告"对话框

另外，Illustrator 自身也在符号库中存储了大量符号，要使用符号库中的符号，须先打开符号库，执行"窗口/符号库"菜单命令，从展开的子菜单中选择一组符号打开；也可以从"符号"面板菜单"打开符号库"命令的子菜单中选择一组符号，如图 5-99 所示。

当选择一组新符号打开时，符号将显示在新符号面板中（不是"符号"面板），如图 5-100 所示。在新符号面板中单击一种符号样式，可以将其添加到"符号"面板中。

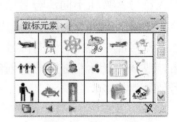

图 5-99 "打开符号库"子菜单   图 5-100 新符号面板

可以在符号库中选择、排序和查看项目，其操作和在"符号"面板中的操作一样，但不能向符号库添加项目、从中删除项目或编辑项目。

通过符号库或自定义新符号，可向"符号"面板内添加所需的符号，或删除面板中任何不需要的图形样式，然后在"符号"面板菜单中执行"存储符号库"命令，在弹出的对话框中输入新符号库的名称，单击"保存"按钮，将面板存为符号库，下次便可直接从符号库中使用该面板中的符号，无须再次创建。

5.7.3 符号工具

符号工具用于在页面上放置和编辑符号。单击出现在工具箱中的任一种符号工具，稍停留一会，便会弹出符号工具组中的其他隐藏工具，如图 5-101 所示。按住鼠标左键在弹出面板上拖动，可选择需要的符号工具，当鼠标拖动到面板后面的按钮（小三角形）上时，释放鼠标，隐藏工具自成工具面板出现在窗口中，如图 5-102 所示。在面板上单击需要的符号工具图标即可使用该工具。选择任何符号工具，该工具图标都会被一个圆所包围，在输入法为英文状态下，按键盘上的【[】或【]】键可调整圆形大小。

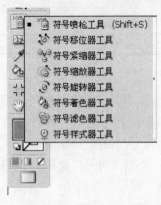

图 5-101　符号工具

图 5-102　拖出工具面板

符号工具组中包含 8 种符号工具，从左至右依次是：符号喷枪工具（ ）、符号移位器工具（ ）、符号紧缩器工具（ ）、符号缩放器工具（ ）、符号旋转器工具（ ）、符号着色器工具（ ）、符号滤色器工具（ ）和符号样式器工具（ ）。

下面分别介绍符号工具组中的工具。

1．符号喷枪工具

符号喷枪工具用于将多个符号实例作为集置入到画板中。它与"符号"面板底部的 （置入符号）按钮不同，符号喷枪工具可以创建自然、疏密有致的集合体；而"置入符号"按钮每次只能置入一个符号到画板上。

在符号库中选择需要的符号，单击工具箱中的 （符号喷枪工具）图标，然后在画板上单击，或按住鼠标左键拖动，创建符号集，如图 5-103 所示。按住鼠标的时间越长，创建的符号数量就越多。

双击工具箱中的 （符号喷枪工具）图标，弹出"符号工具选项"对话框，如图 5-104 所示，可以调整符号工具的应用数值。对话框中部有 8 个小图标，它们对应工具箱中的 8 种符号工具，在此对话框中可以直接切换。无论切换到何种符号工具，对话框上部的选项都不变，所以称这些选项为"常规选项"，它与所选的符号工具无关。位于对话框下部的选项专属于"符号喷枪工具"，切换到其他符号工具时无此选项。

图 5-103　使用符号喷枪工具创建符号集

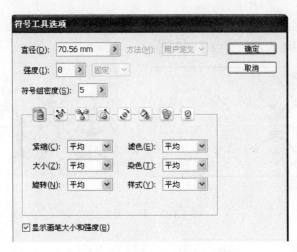

图 5-104 "符号工具选项"对话框

常规选项设置如下。

直径：用于设置符号喷枪工具的直径大小，选择此工具后，光标被一个圆形所包围，直径大小也是这个圆形的大小，可拖动滑块或输入介于 0.35～352.42 mm 之间的数值。

方法：用于设置符号工具调整符号的方法，包括"用户定义"、"平均"和"随机"3 个选项。此设置不可用于符号喷枪工具和符号移位工具。

强度：用于设置符号工具创建和更改符号的速度（值越高，更改越快）。在"强度"后面列表框中的设置是针对使用压感笔、光笔或钢笔的输入，而不是"强度"值，没有连接压感笔、光笔或钢笔时，此设置不可用。

符号组密度：用于设置页面上所选择的符号集中符号的密度和将要创建的符号集中符号的密度。调整数值时可随时预览到页面中符号密度的变化。

对话框下部的符号喷枪工具设置包括"紧缩"、"大小"、"旋转"、"滤色"、"染色"和"样式"6 个设定项，每个设定项后面的下拉列表中都包含"平均"和"用户定义"两个选项。

平均：添加一个新符号集，其中的符号具有画笔半径内现有符号实例的平均值。

用户定义：为每个参数应用特定的预设值，"紧缩"（密度）预设为基于原始符号大小；"大小"预设为使用原始符号大小；"旋转"预设为使用鼠标方向（如果鼠标不移动则没有方向）；"滤色"预设为使用 100%不透明度；"染色"预设为使用当前填充颜色和完整色调量；"样式"预设为使用当前样式。

2．符号移位器工具

符号移位器工具用于移动符号实例。单击工具箱中的 ![icon] （符号移位器工具）图标，在页面中已选择的符号集上单击并拖移符号，如图 5-105 所示。

在拖动符号时，如果按住【Shift】键，被移动的符号就会被置放到其他符号之上；如果按住【Shift】+【Alt】键，被移动的符号会被置放到其他符号之下。

3．符号紧缩器工具

符号紧缩器工具用于将符号实例靠拢。单击工具箱中的 ![icon] （符号紧缩器工具）图标，在页面中已选择的符号集上单击并按住鼠标左键，可令符号向圆形的中心方向收缩，如图 5-106 所示。按住鼠标的时间越长，符号收缩强度越大。

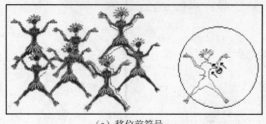

（a）移位前符号 　　　　　　　　　　　　　　（b）移位后符号

图 5-105　移位符号

（a）紧缩前符号 　　　　　　　　　　　　（b）紧缩后符号

图 5-106　紧缩符号

如果在使用符号紧缩器工具的同时按住【Alt】键，可以使收缩在一起的符号散开。

4．符号缩放器工具

符号缩放器工具用于放大或缩小符号实例。单击工具箱中的 （符号缩放器工具）图标，在页面中已选择的符号集上单击并按住鼠标左键，可令符号逐渐放大，如图 5-107 所示。按住鼠标的时间越长，符号放的越大。

（a）缩放前符号 　　　　　　　　　　　（b）缩放后符号

图 5-107　缩放符号

在使用符号缩放器工具的同时按住【Alt】键，可以缩小符号实例。

5．符号旋转器工具

符号旋转器工具用于旋转符号实例。单击工具箱中的 （符号旋转器工具）图标，在页面中已选择的符号集上单击并拖动，释放鼠标，符号即按照箭头指示的方向旋转，如图 5-108 所示。

（a）旋转前符号

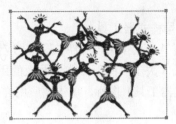
（b）旋转后符号

图 5-108　旋转符号

6．符号着色器工具

符号着色器工具用于为符号实例上色。首先从"颜色"或"色板"面板中选择一种颜色，然后选择工具箱中的 <img>（符号着色器工具）图标，单击需要着色的符号，设置的颜色就被覆盖到符号上，如图 5-109 所示。

（a）着色前符号

（b）着色后符号

图 5-109　着色符号

如果在符号上拖动鼠标，则拖动范围内的所有符号都会改变颜色，在符号上停留的时间越长，符号被施加的颜色越多。

7．符号滤色器工具

符号滤色器工具用于为符号实例应用不透明度。单击工具箱中的 <img>（符号滤色器工具）图标，在页面中已选择的符号集上单击并拖动，则被符号滤色器工具扫过范围中的符号会降低不透明度，如图 5-110 所示。

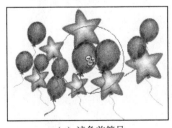
（a）滤色前符号

（b）滤色后符号

图 5-110　滤色符号

要使已经改变透明度的符号恢复原来的透明度，可以在对低透明度符号使用符号滤色器工具的同时按住【Alt】键。

8．符号样式器工具

符号样式器工具用于将所选样式应用于符号实例。首先在"图形样式"面板中选择需要的图形样式（关于"图形样式"面板的用法，请参照本书第 10 章），然后单击工具箱中的 ⊘（符号样式器工具）图标，单击要应用样式的符号，选择的样式就被应用到符号上，如图 5-111所示。

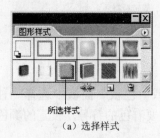

（a）选择样式

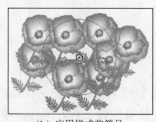

（b）应用样式前符号

（c）应用样式后符号

图 5-111　应用样式符号

第6章 对象编辑

6.1 形状变换工具

在具体的图稿设计中，常常要对对象进行各种形状变换，如移动、旋转、镜像、比例缩放和倾斜，可以使用工具箱中的变换工具，如图 6-1 所示；也可以执行"对象/变换"菜单命令，选择需要变换的类型，如图 6-2 所示。

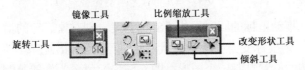

图 6-1　形状变换工具

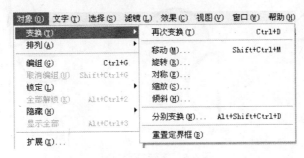

图 6-2　"变换"命令

6.1.1　旋转工具

旋转工具可以使对象绕固定点旋转。预设的固定点是对象的中心，根据需要也可以自定义固定点位置。

首先选中页面中需要旋转操作的图形，单击工具箱中的 ⟳ （旋转工具）按钮，此时默认图形的中心为旋转固定点，中心处出现"✧"图标，表示该点为图形的旋转固定点。页面上的鼠标指针为十字形，按住鼠标左键拖动，即可使图形围绕中心点旋转，在拖动过程中鼠标指针变成"▶"形状。旋转至合适位置释放鼠标即可，如图 6-3 所示。

（a）原图　　　　　　　　（b）旋转中图形　　　　　　　（c）旋转后图形

图 6-3　围绕中心点旋转图形

若不使用图形的中心点为旋转原点，可以自定固定点位置，当鼠标指针为小十字形时，在需要放置固定点的地方单击，单击处出现"◈"图标，然后拖动鼠标，图形围绕此固定点旋转，在合适位置释放鼠标，图形即被旋转，如图 6-4 所示。

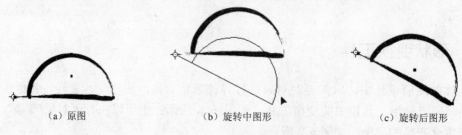

（a）原图　　　　　　　　（b）旋转中图形　　　　　　　（c）旋转后图形

图 6-4　自定固定点旋转图形

旋转图形时，若在拖动鼠标的同时按住【Shift】键，则对象旋转的增量为 45°的倍数；若拖动时按住【Alt】键，则鼠标变为"▶"形状，此时可以复制出旋转图形，释放鼠标后，原图位置保持不变，在旋转的位置复制一个图形。图 6-5（c）所示为旋转复制 3 次后的效果。

（a）旋转图形　　　　　（b）旋转复制 1 次图形　　　　　（c）旋转复制 3 次图形

图 6-5　旋转复制图形

要使对象以精确角度旋转，则需要对"旋转"对话框中的参数进行设置。双击工具箱中的 ⟲（旋转工具）按钮，或执行"对象/变换/旋转"菜单命令，弹出"旋转"对话框，如图 6-6 所示。此时在图形中心自动生成旋转固定点。

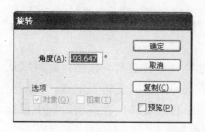

图 6-6　"旋转"对话框

在"角度"文本框中输入旋转角度值，选择"预览"选项可以看到输入数值后页面上图形的变化。单击"确定"按钮，图形以中心为固定点旋转（当"角度"为正值时图形逆时针旋转，为负值时顺时针旋转）。如单击"复制"按钮，则生成一个旋转后的附件。

对话框下方的"选项"区域内有"对象"和"图案"两个选项，此时显示灰色，无法使用，当对定义的图案进行旋转操作时方可选用。

改变旋转固定点，也可以通过对话框来设置精确旋转。单击 ⟲（旋转工具）按钮后按住【Alt】键，在放置图形旋转固定点处单击（鼠标单击点将成为图形旋转的固定点），同样弹出"旋转"对话框，设定旋转角度，单击"确定"或"复制"按钮即可；若要取消旋转操作，则单击"取消"按钮。

旋转工具在旋转对象的同时也可以旋转应用在对象中的图案。通过选择对话框中的"对象"、"图案"复选框可指定旋转类型。

> **注意：** 当对象具有填充图案或者描边图案时，才能选择"图案"复选框。

6.1.2 镜像工具

镜像工具可以按照指定的镜像轴翻转对象。在使用镜像工具的过程中，也需要确立基准点，因为镜像轴是一条看不见的轴，该点将作为镜像轴的轴心点。

同样，先要选择页面上将要镜像的图形，单击工具箱中的 <img> （镜像工具）按钮，所选图形的中心有一个"✧"图标，如图 6-7 所示。此时，镜像轴穿过图形中心。

若要更换图形的镜像轴位置，则在选择镜像工具后，在将要作为镜像轴的位置单击，出现"✧"图标，此时页面中的鼠标变成"▶"形状；移动鼠标一段距离，选择第二点单击，此时两点之间形成一条看不见的连线，就是镜像参照的对称轴，如图 6-8 所示。图中用虚线将这两点连接以方便理解。在单击第二点的同时图形已镜像完成。要使图形水平镜像，第二点应在轴心点的垂直方向单击；反之，要让图形垂直镜像，就应在轴心点的水平方向单击。

（a）选择第一点　　　　　　　　　　（b）选择第二点

图 6-7　轴心点　　　　　　　　　　　图 6-8　定义镜像轴

在单击第一点后，也可以通过拖动图形旋转来实现镜像，单击处的"✧"图标表示镜像旋转的轴心（单击此轴心点拖动可以随意移动位置）。然后拖动图形，就会沿轴心点做镜像旋转，拖到需要的对称位置时释放鼠标即可，如图 6-9 所示。

（a）选择轴心点　　　　　　　　（b）镜像旋转后图形

图 6-9　旋转镜像图形

若在拖动鼠标的同时按住【Shift】键，则对象旋转镜像的增量为 90°；若在拖动时按住【Alt】键，则鼠标变成"▶"形状，拖至需要位置释放鼠标，即可复制一个镜像后的图形。

镜像工具也有其设置参数的对话框，双击工具箱中的 <img> （镜像工具）按钮，或执行"对象/变换/对称"菜单命令，弹出"镜像"对话框，如图 6-10 所示。此时定义的轴心点在图形的中心处。

单击选择对称轴（"水平"或"垂直"），确定对象镜

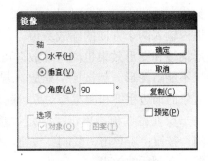

图 6-10　"镜像"对话框

像的方向；在"角度"文本框中输入数值，指定对象沿轴心点镜像旋转的角度，输入正值图形逆时针旋转，负值则顺时针旋转；选择"预览"选项，可观察设置的效果；单击"确定"按钮完成镜像；若要复制镜像对象，则单击"复制"按钮。

单击 ⚪ 镜像工具按钮，按住【Alt】键在页面中单击，鼠标所单击的点将成为镜像的轴心点，并弹出与图 6-10 所示同样的"镜像"对话框。选择镜像对称轴或指定角度，单击"确定"按钮；要复制镜像对象，则单击"复制"按钮即可。

6.1.3 比例缩放工具

比例缩放操作可使对象沿水平方向（X 轴方向）或垂直方向（Y 轴方向）放大或缩小，也可以沿这两个方向同时缩放。在执行缩放前要先指定固定点，对象相对于固定点按比例缩放，而固定点因所选的比例缩放方法而不同。在多数情况下将系统默认的固定点作为缩放参照，也就是对象的中心点。

在页面中先将要缩放的图形选中，然后单击工具箱中的 ⚪（比例缩放工具）按钮，此时所选图形的中心有一个"◇"图标，为图形默认的缩放固定点。拖动鼠标可以放大或缩小图形，朝向固定点方向拖动鼠标可将图形缩小，远离固定点方向拖动鼠标可放大图形，如图 6-11 所示。

（a）原图

（b）缩小中图形

（c）缩小后图形

图 6-11　缩小图形

图形中缩放固定点的位置可以改变，只要用鼠标在将要放置固定点的位置单击，就会出现"◇"图标；单击"◇"图标，按住鼠标拖动，便可随意移动该点。

如果在缩放图形的时候按住【Alt】键，将保持原图形不变，而缩放后的图形被复制。

双击工具箱中的 ⚪（比例缩放工具）按钮，或执行"对象/变换/缩放"菜单命令，弹出"比例缩放"对话框，如图 6-12 所示。此时缩放固定点默认为图形的中心。

若要等比例缩放图形，则选择"等比"选项栏，在"比例缩放"文本框中输入比例缩放数值，100%等于原图大小；否则，选择"不等比"选项栏，然后在"水平"和"垂直"文本框内输入两个方向的缩放数值。选择"选项"区域中"比例缩放描边和效果"选项，将使图形描边和图形效果也同时缩放，可以保持对象原有的外观效果；若不选择此项，则描边和效果不能随图形一起按比例缩放；若同时选择"比例缩放描边和效果"及"图案"复选框，则对象的描边粗细和图案与对象一起进行比例缩放；如不选择图案，则图案大小不变。

设置完选项，单击"确定"按钮，便可使图形缩放；若要取消缩放命令，则单击"取消"按钮；若单击"复制"按钮，可复制缩放后图形；图 6-13 所示为对图形执行了 4 次 80%缩小复制后的效果。

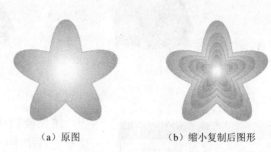

（a）原图　　　　　　（b）缩小复制后图形

图 6-12　"比例缩放"对话框　　　　　　图 6-13　缩小复制图形

6.1.4　倾斜工具

倾斜工具可使图形沿水平轴、垂直轴或相对于特定轴的特定角度来倾斜或偏移。用倾斜工具变换图形时，也要先确立一个固定点，其操作方法与前面几种图形变换工具大同小异。先将页面中需要倾斜操作的图形选中，然后单击工具箱中的 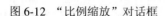（倾斜工具）按钮，此时图形中心会作为倾斜的固定点，出现一个"✧"图标。按住鼠标拖动，图形产生倾斜变换，拖到合适效果释放鼠标即可，如图 6-14 所示。

（a）原图　　　　　　　（b）倾斜中图形　　　　　　　（c）倾斜后图形

图 6-14　倾斜图形

图形相对于固定点倾斜，确立的固定点不同，产生的倾斜效果也各异。若要改变固定点位置，只须用鼠标在所需位置单击，然后拖动鼠标，倾斜效果如图 6-15 所示。

 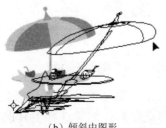 

（a）原图　　　　　　　（b）倾斜中图形　　　　　　　（c）倾斜后图形

图 6-15　改变固定点的倾斜效果

在鼠标拖动倾斜的过程中按住【Alt】键，可以复制出倾斜后的图形，而原图保持不变。用这种方法制作图形的投影极为方便，首先将图形倾斜并复制，再将复制后的图形置于原图形的下方，接着填充投影的颜色即可，如图 6-16 所示。

（a）原图 　　　　　　　　　（b）制作投影后图形

图 6-16　用倾斜工具制作投影

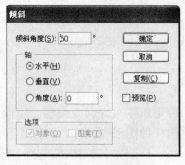

图 6-17　"倾斜"对话框

如果要精确定义图形倾斜的角度、方向轴等，可以双击工具栏中的 （倾斜工具）按钮，弹出"倾斜"对话框，如图 6-17 所示。在"倾斜角度"文本框中输入倾斜的角度值；在"轴"区域中可选择"水平"、"垂直"或"角度"选项来确定倾斜方向，如果选择"角度"，要在后面的文本框内输入需要的角度值。

单击工具栏中的 （倾斜工具）按钮，按住【Alt】键在页面中单击（注意，鼠标单击点将成为倾斜的固定点，所以要先确定好位置再单击），也会弹出同样的"倾斜"对话框。设置完选项后单击"确定"按钮，图形即被倾斜。如果需要复制倾斜后的图形就单击"复制"按钮；取消倾斜操作就单击"取消"按钮。选择"预览"选项可看到修改选项时图形在页面中的变化。

6.1.5　改变形状工具

改变形状工具可在保持路径整体形状完整的同时拖移路径中的锚点。先使用工具箱中的 （直接选择工具）选择图形路径中的一个或多个节点，按住【Shift】键单击节点可执行多选，被选中的节点变为实心方形。然后单击工具箱中的 （改变形状工具）按钮，把鼠标移到页面中，指针变为" "形状，选择其中一个节点，拖动鼠标，鼠标变为" "形状，所选节点被移动，而其他未被选中的节点位置不变，如图 6-18 所示。

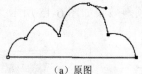

（a）原图 　　　　　　　　　（b）拖动节点后图形

图 6-18　拖动所选节点

如果使用 （选择工具）选择图形，则在使用 （变形工具）后，路径中所有节点都被选中，此时拖动任意节点，可整体移动图形。如果选择工具选择的路径是开放的，则在使用改变形状工具拖移一端节点时，除了另一端的节点位置不变外，其余节点均被移动，而路径基本形状保持不变，如图 6-19 所示。

如果拖动的是路径中间部分的节点，则两端节点位置不变，中间部分所有节点都被移动。如图 6-20 所示。如果使用改变形状工具单击的不是节点，而是路径段，则在路径的单击处新增一个节点。

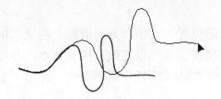

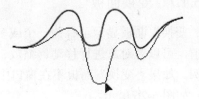

图 6-19　拖动端点　　　　　　　　　　图 6-20　拖动中部节点

拖动节点的同时按住【Alt】键，可以复制变形后的图形。

6.1.6　自由变换工具

自由变换工具可对图形分别进行移动、缩放、旋转等操作。操作方法类似于使用 ▶ （选择工具）时，通过定界框对图形进行的移动、缩放和旋转操作。在此之前也要先用选择工具将对象选中，然后单击工具箱中的 ▓ （自由变换工具）按钮，在图形上出现一个有 8 个节点的图形定界框，如图 6-21 所示。

当把鼠标放到定界框的节点上时，鼠标指针变为 "↔" 或 "↗" 形状，此时拖动鼠标可以缩放图形；当把鼠标放在定界框外时，鼠标指针变为 "↶" 形状，此时拖动鼠标可以旋转图形；当把鼠标放到定界框内时，鼠标指针变为 "▶" 形状，此时拖动鼠标可以自由移动图形。

使用自由变换工具也可以倾斜变换图形。选择图形后，单击 ▓ （自由变换工具）按钮，若要沿对象的垂直或水平轴倾斜，则将鼠标移到定界框左右或上下节点的中间点上，按住鼠标左键，再按住【Ctrl】+【Alt】键，上下或左右拖动鼠标即可，如图 6-22 所示。

图 6-21　图形定界框　　　　　　　　图 6-22　水平倾斜图形

若要沿对象的对角线倾斜，则将鼠标移到定界框顶角处的节点上，指针变为 "↗" 形状，按住鼠标左键，然后按住【Ctrl】+【Alt】键，拖动鼠标，如图 6-23 所示；若按住【Shift】+【Ctrl】+【Alt】键，则可以对图形进行透视处理，如图 6-24 所示。

若在倾斜图形时只按住【Ctrl】键，可以对图形进行单方向斜切处理，如图 6-25 所示。

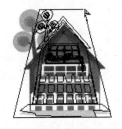

图 6-23　对角线倾斜图形　　　　　图 6-24　透视图形　　　　　图 6-25　斜切图形

6.1.7　变换面板

"变换"面板显示了有关一个或多个选定对象的位置、大小和方向信息。在文本框中输入新值，可以对对象进行移动、缩放、旋转和倾斜操作。还可以更改变换参考点，并锁定对象比例。如果"变换"面板不在窗口中显示，可执行"窗口/变换"菜单命令，弹出"变换"面板，如图 6-26 所示。

图 6-26　"变换"面板

在此面板中，"X"和"Y"文本框中的数值决定对象在页面中的位置，也可以分别定义"X"和"Y"的数值，在"X"文本框中输入新值，可调节对象在水平方向的位置；在"Y"文本框中输入新值，可调节对象在垂直方向的位置。"W"和"H"文本框中的数值决定对象的大小，重新输入数值，可调整对象的宽度和高度。单击"🔒"图标，可锁定对象的大小比例。

位于面板底部的两个文本框，分别用来定义旋转角度和倾斜角度。单击 △（旋转角度）列表框内的小三角，弹出数值列表，可选择对象旋转角度，也可以直接输入数值；单击 ☑（倾斜）列表框内的小三角，弹出数值列表，可选择对象倾斜的角度，也可以直接输入数值。

单击面板最左边 ▦（参考点定位器）上的小方框，可确定变换对象时所选用的参考点，被选择的小方框为实心状，其余则是空心方形。

6.1.8　分别变换和再次变换命令

1．分别变换命令

使用"分别变换"命令，可以对一个或多个对象同时进行缩放、移动、旋转等变换操作，变换时所选择的每个子对象都以自身的中心点为缩放、移动和旋转的中心。

下面举例说明"分别变换"命令的使用方法。

（1）使用绘图工具在画板中绘制如图 6-27 所示的系列五角星。

（2）单击选择工具，同时按住【Shift】键选中需要缩放的图形，如图 6-28 所示。

图 6-27　绘制图形

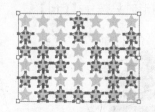

图 6-28　选择图形

（3）执行"对象/变换/分别变换"菜单命令，弹出"分别变换"对话框，如图 6-29 所示。

缩放：以图形自身的中心点为基准在水平或垂直方向缩放图形。在"水平"和"垂直"文本框中输入 0～200 之间的数值，小于 100% 的数值将使图形缩小；大于 100% 的数值将使图形放大。

移动：输入数值，水平或垂直移动图形。

旋转：输入一个角度值，旋转图形。

（4）在"缩放"区域"水平"和"垂直"文本框中分别输入数值 40，单击"确定"按钮，即得到图 6-30 所示的效果。

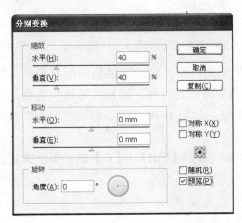

图 6-29　"分别变换"对话框

图 6-30　分别变换效果

2. 再次变换命令

如果某对象需要通过多次同样的变换才能实现效果，如图 6-31 所示，那么使用"再次变换"命令有助于提高图形制作的效率。

下面以上述图形为例，介绍再次变换的使用方法。

（1）使用工具箱中的钢笔工具绘制如图 6-32 所示的图形；选择图形，在"渐变"面板中编辑如图 6-33 所示的渐变颜色，选择"径向"类型填充渐变，描边颜色设置为"无"，填充效果如图 6-34 所示。

图 6-31　图形效果

（2）单击工具箱中的 ⟳（旋转工具）按钮，按住【Alt】键，在图形下方尖角处的节点下方单击，此处出现"✧"图标，并弹出"旋转"对话框，在"角度"文本框中输入旋转角度值 39.942，如图 6-35 所示。单击"复制"按钮，得到第二次旋转后的图形，如图 6-36 所示。

图 6-32　绘制图形

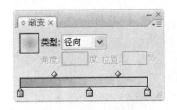

图 6-33　"渐变"面板设置

图 6-34　填充渐变效果

（3）执行"对象/变换/再次变换"菜单命令，或按【Ctrl】+【D】键，多次执行此命令，得到如图6-37所示的图形。

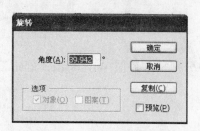

图6-35 "旋转"对话框

图6-36 旋转复制图形

图6-37 再次变换效果

（4）使用工具箱中的 （选择工具），拖出矩形框，选中变换后的所有图形，双击工具箱中的 （比例缩放工具）按钮，弹出"比例缩放"对话框，选择"等比"选项，在"比例缩放"文本框内输入缩放值90%，其余选项默认，如图6-38所示。单击"复制"按钮，得到缩放后的图形，如图6-39所示。

（5）执行"对象/变换/再次变换"菜单命令，或按【Ctrl】+【D】键，多次执行此命令，便得到如图6-40所示的图形。

图6-38 "比例缩放"对话框

图6-39 缩放复制图形

图6-40 再次变换效果

6.2 液化工具

液化工具可令图形产生极其夸张的扭曲变形效果，Illustrator CS3的工具箱中提供了7种液化工具，分别是变形工具、旋转扭曲工具、收缩工具、膨胀工具、扇贝工具、晶格化工具、皱褶工具，如图6-41所示。

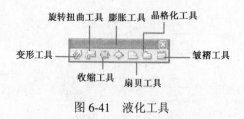

图6-41 液化工具

6.2.1 变形工具

变形工具能使对象形状沿鼠标拖动的方向产生自然的变形,可以是轻微的变形,也可以是很夸张的变形。单击工具箱中的 ⚡ (变形工具)按钮,在需要变形的地方拖动鼠标,使图形变形。拖动的幅度越大,变形效果越强。

以图 6-42 所示的图形为例,如果认为图形中地面部分的椭圆形状太过规整,想把它变为不规则的形状,可以使用变形工具在椭圆形状上拖动来塑造新的形状,最终效果如图 6-43 所示。

图 6-42　原图

图 6-43　变形效果

双击工具箱中的 ⚡ (变形工具)按钮,弹出"变形工具选项"对话框,如图 6-44 所示。

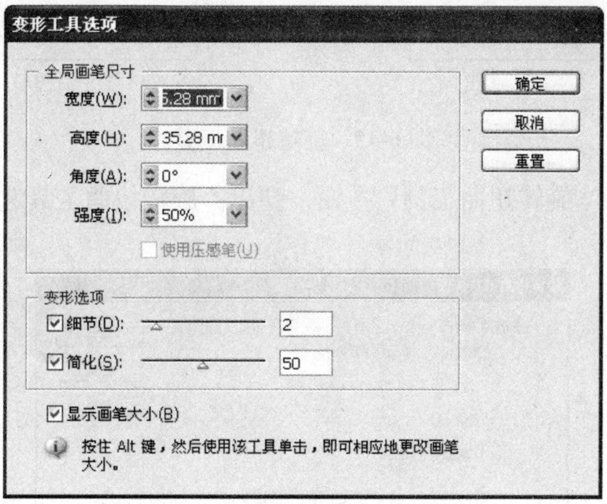

图 6-44　"变形工具选项"对话框

在对话框"全局画笔尺寸"区域内可设置画笔宽度、高度、角度、强度等。

宽度:单击列表框后面的小三角,在下拉列表中选择数值,设置变形工具画笔水平方向的直径,也可以直接在文本框中输入数值。单击列表框前面向上或向下的小三角,可以增大或减小文本框内的数值,每次增减量为 1 mm。

高度:在后面的文本框中输入数值,设置变形工具画笔垂直方向的直径。宽度和高度值相等时,画笔形状为圆形。

角度:设置变形工具画笔的倾斜角度,可以从列表中选择角度,也可以直接输入数值。

强度:设置变形工具画笔按压的力度,值必须在 1%～100%范围内。当选择"使用压感笔"复选框后,强度由绘制时鼠标左键的压感强度确定。

"变形选项"区域中包含"细节"和"简化"两个选项。

细节：此选项用于设定变形工具应用的精确程度。

简化：此选项用于设置变形工具应用的简单程度。

显示画笔大小：选择此项，可在应用变形工具时显示画笔设置的形状、大小和角度等情况；若不选择此项，使用该工具时只显示小十字形的精确光标。

设置完选项后单击"确定"按钮，即可应用设置的变形工具画笔。单击"重置"按钮，对话框中设定的选项数值将恢复成默认数值。

6.2.2 旋转扭曲工具

使用旋转扭曲工具能够使对象产生旋涡状的扭曲变化。该工具操作起来也很简便，单击工具箱中的 按钮，在图形需要扭曲的部位单击，画笔所覆盖的范围便会发生旋转变化。如果持续按住鼠标，则按住的时间越长，旋涡的程度就越强，如图 6-45 所示。

（a）原图　　　　　　　　　（b）变形后图形

图 6-45　旋转扭曲变形

双击工具箱中的 按钮，弹出"旋转扭曲工具选项"对话框，如图 6-46 所示。

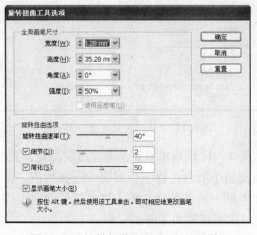

图 6-46　"旋转扭曲工具选项"对话框

可以发现，此对话框中的选项和"变形工具选项"对话框中的选项基本相同，只是在"旋转扭曲选项"区域中多了"旋转扭曲速率"调节项，此调节项可以设置旋转扭曲的方向和旋转速度。调节数值在-180°～180°之间，为正值时图形逆时针旋转，为负值时图形顺时针旋转。也可以在执行旋转扭曲的同时按住【Alt】键，使图形反方向旋转。

6.2.3　收缩工具

收缩工具可使对象的形状向画笔的中心处收缩。单击工具箱中的 <img> （收缩工具）按钮，在图形要收缩变形的部位单击，收缩工具画笔覆盖的图形范围就会向画笔的中心收缩扭曲。如果持续按住鼠标不放，则持续时间越长，收缩程度就越强。图 6-47 所示是对图形中树干部分进行收缩处理的效果。

（a）原图

（b）变形后图形

图 6-47　收缩变形

双击工具箱中的 <img> （收缩工具）按钮，会弹出"收缩工具选项"对话框，如图 6-48 所示。该对话框中的各选项请参照"变形工具"的选项说明。

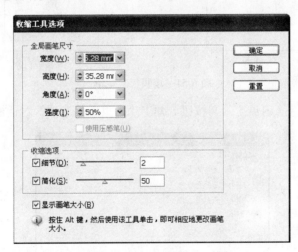

图 6-48　"收缩工具选项"对话框

6.2.4　膨胀工具

膨胀工具的作用效果恰好与收缩工具相反，它能使对象的形状向外膨胀。单击工具箱中的 <img> （膨胀工具）按钮，然后在图形中需要膨胀变形的部位单击，单击的部位就会向外膨胀，直到膨胀工具画笔的边缘。如果不满意膨胀的效果，可以按住鼠标左键向外拖动，使对象继续膨胀，如图 6-49 所示。要使树上的果实更加饱满，可以利用膨胀工具膨胀果实，最终效果如图 6-50 所示。

双击工具箱中的 <img> （膨胀工具）按钮，会弹出"膨胀工具选项"对话框，该对话框中的各选项请参照"变形工具"的选项说明。

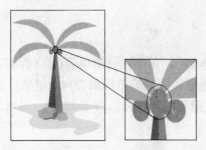

图 6-49　应用膨胀工具　　　　　　　图 6-50　膨胀效果

6.2.5　扇贝工具

扇贝工具能使对象的轮廓产生贝壳外表状的起伏效果。单击工具箱中的 （扇贝工具）按钮，然后在图形需要变形的部位单击，即可产生扇贝效果。也可以拖动鼠标创建连续的扇贝效果，图 6-51 所示为将图形中的树干部分创建成扇贝效果。

　（a）原图　　　　　　　　　　　　　（b）变形后图形

图 6-51　扇贝工具变形

双击工具箱中的 （扇贝工具）按钮，弹出"扇贝工具选项"对话框，如图 6-52 所示。

图 6-52　"扇贝工具选项"对话框

"全局画笔尺寸"区域中的选项和"变形工具"相似，这里就不再赘述。

"扇贝选项"区域中的选项说明如下。

复杂性： 设置数值，指定扇贝工具画笔应用到对象轮廓上的复杂程度。设置范围为 0～15，该值与"细节"值有密切的关系。

细节： 拖动滑块或输入数值 1～10，指定扇贝应用的精确程度。值越大，表现效果越精确。

画笔影响锚点： 选择此项，扇贝工具画笔效果将应用到锚点上。

画笔影响内切线手柄： 选择此项，扇贝工具画笔效果将应用到锚点方向线的内侧。

画笔影响外切线手柄： 选择此项，扇贝工具画笔效果将应用到锚点方向线的外侧。

6.2.6 晶格化工具

晶格化工具能使对象轮廓产生尖锐的凸起效果。单击工具箱中的 <img>（晶格化工具）按钮，在图形需要晶格化变形的部位单击，晶格化工具画笔覆盖的范围就会产生尖锐凸起效果，也可以按住鼠标在图形上拖动，图 6-53 所示为将树叶部分创建成晶格化效果。

（a）原图

（b）变形后图形

图 6-53　晶格化变形

双击工具箱中的 <img>（晶格化工具）按钮，弹出"晶格化工具选项"对话框，如图 6-54 所示。此对话框中的选项请参照"扇贝工具"选项的说明。

图 6-54　"晶格化工具选项"对话框

6.2.7 皱褶工具

皱褶工具能使对象轮廓产生波纹状效果。单击工具箱中的 💾 （皱褶工具）按钮，在图形需要皱褶变形的部位单击，皱褶工具画笔覆盖范围的图形就会产生波纹效果，也可以持续按住鼠标，按住的时间越长，波动的程度就越强。

要将海滩上的椰树创建成投影到水中的效果，可以通过皱褶工具来实现，效果如图 6-55 所示。

（a）原图

（b）变形后图形

图 6-55　皱褶变形

双击工具箱中的 💾 （皱褶工具）按钮，弹出"皱褶工具选项"对话框，如图 6-56 所示。

图 6-56　"皱褶工具选项"对话框

此对话框只是在"皱褶选项"区域中增加了"水平"和"垂直"两个选项，来定义使用皱褶工具时皱褶在不同方向波动的程度。其他选项可以参照"扇贝工具"选项的设置。

6.3 封套变形工具

封套变形工具能使选定的对象进行任意的扭曲变形。可将画板上的对象作为封套变形其他对象，也可以将预设的变形或网格作为封套。可以应用封套变形的对象有多种，或者说在任何对象上都可使用封套，不过对于图标、参考线和 TIFF、GIF、JPEG 的链接对象，不能使用封套。加了封套的对象可以进行编辑、删除、扩展操作。

执行"对象/封套扭曲"菜单命令，展开如图 6-57 所示的子命令。

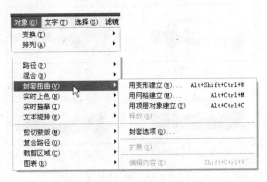

图 6-57 "封套扭曲"子命令

6.3.1 用变形建立

"用变形建立"命令是 Illustrator 预设的封套扭曲形状。在页面中选择需要变形处理的对象，执行"对象/封套扭曲/用变形建立"菜单命令，弹出如图 6-58 所示的"变形选项"对话框。

单击"样式"列表框，弹出"样式"下拉列表，如图 6-59 所示，从中选择一种变形样式，调整"弯曲"程度；如果需要扭曲对象，则设定"水平"或"垂直"扭曲的数值。

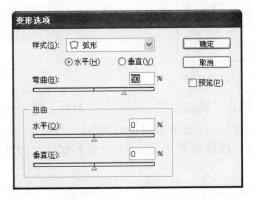

图 6-58 "变形选项"对话框

图 6-59 "样式"下拉列表

选择"预览"选项，则在选择扭曲样式时可以看到页面中对象的变化。

分别选用"样式"列表中的形状对页面中的图形应用变形，效果如图 6-60 所示。

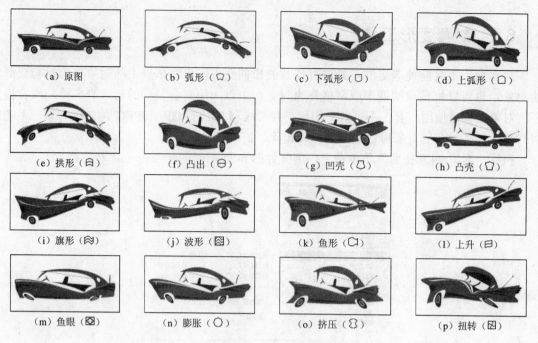

（a）原图	（b）弧形（▽）
（c）下弧形（▽）	（d）上弧形（△）
（e）拱形（◇）	（f）凸出（◇）
（g）凹壳（◇）	（h）凸壳（◇）
（i）旗形（◇）	（j）波形（◇）
（k）鱼形（◇）	（l）上升（◇）
（m）鱼眼（◇）	（n）膨胀（◇）
（o）挤压（◇）	（p）扭转（◇）

图 6-60　变形效果

6.3.2　用网格建立

"用网格建立"命令是将矩形网格作为封套，然后通过调整网格使对象变形。选择变形对象，执行"对象/封套扭曲/用网格建立"菜单命令，弹出"封套网格"对话框，如图 6-61 所示。

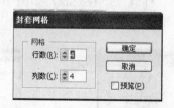

图 6-61　"封套网格"对话框

在对话框中设置封套网格的行数和列数，单击"确定"按钮，即可在对象上建立网格。例如，为图 6-62 所示的图形建立 4 行 4 列的封套网格，效果如图 6-63 所示。

使用工具箱中的 ▶（直接选择工具）和 ▷（转换锚点工具），对封套外观进行调整，从而对图形进行变形，得到如图 6-64 所示的效果。

图 6-62　原图	图 6-63　建立封套网格	图 6-64　封套变形效果

6.3.3 用顶层对象建立

此方法是在对象的最顶层建立一个形状，作为对象的封套，使对象根据所建立的形状变形。操作方法是将对象和封套形状一起选中，执行"对象/封套扭曲/用顶层对象建立"菜单命令，底部的对象即自动填入设置的封套形状内。

下面通过实例讲述用顶层对象建立封套扭曲的过程。

（1）使用符号工具在页面中喷绘出如图 6-65 所示的陶罐图形，选择此图形，执行"对象/扩展"命令，弹出"扩展"对话框，如图 6-66 所示，单击"确定"按钮。

图 6-65　陶罐图形　　　　　　　　图 6-66　"扩展"对话框

（2）使用基本形状工具在页面中绘制一个五角星，如图 6-67 所示，选择此形状，执行"对象/排列/置于顶层"命令，将五角星置于最顶层。

（3）同时选择两个图形，执行"对象/封套扭曲/用顶层对象建立"菜单命令，得到如图 6-68 所示的封套扭曲效果。

图 6-67　五角星　　　　　　　　图 6-68　封套扭曲效果

对制作后的扭曲图形执行"对象/封套扭曲/释放"菜单命令，可使对象和封套分离，顶层为封套图形，底层为原对象。若执行"对象/扩展"命令，可以去掉对象上的封套，但对象扭曲的形状不会恢复。

6.4　路径编辑命令

执行"对象/路径"菜单命令，可展开路径编辑的子命令。该子命令共有 4 栏，第一栏的两个命令在前面已经讲述，剩下的 3 栏包括"轮廓化描边"、"偏移路径"、"简化"、"添加锚点"、"移去锚点"、"分割下方对象"、"分割为网格"、"清理"，如图 6-69 所示。

6.4.1　轮廓化描边

描边路径颜色不可以设定为渐变颜色，如果对路径执行"轮廓化描边"命令，则描边路径被转化成图形，此时就可以在这个区域内进行渐变填充了。

在画板中绘制如图 6-70 所示的矩形（为了使效果更明显，可以把边线设置得粗一些），在图形处于选中状态下，边线颜色只能填充单色，接着执行"对象/路径/轮廓化描边"菜单命令，图形的描边便变成了和原来具有相同颜色的封闭图形，如图 6-71 所示。现在可以对转化成图形后的描边填充渐变颜色了，如图 6-72 所示。

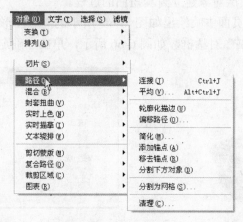

图 6-69 "路径"编辑命令

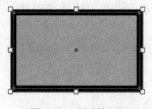

图 6-70 绘制矩形

图 6-71 执行轮廓化描边

图 6-72 填充渐变

执行"轮廓化描边"命令后的描边路径将转换为复合路径，它会与原填色的对象编组到一起。若要单独修改复合路径，首先须取消该路径与原填色对象的编组，或使用"编组选择"工具选择该路径。

注意："效果"菜单栏的"路径"子菜单中也包括"轮廓化描边"命令，它主要针对文字的轮廓进行操作。

6.4.2 偏移路径

"偏移路径"命令可相对于对象的原始中心路径偏移对象，生成新的封闭图形。这种效果可用于将网格对象转换为常规路径。例如，如果已释放了一个封套，或希望转换网格形状以供另一应用程序使用，则可执行"偏移路径"命令，将位移值设为 0，然后再删除网格形状。便可以编辑其余路径了。

使用钢笔工具在画板中绘制一段任意形状的路径，如图 6-73 所示。使其处于选中状态。执行"对象/路径/偏移路径"菜单命令，弹出"位移路径"对话框，如图 6-74 所示。

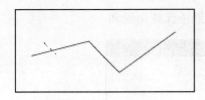

图 6-73 绘制的路径

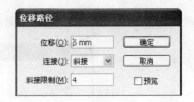

图 6-74 "位移路径"对话框

在"位移"文本框中输入数值确定位移量。

在"连接"列表框中可供选择的有 3 个选项："斜接"、"圆角"和"斜角"，可选择不同的连接类型来定义偏移路径拐角处的连接情况。

在"斜接限制"后面的文本框中输入数值，控制斜角连接的最大容忍度。当拐角很小时，"斜角连接"会自动变成"斜接连接"。设定的数值越大，可容忍的角度也越大。

最后单击"确定"按钮，便以原路径为中心向两侧偏移生成一个封闭的图形，而原路径依然存在，如图 6-75 所示。

图 6-75 中偏移路径采用的连接类型是"斜接"的方式，若选用"圆角"或"斜角"连接类型，则产生的效果如图 6-76 所示。

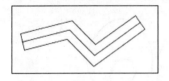

图 6-75 偏移路径效果

（a）"圆角"连接

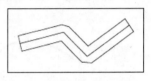

（b）"斜角"连接

图 6-76 使用"圆角"和"斜角"连接方式

偏移后的路径和原路径是分开的，可以分别选择它们单独进行编辑。

注意："偏移路径"和"位移路径"命令分别属于"对象"和"效果"菜单，两者的对话框设置是相同的，但是前者基于原有路径进行偏移，而后者仅为对象本身创建外观效果。

6.4.3 简化和添加锚点

"简化"和"添加锚点"命令都是对路径上的锚点做相应的处理。"简化"是删除路径中的额外锚点而不改变路径形状；"添加锚点"是在路径上增加和原有锚点数量相等的新锚点，新锚点添加在两个原有锚点中间。

1. 简化

"简化"命令删除不需要的锚点，可简化图稿，缩小文件大小，使显示和打印速度更快。选择路径，执行"对象/路径/简化"菜单命令，弹出"简化"对话框，如图 6-77 所示。

在"简化路径"区域中设定下列参数。

曲线精度：输入 0%～100%之间的值，设置简化路径与原始路径的接近程度。数值越高，创建锚点越多，也越接近原路径。除曲线端点和角点外的任何现有锚点都有可能忽略（除非已为"角度阈值"输入值）。

角度阈值：输入 0～180 间的值以控制角的平滑度。如果角点的角度小于角度阈值，将不更改该角点。如果"曲线精度"值低，则该选项有助于保持角锐利。

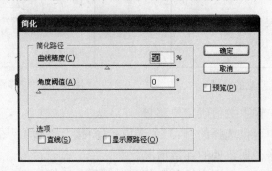

图 6-77 "简化"对话框

在"选项"区域中有"直线"和"显示原路径"两个选项可供选择。

直线：在对象的原始锚点间创建直线。如果角点的角度大于"角度阈值"中设置的值，将删除角点。

显示原路径：选择"预览"选项后，选择此项可以显示简化路径背后的原路径。

单击"确定"按钮，便可根据对话框中的设置删除路径中多余的锚点，如图 6-78 所示。

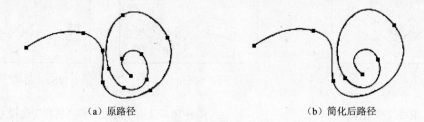

（a）原路径   （b）简化后路径

图 6-78 简化路径

2. 添加锚点

"添加锚点"操作很简单，选择路径后执行"对象/路径/添加锚点"菜单命令，即可在路径中添加锚点，如图 6-79 所示。

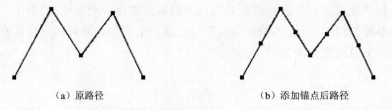

（a）原路径   （b）添加锚点后路径

图 6-79 添加锚点

6.4.4 分割下方对象

"分割下方对象"命令将路径作为一种切割模具去分割其下方的对象，其功能类似工具箱中的"美工刀"工具。

要对如图 6-80 所示的图形进行分割，首先须在画板中绘制出一段路径，如图 6-81 所示，该段路径的形状决定了分割图形后断口的形状。然后将路径放置在需要分割的图形的上方位置，执行"对象/路径/分割下方对象"菜单命令，则位于路径下方的图形被分割，分割后的每个图形都具有和原图形相同特征的填色，如图 6-82 所示。

图 6-80　预分割图形　　　　　图 6-81　分割路径　　　　　图 6-82　分割效果

6.4.5　分割为网格

"分割为网格"命令可以将一个或多个对象分割为多个按行和列排列的矩形对象。选择对象，执行"对象/路径/分割为网格"菜单命令，弹出"分割为网格"对话框，如图 6-83 所示。

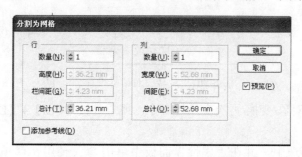

图 6-83　"分割为网格"对话框

通过对话框可以精确地改变行、列之间的高度、宽度和间距大小，并快速创建参考线来布置图稿。

数量：输入数值设定网格行和列的数量。

高度：行数大于 1 时，输入数值设定分割行的高度。

宽度：列数大于 1 时，输入数值设定分割列的宽度。

间距：设定分割矩形行和列的间距。

总计：对象的宽度和高度。

添加参考线：选择此项，为分割网格添加参考线。

6.4.6　清理

"清理"命令用于清除页面中多余的路径和锚点。执行"对象/路径/清理"菜单命令，弹出"清理"对话框，如图 6-84 所示。

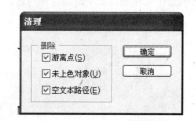

游离点：清除多余的游离点。

未上色对象：删除未上色的线条和图形对象。

图 6-84　"清理"对话框

空文本路径：删除空文本路径。

注意："清理"命令不能清理锁定或隐藏的路径、秉承参考线的路径、锁定或隐藏图层上的路径。

6.4.7　复合路径

复合路径由两个或多个已填充的路径组合在一起，且路径中重叠的部分被挖空。将对象定义为复合路径后，复合路径中的所有对象都将应用堆叠顺序中最后方对象的上色和样式属性。

下面举例介绍复合路径的制作过程。

（1）使用基本形状工具在画板中绘制一个圆形路径，并填充灰色，如图 6-85 所示。

（2）将圆形选中，选择工具箱中的旋转工具，按住【Alt】键，在圆形的边线上单击，弹出"旋转"对话框，在"角度"文本框中输入旋转角度值 60，如图 6-86 所示。单击"复制"按钮，效果如图 6-87 所示。

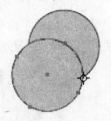

图 6-85　绘制圆形　　　　　图 6-86　"旋转"对话框设置　　　　　图 6-87　旋转复制图形

（3）连续执行"对象/变换/再次变换"命令，或重复按【Ctrl】+【D】键，得到如图 6-88 所示的效果。

（4）将全部圆形选中，并在"属性"面板中单击 ▣（使用奇偶填充规则）按钮，执行"对象/复合路径/建立"菜单命令，效果如图 6-89 所示。

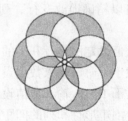

图 6-88　再次变换效果　　　　　　　　　图 6-89　复合路径效果

> **注意：** 如果使用复杂的形状作为复合路径，或者在一个文件中使用几个复合路径，则在输出这些文件时可能会出现问题。如果碰到这种问题，可将复合形状简化或减少复合路径的使用数量。

图 6-90　"属性"面板

制作复合路径通常会用到"属性"面板，如果"属性"面板没有在窗口中显示，可执行"窗口/属性"菜单命令，打开"属性"面板，如图 6-90 所示。

下面仍以图 6-88 所示的图形效果为例，介绍在"属性"面板中选择不同选项而制作出来的复合路径效果。

单击 ▫（不显示中心点）或 ▣（显示中心点）命令，确定图形是否显示各自的中心点。

如果在"属性"面板中单击 ▣（使用非零缠绕填充规则）按钮，则面板上的 ⇄（反转路径方向"关"）和 ⇄（反转路径方向"开"）按钮被激活，在默认情况下，单击 ⇄（开）按钮创建的复合路径如图 6-91（b）所示；单击 ⇄（反转路径方向"关"）按钮创建的复合路径如图 6-91（c）所示。

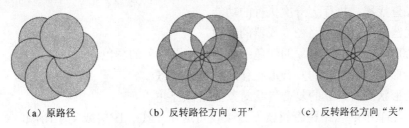

（a）原路径　　　　（b）反转路径方向"开"　　　　（c）反转路径方向"关"

图 6-91　使用非零缠绕填充规则创建复合路径

如果单击 ⬚（使用奇偶填充规则）按钮，则对象之间的重叠每隔一次就有一个镂空，也就是说，从最底层的对象算起，偶数次重叠为镂空，奇数次重叠不被镂空，如图 6-92 所示。此选项与路径的方向无关。

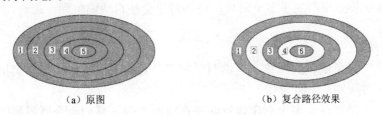

（a）原图　　　　　　　　　　　（b）复合路径效果

图 6-92　奇偶填充规则的复合路径

图像映射：将图像的一个或多个区域（称为热区）链接到一个 URL。用户单击热区时，Web 浏览器会载入所链接的文件。

从"图像映射"下拉列表中可选择图像映射的形状。在 URL 文本框中可输入一个相关或完整的 URL，也可从可用 URL 列表中选择。单击"浏览器"按钮可验证 URL 的位置。

6.4.8　复合形状和路径查找器

"路径查找器"效果能够从重叠对象中创建新的形状。应用"路径查找器"效果的方法有两种：使用"路径查找器"面板和使用"效果/路径查找器"菜单，如图 6-93 所示。

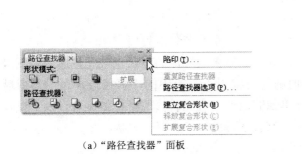

（a）"路径查找器"面板　　　　　　　　　（b）"效果/路径查找器"菜单

图 6-93　应用"路径查找器"效果的方法

"路径查找器"按钮的作用将在下面逐一介绍，现在介绍"路径查找器"面板菜单。

陷印：防止印刷时图像轮廓线重叠。

重复路径查找器：执行上一次执行的功能。

路径查找器选项：设置路径查找器的选项。

建立复合形状：将选定对象的颜色统一为最上层对象的颜色。

释放复合形状：将建立的复合形状释放到初始状态。

扩展复合形状：将建立的复合形状对象的路径合并。

"效果"菜单中的"路径查找器"效果仅可应用于组、图层或文字图像，对选定的单一路径没有影响。应用效果后，仍可选择和编辑原始对象。还可以使用"外观"面板修改或删除效果。

"路径查找器"面板中的"路径查找器"效果可用于任何对象、组和图层的组合。在单击"路径查找器"按钮时即创建了最终的形状组合；执行"扩展"命令之后，便不能再编辑原始对象。如果这种效果产生了多个对象，这些对象会被自动编组到一起。

1. 复合形状

"复合形状"是可编辑的图稿，是由两个或多个对象采用"相加"、"交集"、"差集"或"排交"等命令得到的一个组合体。

"复合形状"是通过对多个对象执行路径查找器中的一系列命令所得到的组合，虽然从外观上看它和路径的效果差不多，但是它们的实际构架是不同的。"复合形状"保留原来对象的路径，可以通过选择工具随时对每个对象进行修改；而"复合路径"是由一条或多条简单路径组成的，它们是联合的整体，不能分开。

"路径查找器"面板上部的一排按钮，称为"形状模式"按钮，从左至右依次是 ⬛（与形状区域相加）、⬛（与形状区域相减）、⬛（与形状区域相交）、⬛（排除重叠形状区域），可以使用这些按钮来控制组合形状组件间的交互模式，制作出复合形状。如图 6-94 所示，绘制两个重叠的六边形，单击"路径查找器"面板上的 ⬛（与形状区域相交）按钮，便得到如图 6-95 所示的复合形状。

图 6-94　绘制的图形

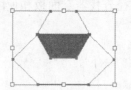

图 6-95　保留形状

显示的保留形状是两个六边形重叠的部分，但原来六边形的路径也被完整地保留下来，这为以后复合形状的修改提供了极大的便利。可使用工具箱中的"直接选择"工具或展开"图层"面板中的"复合形状"项来选择单独的组件，可随时修改组件的位置、大小以及锚点位置等。图 6-96 所示为移动下方六边形的位置所得到的复合路径形状。

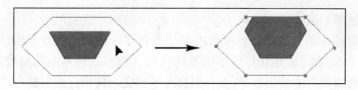

图 6-96　更改组件位置

在确定复合形状结果无误后，单击面板上的"扩展"按钮，删除复合形状以外的路径，如图 6-97 所示，这样可以减小文件的大小，从而加快计算机读取数据的速度。

下面分别对"形状模式"中的命令按钮逐一介绍。

（1）与形状区域相加 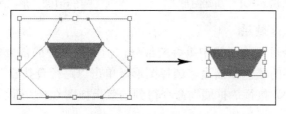 此处应为图标

此命令可以将所有选中的图形融合在一起，形成一个封闭的图形，图形中重叠部分的边线自动消失。新图形的填色和描边应用原图位于最前面图形的填色和描边。

图 6-97　扩展图形

例如，创建如图 6-98 所示的一系列图形，在图形都被选中的状态下，单击"路径查找器"面板上的 （与形状区域相加）按钮，然后执行"扩展"命令得到的效果如图 6-99 所示。

图 6-98　创建的图形

图 6-99　形状区域相加

（2）与形状区域相减

此命令可以按照前面图形的形状挖空最下面的图形，并删除前面的图形。保留部分的填色和描边应用最后面图形的填色和描边。以上图为例，单击"路径查找器"面板上的 （与形状区域相减）按钮，然后执行"扩展"命令得到的效果如图 6-100 所示。

（a）原图　　　　　　　　　　　（b）相减后图形

图 6-100　形状区域相减

（3）与形状区域相交

此命令可保留图形的重叠部分，其余的部分被删除。保留的部分应用最顶层图形的填色和描边。在画板上绘制如图 6-101 所示的基础图形（椭圆旋转复制的角度是 60°），选择图形，单击"路径查找器"面板上的 （与形状区域相交）按钮，然后执行"扩展"命令得到的效果如图 6-102 所示。

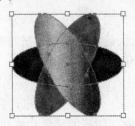

图 6-101　基础图形　　　　　　　　　图 6-102　形状区域相交

（4）排除重叠形状区域

顾名思义，此命令可删除形状中重叠的部分，但双重重叠的部分仍然保留。最终得到的图形应用原图形最顶层的填色和描边。选择图形，单击"路径查找器"面板上的 （排除重叠形状区域）按钮，然后执行"扩展"命令得到的效果如图 6-103 所示。

（a）原图　　　　　　　　　　　　（b）排除重叠后图形

图 6-103　排除重叠形状区域

2．路径查找器

位于"路径查找器"面板下方的一排按钮就是"路径查找器"按钮，从左至右依次为 （分割）、 （修边）、 （合并）、 （裁剪）、 （轮廓）、 （减去后方对象），它们用于修改对象的路径。

（1）分割

此命令将以图形重叠部分的边界线为分割点，将图形分割成单个的闭合图形，对这些单个图形可以进行单独填色。分割后的图形自动成组，可以使用直接选择工具或编组选择工具移动、编辑分割后的各图元。

绘制如图 6-104 所示的三角形和矩形，选中这两个图形，单击"路径查找器"面板中的 （分割）按钮，图形即被分割，可以分别编辑分割后的图元，如图 6-105 所示。

图 6-104　绘制的图形　　　　　　　　图 6-105　移动分割图元

（2）修边

此命令可把底层对象中被遮挡的部分删除，修边后的图形自动成组，并取消所有的描边颜色。

绘制如图 6-106 所示的圆形和矩形，矩形叠放在圆形之上，选中这两个图形，单击"路径查找器"面板中的 （修边）按钮。当使用直接选择工具移动图中的矩形时，会发现圆形中被矩形遮盖的部分已被剪切掉，如图 6-107 所示。

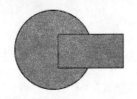

图 6-106　绘制的图形　　　　　　　　图 6-107　修边后效果

（3）合并

此命令适用于两种情况：第一种情况，在几个对象具有不同的填色时，产生的效果和"修边"命令相似，对象中若有重叠的部分，则前面对象不变，后面对象重叠的区域被删除；第二种情况，当对几个具有相同颜色填充的图形执行"合并"命令时，可以把图形融合为一体。合并后的对象无描边。

绘制如图 6-108 所示的图形，选中所有图形，单击"路径查找器"面板中的 （合并）按钮，具有相同颜色的图形即被合并为一个整体，不同颜色、下层图形重叠部分被删除，如图 6-109 所示。

图 6-108　绘制的图形　　　　　　　　图 6-109　合并效果

（4）裁剪

此命令保留对象中与最顶层图形重叠的部分，重叠区域以外的部分被删除。保留部分的颜色和其原图形颜色相同，并取消边线颜色。

绘制如图 6-110 所示的五角星和圆形，使圆形叠放在五角星之上，同时选中这两个图形，单击"路径查找器"面板中的 （裁剪）按钮，得到的效果如图 6-122 所示。

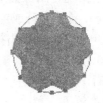

图 6-110　绘制的图形　　　　　　　　图 6-111　裁剪效果

（5）轮廓

此命令将所有填充对象转换成轮廓线，并且轮廓线被重叠点分割成一段段开放路径，这些开放路径自动成组，使用编组选择工具可以分别移动每段路径。在轮廓线中，没有重叠的部分保留原来的边线颜色，重叠部分应用上层图形的边线颜色。图 6-112 所示是对图形创建"轮廓"后的效果。

（a）原图　　　　　（b）转换为轮廓　　　　　（c）移动分段路径

图 6-112　创建轮廓效果

（6）减去后方对象

执行此命令的结果和"裁剪"命令恰好相反，顶层对象的非重叠区域被保留，下方图形被删除。保留的部分应用顶层图形的填色和描边，如图 6-113 所示。

（a）原图　　　　　　　　　（b）减去后方对象后图形

图 6-113　减去后方对象效果

6.5　实时描摹

"实时描摹"命令可以自动将置入的图像转换为完美细致的矢量图，从而轻松地对图像进行编辑、处理和调整大小，而不会带来任何失真。"实时描摹"命令可大大节约在屏幕上重新创建扫描绘图所需的时间，且图像品质依然完好无损。

6.5.1　描摹图像

描摹图像就是根据现有图像描绘新的图稿，将位图图像转化成矢量图形，重新填色、编辑外观等。步骤如下：首先打开或置入一幅图像，如图 6-114 所示；选中图像，执行"对象/实时描摹/建立"菜单命令，或单击控制面板上的"实时描摹"按钮，图像将以默认的预设进行描摹，效果如图 6-115 所示。

建立实时描摹后，如果对当前的描摹效果不满意，可以选择其他的描摹方式重新对图像进行描摹。选中描摹效果，单击"描摹"控制面板上"预设"后面的列表框，弹出下拉列表，如图 6-116 所示，从中选择其他的描摹预设更改描摹即可。

如果需要自定描摹设置，可以单击"描摹"控制面板上的 （"描摹选项"对话框）按钮，或执行"对象/实时描摹/描摹选项"菜单命令，弹出"描摹选项"对话框，如图 6-117 所示。选择对话框右侧的"预览"按钮，更改设置时可以随时看到描摹效果。

图 6-114　置入图像

图 6-115　实时描摹效果

预设：指定描摹预设。

模式：指定描摹效果的颜色模式，包括彩色、灰度和黑白 3 种。

图 6-116　描摹"预设"选项

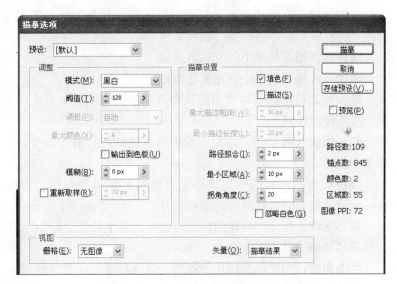

图 6-117　"描摹选项"对话框

阈值：指定用于从原始图像生成黑白描摹效果的值，所有比设定的阈值亮的像素都转换为白色，而所有比阈值暗的像素都转换为黑色。（该选项仅在"模式"选项设置为"黑白"时可用）。

调板：指定用于从原始图像生成彩色或灰度描摹的调板，可从后面的下拉列表中选择使用的色板库调板（该选项仅在"模式"选项设置为"彩色"或"灰度"时可用）。

下面通过实例，介绍"调板"选项的使用方法。

（1）置入一幅图像，如图 6-118 所示。执行"窗口/色板库/复古"菜单命令，打开"复古"色板面板。

（2）选中图像，执行"对象/实时描摹/描摹选项"菜单命令，弹出"描摹选项"对话框，在对话框的"预设"下拉列表中选择"照片高保真度"选项。

（3）在"调板"下拉列表中选择"复古"选项，单击"描摹"按钮，便可得到以"复古"色板面板中的颜色描摹的效果，如图 6-119 所示。

图 6-118　置入的图像　　　　　　　　　图 6-119　描摹效果

最大颜色：设置在彩色或灰度描摹效果中使用的最大颜色数，最大为 256，颜色越多，描摹的效果越细腻。

输出到色板：在"色板"面板中为描摹效果中的每个新颜色创建新色板。

模糊：在生成描摹效果前模糊原始图像。选择此项可在描摹效果中减轻细微的不自然感并平滑锯齿边缘。

重新取样：在生成描摹效果前对原始图像重新取样至指定分辨率。该选项对加速大图像的描摹过程有用，但将产生降级效果。

填色：在描摹效果中创建填色区域。

描边：在描摹效果中创建描边路径。

最大描边粗细：指定原始图像中可描边的特征最大宽度。大于最大宽度的特征在描摹效果中成为轮廓区域。

最小描边长度：指定原始图像中可描边的特征最小长度。小于最小长度的特征将从描摹效果中忽略。

路径拟合：控制描摹形状和原始像素形状间的差异。较低的值可创建较紧密的路径拟合；较高的值可创建较疏松的路径拟合。

最小区域：指定将描摹的原始图像中的最小特征。例如，值为 4 指定小于 2×2 像素宽高的特征将从描摹效果中忽略。

拐角角度：指定原始图像中拐角的锐利程度，即描摹效果中的拐角锚点。

栅格：指定如何显示描摹对象的位图组件。

矢量：指定如何显示描摹效果。

6.5.2　描摹预设

用户可以将自定义的描摹设置存为预设，下次便可以从"预设"下拉列表中直接选择，无须再次设置。方法也比较简单，在设置完描摹选项后，单击对话框右侧的"存储预设"按钮，弹出"存储描摹预设"对话框，为新预设输入名称，单击"确定"按钮即可。

如果需要从"预设"下拉列表中删除描摹预设，则执行"编辑/描摹预设"菜单命令，弹出"描摹预设"对话框，如图 6-120 所示。在"预设"列表框中选择需要删除的选项，单击对话框右侧的"删除"按钮即可。

单击"编辑"按钮，可通过"描摹选项"对话框重新编辑所选预设；单击"新建"按钮，可建立新的描摹预设。

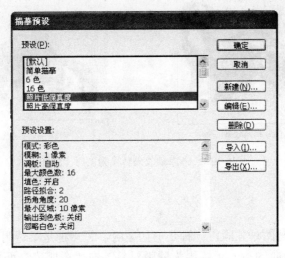

图 6-120 "描摹预设"对话框

6.5.3 转换描摹对象

对描摹的效果满意后，可将描摹对象转换为路径或实时上色组。一旦转换了描摹对象，就不能再使用"描摹选项"对话框调整描摹效果。

1. 将描摹效果转换成路径

选中描摹效果，单击"描摹"控制面板上的"扩展"按钮，或执行"对象/实时描摹/扩展"菜单命令，可得到一个编组的路径对象，如图 6-121 所示。使用直接选择工具可移动和调整路径。

（a）描摹效果

（b）路径

图 6-121 将描摹效果转换成路径

2. 将描摹效果转换成实时上色组

选中描摹效果，单击"描摹"控制面板上的"实时上色"按钮，或执行"对象/实时描摹/转换为实时上色"菜单命令，可将描摹效果转换成实时上色组，如图 6-122 所示。这样就可以重新为对象上色（有关"实时上色"的填色方法将在后面章节详细说明）。

（a）描摹效果

（b）实时上色组

图 6-122　将描摹效果转换为实时上色组

6.6　图形蒙版

Illustrator CS3 中有两种蒙版：一种是剪切蒙版，另一种是不透明蒙版。蒙版位于图层中最上面的子图层，其下面的所有子图层为蒙版对象。在"透明度"面板中可以为对象建立不透明蒙版，不透明蒙版留到后面的章节介绍，本节只介绍剪切蒙版的建立和应用。

剪切蒙版是一个可以用其形状遮盖其他图稿的对象，因此，使用剪切蒙版只能看到蒙版

图 6-123　已完成图稿

形状内的区域，从效果上来说，就是将图稿裁剪为蒙版的形状。蒙版路径和被剪切的对象一起称为剪切组合，可以从包含两个或多个对象的选区、一个组或图层中的所有对象来建立剪切组合。

例如，一幅制作完的图稿，边缘可能会有多余的路径或图形，如图 6-123 所示。

使用矩形工具在图稿上画出保留区域，如图 6-124 所示，所绘制矩形路径要放置在图稿中所有对象之上。使用选择工具在稿件区域拖出一个矩形框，使所有对象都被选中，然后执行"对象/剪切蒙版/建立"菜单命令，则矩形以外的图稿被删除，如图 6-125 所示。

建立剪切蒙版之后，作为蒙版的路径将取消填充和描边属性，可以使用直接选择工具选中蒙版路径，为其设置描边颜色或调整形状。调整蒙版形状时，底层被蒙版剪切的对象也会更改区域。

图 6-124　绘制蒙版区域

图 6-125　建立剪切蒙版

第 7 章 对象管理

7.1 对象的排列

在图形软件中，图形的排列组合是必不可少的，例如调整对象间的位置关系，哪个摆放在前，哪个摆放在后；或调整多个对象的对齐、分布和分布间距等排列关系。

7.1.1 对象间的位置关系

对象间的位置关系就是对象间的前后摆放位置，在预设状态下，后创建的对象位于先创建对象的上方，这个关系不会随着图形的移动而改变，要改变它们的位置关系，则需要通过执行"对象/排列"菜单命令中的子命令来实现，如图 7-1 所示，或者用选择工具将对象全部选中后单击鼠标右键。

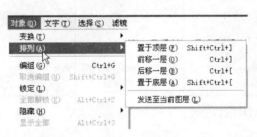

图 7-1 "排列"菜单命令

若要将对象移到其组或图层中的最顶层或最底层，则选择要移动的对象，然后执行"对象/排列/置于顶层"或"对象/排列/置于底层"菜单命令。

若要将对象按堆叠顺序向前或向后移动一个位置，则先选择要移动的对象，然后执行"对象/排列/前移一层"或"对象/排列/后移一层"菜单命令。

下面通过一个实例来讲解改变对象排列位置的方法。

如图 7-2 所示，在页面中创建了 3 个对象，依照建立的先后顺序依次是咖啡杯、托盘和勺子，对象中咖啡杯是最先建立的，因此它位于所有对象的后面。如果要把杯子放进托盘，就要用到排列对象位置的命令。

选择杯子图形，执行"对象/排列/前移一层"菜单命令，或按【Ctrl】+【]】键，杯子图层便移至托盘之上、勺子之下，如图 7-3 所示。

图 7-2 原图

图 7-3 前移杯子位置

接下来要为咖啡杯制作一个投影，先使用钢笔工具在页面的其他位置绘制如图 7-4 所示的图形（图形使用灰白渐变填充，不透明度调为 60%，取消描边颜色），再选择该图形拖放到咖啡杯的位置，由于该图形是最后建立的，所以它位于所有对象之上，如图 7-5 所示。

图 7-4　绘制的图形

图 7-5　图形摆放位置

选择阴影图形，执行"对象/排列/后移一层"菜单命令，或按【Ctrl】+【[】键，则图形下移一层到勺子的下方；再次执行该命令，或按【Ctrl】+【[】键，图形移到咖啡杯的底层，如图 7-6 所示。

调整阴影图形的大小、形状和摆放位置，便得到如图 7-7 所示的效果。

图 7-6　后移阴影位置

图 7-7　最终效果

7.1.2　对齐排列

通过"对齐"面板中的命令按钮可定义多个图形的排列方式。如果"对齐"面板不在窗口中显示，可以执行"窗口/对齐"菜单命令，弹出"对齐"面板，如图 7-8 所示。

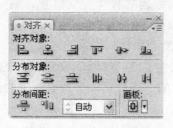

图 7-8　"对齐"面板

"对齐"面板中有 3 种排列方式：对齐对象、分布对象和分布间距。面板上部一排按钮是对象的对齐方式，从左至右依次为：▣（水平左对齐）、▣（水平居中对齐）、▣（水平右对齐）、▣（垂直顶对齐）、▣（垂直居中对齐）和▣（垂直底对齐）。

中间一排按钮是对象的分布方式，从左至右依次为：▣（垂直顶分布）、▣（垂直居中分布）、▣（垂直底分布）、▣（水平左分布）、▣（水平居中分布）、▣（水平右分布）。

面板底部的两个按钮可以确定对象间的等距离，可在后面的列表框内选择"自动"排列，也可以自定义数值。其中，▣表示图形在水平方向的等距离、▣表示图形在垂直方向的等距离。在右下角可以选择对齐方式，在默认情况下对齐到画板（ ），通过下拉列表（ ）还可以选择对齐到裁剪区（ ）。

1. 对齐对象

当图层上的对象需要对齐时，先将需要对齐的对象全部选中，然后单击"对齐"面板上所需类型的对齐按钮即可。

水平左对齐：使选定对象对齐到定界框的最左边。

水平居中对齐：使选定对象对齐到定界框上水平方向的中间节点。

水平右对齐：使选定对象对齐到定界框的最右边。

垂直顶对齐：使选定对象对齐到定界框的最顶端。

垂直居中对齐：使选定对象对齐到定界框上垂直方向的中间节点。

垂直底对齐：使选定对象对齐到定界框的最底端。

各种类型的对齐效果如图7-9所示。

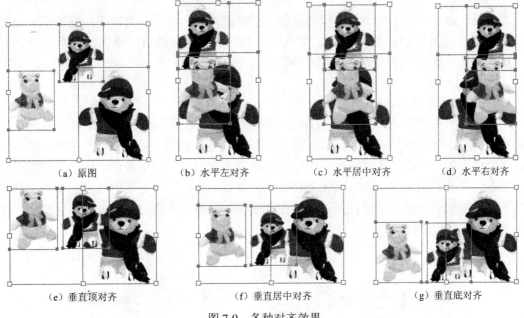

（a）原图　　　　（b）水平左对齐　　　　（c）水平居中对齐　　　　（d）水平右对齐

（e）垂直顶对齐　　　　　　（f）垂直居中对齐　　　　　　（g）垂直底对齐

图7-9　各种对齐效果

2. 分布对象

当图层上的对象需要沿某一方向均匀分布时，先将参与分布的对象全部选中，然后单击"对齐"面板上所需类型的分布按钮即可。此功能在绘制表格时十分有用，可以轻松地均匀分布表格中的行和列。

垂直顶分布：在垂直方向上，使对象在定界框里按顶端均匀分布。

垂直居中分布：在垂直方向上，使对象在定界框里按垂直中心均匀分布。

垂直底分布：在垂直方向上，使对象在定界框里按底边均匀分布。

水平左分布：在水平方向上，使对象在定界框里按左边均匀分布。

水平居中分布：在水平方向上，使对象在定界框里按水平中心均匀分布。

水平右分布：在水平方向上，使对象在定界框里按右边均匀分布。

7.2 图层

在创建复杂图稿时，要跟踪文档窗口中的所有项目绝非易事。有些较小的项目隐藏于较大的项目之下，这增加了选择图稿的难度。而图层则提供了一种有效的方式，来管理组成图稿的所有项目。可以将图层视为结构清晰的含图稿文件夹。如果重新安排文件夹，就会更改图稿中项目的堆叠顺序。可以在文件夹间移动项目，也可以在文件夹中创建子文件夹。

文档中的图层结构可以很简单，也可以很复杂，这一切都依照用户的需要而定。在默认情况下，所有项目都被组织到一个单一的父图层中。不过，也可以创建新的图层，并将项目移动到这些新建图层中，或随时将项目从一个图层移动到另一个图层中。"图层"面板提供了一种简单易行的方法，可以对图稿的外观属性进行选择、隐藏、锁定和更改。甚至可以创建模板图层，这些模板图层可用于描摹图稿，以及与 Photoshop 交换图层。

7.2.1 使用"图层"面板

"图层"面板可用于列出、组织和编辑文档中的对象。在默认情况下，面板中只包含一个父项图层，而每个创建的对象都在该图层之下列出，包含编组、组内的编组、路径、封套、复合形状、复合路径、实时填色等子项目。

1. 图层面板及其菜单栏

"图层"面板在图层列表的左、右两侧分别提供了若干列，如图 7-10 所示。在列中单击可控制图层，在默认情况下，Illustrator 为"图层"面板中的每个图层分配一个唯一的颜色。当选择图层中的一个或多个对象时，图层的选择列中便会显示相应颜色，同时该颜色也会显示在所选对象的选择列中。此外，所选对象的定界框、路径、锚点及中心点也会在文档窗口中显示与此相同的颜色。可以使用该颜色在"图层"面板中快速定位对象的相应图层，并根据需求更改此图层颜色，如图 7-11 所示。

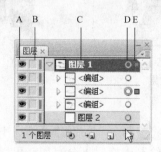

图 7-10 "图层"面板

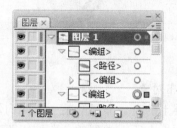

图 7-11 选择单个子项目

A：可视性列　　B：编辑列　　C：图层列表　　D：图层定位列　　E：指示列

切换可视性：控制项目是可见还是隐藏。若显示眼睛图标（👁），则指示项目是可见的；若为空白，则指示项目是隐藏的。单击（👁）图标可以将项目在显示和隐藏状态之间切换。

切换锁定：控制项目是锁定还是非锁定。若显示锁定状态图标（🔒），则指示项目为锁定状态，不可编辑；若为空白，则指示项目为非锁定状态，可以进行编辑。单击（🔒）图标可以将项目在锁定状态和非锁定状态之间切换。

图层列表：显示"图层"面板中所含有的图层项目。被单击的图层会呈现蓝色背景，图层名呈反白显示。单击某图层或该图层的子图层，都会在父项图层的右上角出现"﹀"形状的图层指针，如图 7-12 所示。

图层定位列：对项目进行定位，以应用效果并编辑"外观"面板中的属性。双环图标（◎）指示已定位项目；单环图标（◎）指示未定位项目。

指示列：指示项目是否被选中以对其进行编辑。若显示选择颜色框，则指示项目已被选中；若不显示选择颜色框，则指示项目未被选中。如果一个父项目中包含一些被选择的对象，以及一些未被选择的其他对象，则会在父项目后出现一个较小的选择颜

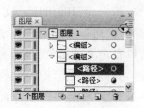

图 7-12　被选图层指针

色框，如图 7-11 所示。如果父项目中的所有对象都被选中，则父项目旁选择颜色框的大小将与选中的对象旁的颜色标记大小相同。

2．改变图层显示方式

借助"图层"面板菜单，可以改变图层在面板中的显示方式，单击"图层"面板右上角的 ﹣≡ 按钮，弹出面板菜单，执行"面板选项"命令，弹出"图层面板选项"对话框，如图 7-13 所示。

选择"仅显示图层"选项，可隐藏面板中除父项图层以外的子图层。在"行大小"选项框中，可选择"小"、"中"、"大"或自定义数值来指定图层横栏高度。在"缩览图"选项框中可选择需要显示缩览图的图层、组和对象组合。

3．轮廓化图稿

在"图层"面板菜单中选择"轮廓化其他图层"，则除当前被选择的图层以外，其他图层中的内容均以轮廓线的形式显示，如图 7-14 所示。

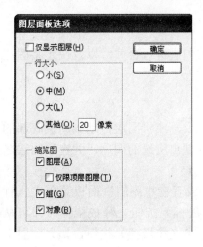

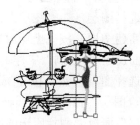

（a）所选图层　　　　　　　　（b）轮廓化其他图层

图 7-13　"图层面板选项"对话框　　　　　　图 7-14　轮廓化其他图层

执行"视图/轮廓"菜单命令，可将页面中的所有图稿都以轮廓线的形式显示；再执行"视图/预览"命令，可恢复图稿的显示。

7.2.2　新建图层

每一个 Illustrator 文件都包含一个图层。在预设状态下，"图层"面板中存在一个"图层 1"。可以使用各种方法来增加图层，预设的新建图层是按照创建的先后顺序来排列的，也可以自定义图层位置。

具体创建方法如下。

（1）单击"图层"面板底部的 ▣（新建图层）按钮，在当前选取的图层上方建立新图层，且该图层是激活的。如图 7-15 所示，选择面板中的"图层 2"，则新建的"图层 4"在图层 2 的上方。

（2）若按住【Ctrl】键单击面板底部的 ▣（新建图层）按钮，则无论当前选择哪一图层，新建图层总在所有图层的最上方。

（3）若单击"图层"面板底部的 ⊞▣（新建子图层）按钮，则在所选图层内新建子图层，或在子图层内创建子图层。如图 7-16 所示，选择"图层 2"，单击 ⊞▣ 按钮，则创建的"图层 4"为图层 2 的子图层，该图层在其他子图层的上方。

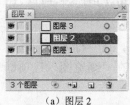
（a）图层 2

（b）图层 4

图 7-15　新建图层

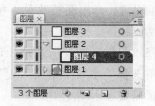

图 7-16　新建子图层

（4）要在新创建图层时就要设置图层选项，则需要打开"图层"面板的菜单栏，执行"新建图层"或"新建子图层"命令。创建的图层位置参照步骤（1）和步骤（2）。

7.2.3　管理图层

所创建的图层，可以对其进行复制、删除，对面板中的图层进行合并，以及决定某图层内容是否被打印、在图层间移动对象等。

1．复制、删除图层

选择图层，在"图层"面板菜单中执行"复制图层"命令，或将图层拖动到面板底部的 ▣（新建图层）按钮上释放鼠标，即可在"图层"面板中复制出所选的图层，并在原图层名称后面加上"_复制"字样。图 7-17 所示为复制"图层 2"的结果。

选择图层，然后按【Back Space】键或【Delete】键，或者在"图层"面板菜单中执行"删除图层"命令，抑或将图层拖动到面板底部的 🗑（垃圾桶）按钮上释放鼠标，即可从"图层"面板中删除所选的图层。还可以在选择图层后单击 🗑（垃圾桶）按钮，如果图层中含有内容会弹出如图 7-18 所示的提示框，单击"是"按钮，即可删除图层；如果是空白图层则单击 🗑 按钮，可以直接删除图层。但是，一个文档至少要包含一个图层，当文档只剩下一个图层时，将不能删除。

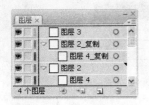

图 7-17　复制"图层 2"　　　　　　　图 7-18　"删除图层"提示框

2．合并图层

"图层"面板中的合并图层命令有两种：一种是"合并所选图层"，此命令只用于合并面板中被选择的图层（至少选择两个或两个以上图层，此命令才能被选择）；另一种是"拼合图稿"，选择此命令可以将面板中的所有图层拼合，只保留一个图层。无论选择哪种命令，图稿的堆叠命令都将保持不变，但其他的图层属性（如剪切蒙版）将不会保留。

如图 7-19 所示，在面板中选择了"图层 1"和"图层 3"（在执行图层多选时，若选择多个连续的图层，可以先单击最上方的图层，再按住【Shift】键，单击最下方的图层，则位于这两个图层中间的所有图层都被选中；若需要选择多个非连续的图层，可以按住【Ctrl】键逐一选择），在面板菜单中执行"合并所选图层"命令，则选择的图层会被合并到被选图层中最上方的一个图层中，结果如图 7-20 所示。若执行面板菜单中的"拼合图稿"命令，可以将面板中的所有图层内容合并到一个图层上。但是要注意，不管是合并图层还是拼合图稿，项目都将被合并到最后选择的图层或组中。当然，图层只能与"图层"面板中相同层级上的其他图层合并。同样，子图层只能与相同图层中位于同一层级上的其他子图层合并。

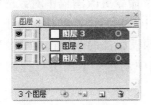

图 7-19　选择的图层　　　　　　　图 7-20　合并所选图层

3．设定图层选项

（1）设定已有图层选项

在"图层"面板中，双击需要设定的图层，或从面板菜单中选择图层名称的选项，例如，在面板中单击"图层 3"，从面板菜单中执行"图层 3 的选项"命令，会弹出"图层选项"对话框，如图 7-21 所示。通过"图层选项"对话框，可为面板中的图层设定选项。

名称：指定"图层"面板中显示的项目名称。

颜色：指定图层的颜色设置。可以从下拉列表中选择颜色，或双击颜色块选择颜色（仅适用于图层）。

模板：用于将当前图层设为模板图层（仅适用于图层）。

锁定：锁定所指图层，不允许对该图层进行任何编辑。

显示：在画板中显示图层包含的所有图稿。

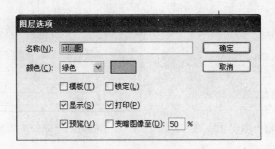

图 7-21 "图层选项"对话框

打印：使图层中所含的图稿可供打印，取消选择，则所指图层不会被打印（仅适用于图层）。

预览：以实际颜色而不是按轮廓来显示图层中包含的图稿（仅适用于图层）。

变暗图像至：将图层中所包含的链接图像和位图图像的强度降低到指定的百分比（仅适用于图层）。

（2）设定新建图层选项

在新建图层时，从"图层"面板菜单中执行"新建图层"命令，或按住【Alt】键单击面板底部的 🖪（新建图层）按钮，同样会弹出"图层选项"对话框，然后设定其中的选项即可。

4. 图层间的移动

Illustrator 从第一个对象开始顺序堆叠所绘制的对象。对象的堆叠方式将决定其重叠时如何显示。可以随时使用"图层"面板或"对象/排列"命令更改图稿中对象的堆叠顺序（也称为绘画顺序）。对象的堆叠顺序对应于"图层"面板中的项目层次结构。位于"图层"面板顶部的图稿在堆叠顺序中位于前面，而位于"图层"面板底部的图稿在堆叠顺序中位于后面。同一图层中的对象也是按结构进行堆叠的。在图稿中创建多个图层可控制重叠对象的显示方式。

（1）拖动改变图层的堆叠顺序

改变图层在面板中的堆叠顺序，可调整页面中对象的前后位置。在"图层"面板中单击需要改变位置的图层，然后按住鼠标左键拖动图层，这时鼠标指针会变成"🖑"形状。当把图层拖到其他两个图层之间时，两个图层上会出现黑色的插入标记。如图 7-22 所示，把"图层 3"拖到图层 1 和图层 2 的中间，"图层 3"的底部和"图层 2"的上方均会出现黑色的插入标记。此时释放鼠标，"图层 3"便被拖到"图层 2"的下方，如图 7-23 所示。

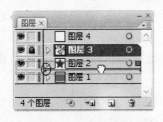

图 7-22 拖动图层

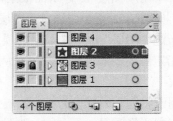

图 7-23 改变位置后图层

若要在面板中把"图层 4"拖到"图层 2"上变成"图层 2"的子图层，则在"图层 2"

的两侧会出现较大的插入标记，如图 7-24 所示。此时释放鼠标，"图层 4"便变为"图层 2"的子图层，如图 7-25 所示。

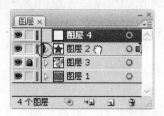

图 7-24　插入图层

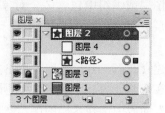

图 7-25　改变后图层

（2）使用命令改变图层的堆叠顺序

改变图层的堆叠顺序也可以结合"对象/排列"命令。若要将对象移到其组或图层中的顶层或底层位置，可选择要移动的对象，并执行"对象/排列/置于顶层"或"对象/排列/置于底层"命令。若将对象按堆叠顺序向前或向后移动一个位置，可选择要移动的对象，然后执行"对象/排列/前移一层"或"对象/排列/后移一层"命令。

（3）反转图层顺序

在"图层"面板中，选择要反转的图层（两个或两个以上），然后在面板菜单中执行"反向顺序"命令即可。如图 7-26 所示，选择面板中的 1、2、3、4 四个图层，打开面板菜单，执行"反向顺序"命令，结果如图 7-27 所示。

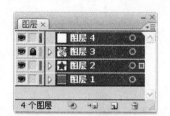

图 7-26　选择图层

图 7-27　反向顺序后图层

（4）将对象移入不同图层

此操作结果将使一个图层中的对象移到另一个指定的图层中。操作方法有两种：一种是在"图层"面板中操作；另一种是通过"对象"菜单命令来实现对象的移动。

● 在"图层"面板中，单击图层或子图层的"指示列"，出现对应图层的颜色框块，按住鼠标左键拖动颜色块，拖到需要移入图层的"指示列"，则该图层的指示列出现空心颜色框，此时释放鼠标，对象就被移入该图层，并位于该图层中其他对象的上方。或选择要移动的对象后，从"图层"面板菜单中执行"收集到新图层中"命令，也可将这些对象移动到新建图层中。

● 选择要移动的对象，选择时应单击图层"指示列"中的颜色块，或直接在页面中选择移动的对象，然后在"图层"面板中单击所要移入的图层，执行"对象/排列/发送至当前图层"菜单命令即可。

注意：不能把路径、组或元素集移到"图层"面板顶层，只有图层才能位于顶层。

7.2.4 将对象释放到图层

如果一个图层或编组中包含多个对象，则通过"图层"面板菜单栏的"释放到图层"命令，可以将图层或组中的每个对象建立一个层。也可以根据对象的堆叠顺序，在每个图层上建立新对象。

在页面中建立圆形、五角星和矩形 3 个图形，这 3 个图形位于同一图层，展开此图层，可发现它包含 3 个路径图形，如图 7-28 所示。

在"图层"面板中选择这一图层，然后从面板菜单中执行"释放到图层（顺序）"命令，则图层中的每个路径都被分成一个图层，如图 7-29 所示。

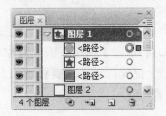
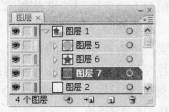

图 7-28 原始图层　　　　　　　　　　图 7-29 释放后图层

若在面板菜单中执行"释放到图层（累积）"命令，则复制对象释放到图层中，并建立累积渐增的顺序。最底层将出现一个圆形对象，中间层包含圆形和矩形，顶层既包含圆形，也包含矩形和五角星，如图 7-30 所示。

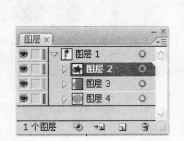
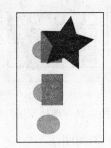

图 7-30 释放到图层（累积）命令效果

7.2.5 隔离模式

隔离模式可隔离组或子图层，以便轻松选择和编辑特定对象或对象的部分。当使用隔离模式时，Illustrator 将自动锁定所有其他对象，以便对隔离组中的对象进行编辑，如图 7-31 所示。隔离组或子图层将以全色显示，同时图稿的其他部分变暗。隔离模式的边框将显示在插图窗口的顶部，并由一条线（即隔离组的图层或隔离的子图层的颜色）分离。隔离组或子图层的名称和位置（有时称为"面包屑"）将显示在隔离模式边框中。

（1）隔离组或子图层

选定所要隔离的组或子图层，单击"控制"面板的 ▣ 按钮，或者从"图层"面板菜单中执行"进入隔离模式"命令，则所选对象被隔离，其他对象锁定。注意，隔离对象不能位于图层的顶层，且必须是组或子图层，否则不能进入隔离模式。进入隔离模式后，不能转换为不透明蒙版编辑形式。

(a) 隔离前图形   (b) 隔离后图形

图 7-31 隔离效果

（2）取消隔离模式

要取消隔离模式，有 4 种方法可供选择。

通过控制面板：单击控制面板的 ▣（退出隔离模式）按钮。

通过隔离模式条：单击隔离模式条的 ◁（退出）按钮，或者在隔离模式条的任意位置单击。

通过"图层"面板：打开"图层"面板，执行"退出隔离模式"命令。

通过隔离对象的外部：双击隔离对象外部的任何一个位置。

7.2.6 建立模板图层

模板图层在默认情况下是锁定的非打印图层，不可进行绘制或编辑等操作，但可用于手动描摹图像。在绘制图层时，模板图层默认减暗 50%，这样可轻松看到图层前绘制的任何路径。可以在置入图像时创建模板图层，也可以从现有图像创建模板图层。

（1）若要新建一个模板图层，可从"图层"面板菜单中执行"新建图层"命令，或按住【Alt】键单击面板底部的 ▣（新建图层）按钮，弹出"图层选项"对话框，从中选择"模板"选项。这时"预览"、"锁定"、"打印要"、"显示"选项不可用，而"变暗图像至"选项被自动选中，可以在文本框中输入百分比，百分比越低，模板越透明。单击"确定"按钮，在"图层"面板中便新增加了模板图层，图层的名称显示为斜体，图层被锁定，而可视列的眼睛图标变为"⊠"，如图 7-32 所示。

图 7-32 新建模板图层

（2）若要将现有图层变为模板图层，可双击需要改变的图层，弹出"图层选项"对话框，从中选择"模板"选项；或选择图层，从面板菜单中执行"模板"命令即可。

（3）若要将一幅图像置入模板图层，则执行"文件/置入"菜单命令，弹出"置入"对话框，如图 7-33 所示。选择对话框底部的"模板"选项，单击"置入"按钮，置入的图像便出现在新的模板图层上。

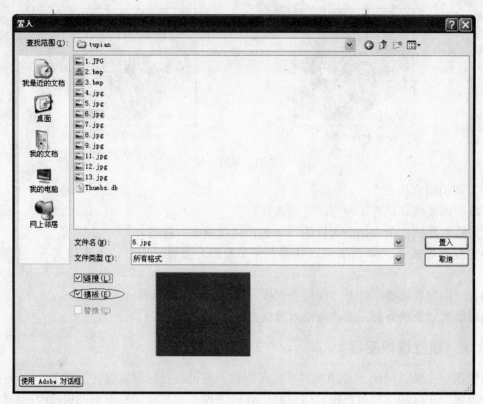

图 7-33　置入模板图像

7.2.7　确定非打印的图层

在打印图稿的时候，页面中的有些元素是不需要打印出来的，比如，在校对图稿时，要在图稿上输入校稿的文字，但在打印时只需要把校稿打印出来，文字是不需要打印的。此时就可以用以下方法使文字不被打印出来。

（1）隐藏文字图层

在"图层"面板中新建图层，把校稿文字输入该图层。单击该图层"可视列"的 👁（眼睛）图标，隐藏此文字图层，这样就不会打印隐藏的图层，而只把校稿打印出来。

（2）通过"图层选项"对话框设定

此方法同样需要把校稿文字单独作为一层输入。双击此文字图层，弹出"图层选项"对话框，取消选择"打印"选项，单击"确定"按钮，该图层便不会被打印了。

（3）使用模板图层

前面已经介绍过，模板图层是不可打印的锁定图层。在建立完文字图层后，选择该图层，打开图层面板菜单并执行"模板"命令，或使用其他方法将该图层变为模板图层，即可不被打印。

第8章 文字处理

8.1 文字创建工具

Illustrator CS3 的工具箱中提供了 6 种创建文字的工具，分别是文字工具、区域文字工具、路径文字工具、直排文字工具、直排区域文字工具、直排路径文字工具，如图 8-1 所示。

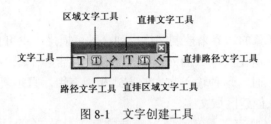

图 8-1 文字创建工具

说明：前面 3 个用于处理横排文字，后面 3 个用于处理竖排文字。

创建文字的方法有多种，可以使用上面的文字工具直接输入文字，也可以执行"文件/置入"菜单命令置入其他软件生成的文字信息。另一种比较简便的方法是在其他软件中复制文字信息，然后粘贴到 Illustrator CS3 中。

8.1.1 置入和粘贴文字

如果需要的文字信息已经在其他软件中生成，则可以执行"文件/置入"命令，在"置入"对话框中选择文本存放的路径，置入 Word 文档（*.doc）、写字板（*.rtf）或其他纯文字文件。

也可以在其他软件中将文字信息复制，再到 Illustrator CS3 中使用文字工具拖出一个矩形框，将其粘贴即可。然后调整矩形框或改变文字大小，使文字完全显示在定义的位置。此方法适用范围广，操作方便。

8.1.2 插入文字

1. 插入点文字

点文字是指从页面上单击的位置开始，并随着字符的输入而扩展的一行或一列横排或直排文字。这种方式非常适用于在图稿中输入少量文字的情形。

确定文字排列方向，选择工具箱中的 **T**（横排文字）工具或 **T**（直排文字）工具，则鼠标形状变为一个带有虚线框的文字光标（光标"Ⅰ"下面的小横线代表文字基线位置）。在页面上需要输入文字的地方单击，便出现一个闪动的文字光标，这时就可以输入所需的文字了。如果文字需要换行，可以按【Enter】键，转入下一行继续输入文字，如图 8-2 所示。

输入完文字后，单击工具箱中的任意工具都可以结束输入，按【Esc】键也可以退出文字输入状态，文字呈选中状态。单击 ▶（选择工具）结束输入，文字周围会出现一个定界框，并且文档被选中，如图 8-3 所示，此时拖动定界框可以对文字进行移动、缩放、旋转等简单的变换操作。

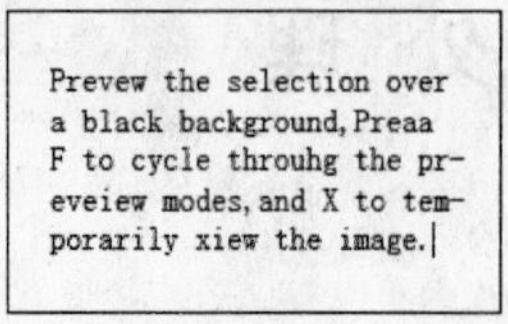

Prevew the selection over
a black background,Preaa
F to cycle throuhg the pr-
eveiew modes,and X to tem-
porarily xiew the image.

图 8-2　输入文字

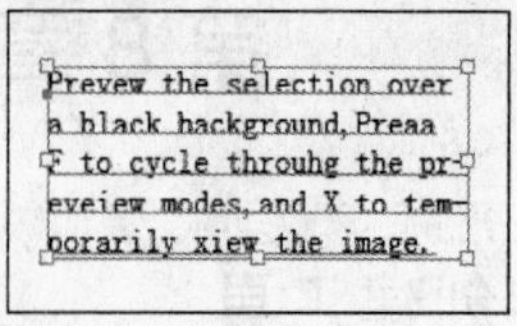

Prevew the selection over
a black background,Preaa
F to cycle throuhg the pr-
eveiew modes,and X to tem-
porarily xiew the image.

图 8-3　单击选择工具结束输入

注意：在输入文字时按【Tab】键，将输入大写字母；再按一下，便恢复正常输入。

2．插入区域文字

区域文字是指利用对象的边界来控制字符排列（既可横排，也可直排）。当文本触及边界时，会自动换行，以落在所定义区域的外框内。当创建包含一个或多个段落的文本（比如用于宣传册之类的印刷品）时，这种输入文本的方式相当有用，只须复制下文本然后粘贴到区域框内。可使用以下方法创建区域文字。

选择工具箱中的 T（文字工具）或 T（直排文字工具），在页面上单击并拖动，拖出合适的矩形框，框内区域便是输入文字的范围，如图 8-4 所示。释放鼠标，在矩形框内的左上角出现闪动的文字光标，此时便可输入文字。若是粘贴文本，则文字被限定在该矩形框内，文字到达矩形框的边界便会自动转入下一行，如图 8-5 所示。

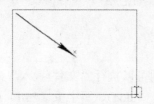

图 8-4　拖出文字框

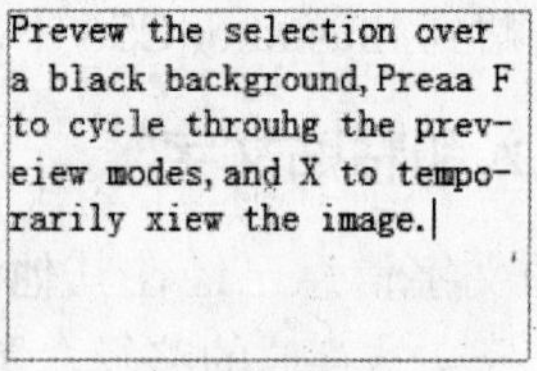

Prevew the selection over
a black background,Preaa F
to cycle throuhg the prev-
eiew modes,and X to tempo-
rarily xiew the image.

图 8-5　输入区域文字

另一种区域文字创建在任意形状的区域内。首先绘制一个任意形状的图形，将其选中，然后选择工具箱中的 T（文字工具）、T（直排文字工具）、T（区域文字工具）或 T（直排区域文字工具），在形状内部靠近边线处单击，无论形状是否应用填充和描边属性，在转化为文字框后都会自动取消这些属性，再输入或粘贴所需文字即可，结果如图 8-6 所示。

Prevew
the selection
over a black
background,Press F to
cycle throuhg the preveiew
modes,and X to
tem-

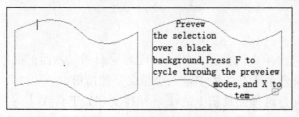

图 8-6　创建区域文字

3．插入路径文字

路径文字是指沿着开放或封闭的路径排列的文字。当水平输入文本时，字符的排列会与基线平行；当垂直输入文本时，字符的排列会与基线垂直。无论哪种情况，文本都会沿路径点添加到路径上的方向来排列。

　　首先绘制任意形状的路径，选择工具箱中的 T（文字工具）、 IT （直排文字工具）、 （路径文字工具）或 （直排路径文字工具），在路径的始端单击，出现文字光标，然后输入文字即可，如图8-7所示。

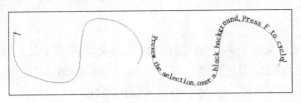

图8-7　创建路径文字

8.1.3　插入特殊文字

　　在输入文字的过程中可能会遇到一些较难输入的符号、字符等，这些单个的字符可称为"字形"，使用 Illustrator CS3 可以很方便地插入这些字形。执行"文字/字形"或"窗口/文字/字形"菜单命令，可弹出"字形"面板，如图8-8所示。

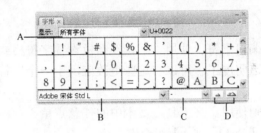

图8-8　"字形"面板

A："显示"列表　B：字体系列列表　C：字体样式列表　D："缩放"按钮

　　在默认情况下，"字形"面板会显示当前所选字体的所有字形。若要更改字体，则选择位于面板底部的不同字体系列和样式，面板顶部的"显示"菜单中可以显示系统各种字体所包含的字形，在面板底部单击字体列表框，弹出下拉列表，选择不同的字体，单击面板底部的 （缩小）或 （放大）按钮，可以缩放面板中的字形。

　　当从"字形"面板中选择"Adobe 宋体 Std L"字体时，可以从"显示"菜单中选择一种分类，限定面板只显示特定类型的字形。还可以单击字形框右下角的三角形，显示替代字形的弹出式菜单，如图8-9所示。双击字形便可把它插入到文本中。

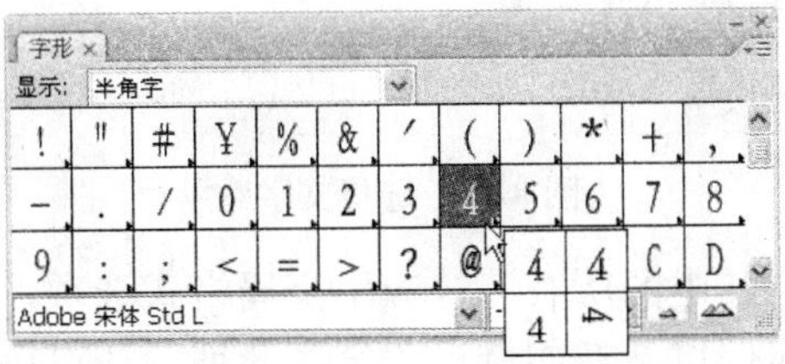

图8-9　替代字形弹出式菜单

8.2 选择文字

对文字进行编辑、修改格式、修改填充和描边属性等操作前，必须先对文字进行选择。根据不同的编辑需要，选择的文字对象可以是单个字符、一个段落或整个文字对象。

1．选择字符

从工具箱中选择任意文字工具，将光标移到所需更改的文字处，按住鼠标拖动，直到所要选择的文字范围，便可拖出黑色背景，文字反白显示，如图 8-10 所示。选择字符时，"外观"面板中会出现"字符"字样，并显示当前文字的属性。

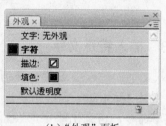

(a) 选中的字符   (b) "外观" 面板

图 8-10　选择字符

选择字符后，便可以编辑字符、使用"字符"面板设置字符格式、对字符应用填色和描边属性，以及更改字符的透明度了。可以将这些更改应用于一个字符、某一范围的字符或文字对象中的所有字符。

若要选择全部字符，则使用文字工具在文本中的任意点单击，出现文字光标，执行"选择/全部"菜单命令，或按【Ctrl】+【A】组合键即可。

2．选择文字对象

使用工具箱中的 (选择工具)在文字上单击，则路径或图形中的文字被作为对象选中，当文字对象被选中后，文档窗口中所选文字对象四周会出现一个定界框，并且在"外观"面板中会出现"文字"字样，如图 8-11 所示。

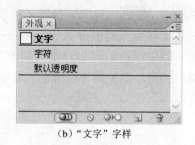

(a) 选中的文字   (b) "文字" 字样

图 8-11　选择文字对象

选中文字对象后，可对其中的所有字符应用全局格式选项，包括"字符"和"段落"面板中的选项、填色和描边属性以及透明度设置等。此外，还可以对所选文字对象应用效果、多种填色和描边以及不透明蒙版（单独选中的字符无法如此操作）。

8.3 文字属性

文字属性包括文字的字体、大小、行距、字距、基线偏移、垂直和水平比例缩放等。在输入新文本之前，首先设置好这些属性，也可以完成后再设置文字属性。改变文字属性主要通过"字符"和"段落"面板。

8.3.1 字符面板

"字符"面板主要用来对文档中的单个字符应用格式设置选项，如图 8-12 所示。若要显示面板，则执行"窗口/文字/字符"菜单命令。

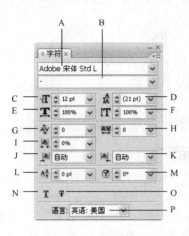

图 8-12 "字符"面板

A：字体系列	B：字体样式	C：字体大小	D：设置行距
E：水平缩放	F：垂直缩放	G：字偶间距调整	H：字符间距调整
I：比例间距	J：字符前插入空格	K：字符后插入空格	L：基线偏移
M：字符旋转	N：添加下画线	O：添加删除线	P：语言

若要设置"字符"面板中的某个选项，可以单击该选项右侧列表中的 ![按钮]（浅蓝色小三角）按钮，从弹出菜单中选择一个值。对于数值选项，选中后可以使用上下键设置数值，也可以直接编辑文本框中的值。当直接编辑某个值时，按【Enter】键便可应用数值。

当字符被选中或使用文字工具时，在出现的控制面板上单击"字符"选项，可以快速进入"字符"面板。

从"字符"面板菜单中可以选择其他的命令和选项，如图 8-13 所示。在默认情况下，"字符"面板中只显示最常用的选项。若要显示所有选项，可从面板菜单中执行"显示选项"命令，还可以单击面板选项卡上的双三角形，循环切换显示大小。

显示/隐藏选项：显示或隐藏面板的选项。

图 8-13 "字符"面板菜单栏

标准垂直罗马对齐方式：使用直排文字工具输入文字时，将文字向垂直方向进行旋转后再输入。

直排内横排：向水平方向旋转文字后进行输入。

直排内横排设置：用直排内横排方式旋转文字时预先设置其间隔。

分行缩排：选择后缩小文字，用做注释。

分行缩排设置：调节分行缩排的各项设置。

字符对齐方式：调节文字对齐方式。

全部大写字母：将英文文字显示为大写形式。

小型大写字母：将英文文字显示为小写形式。

上标：将选择的文字显示为上标。

下标：将选择的文字显示为下标。

比例宽度：调节设置为块的文字之间的间距。

系统版面：根据系统版面进行设置。

不断字：防止文字断字。

重置面板：将面板各项设置重置为默认值。

8.3.2　字符面板的使用

1．修改字体

先将要改变字体的文字选中（既可以是字符，也可以是文字对象），然后在"字符"面板中单击"字体"列表右边的 ▼ 按钮，弹出"字体"菜单，拖动鼠标到所需的字体上单击，有些字体包含不同的变体，当选用这些字体时，变体被分列在"样式"下拉列表中（如 Arial、BirchStd、Impact、Lithos、MinionPro 等）。

也可以执行"文字/字体"菜单命令，在弹出子菜单中将显示各种字体名称以及字体效果预览，把鼠标移到子菜单中所需的字体上即可。如果选择的字体带有变体，则变体在该命令下还会以子菜单的形式显示出来，只须把鼠标拖至该子菜单中，直到选中所需的字体样式即可。还可在所需文字被选中后，右击鼠标弹出快捷菜单，从快捷菜单中执行需要的"字体"命令，弹出子菜单，如图 8-14 所示。其操作方法和执行"文字/字体"菜单命令相同，还可以快速选择最近使用过的字体，"最近使用的字体"命令预设子菜单显示的数目为 5 个，可以从菜单栏"编辑/首选项/文字"对话框中"最近使用的字体数目"下拉列表中更改。选择不同字体表现的文字效果如图 8-15 所示。

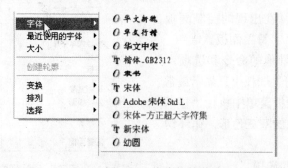

图 8-14　文字快捷菜单　　　　　　　　图 8-15　不同字体显示效果

另外，还有一种更改字体的方法，就是执行"查找字体"菜单命令，可以查找当前文档中使用的所有字体，还可以将这些字体替换为当前系统中含有的任意字体，而文字的其他属性不变。

　　执行"文字/查找字体"菜单命令，弹出"查找字体"对话框，如图 8-16 所示。在对话框的上部列表框内列出了当前文档中包括的所有字体，用户可以选择一种要替换的字体，再到中间的列表框内选择将要替换成的字体，然后单击对话框右边的"更改"或"全部更改"按钮。替换字体的来源可以是当前文档，也可以是系统中所有可用的字体，在中间列表框上面"替换字体来自"后面的下拉列表中选择字体来源"文档"或"系统"。在下部的选项中可以选择显示替换字体的类型。替换后单击右边的"完成"按钮，退出对话框。

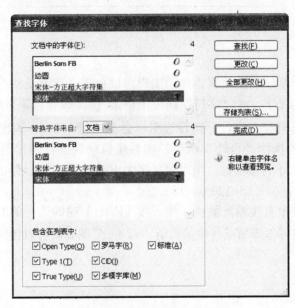

图 8-16　"查找字体"对话框

2．改变文字大小

　　在默认状态下，文字预设的大小为 12 pt，使用"字符"面板可以轻松地改变文字大小。首先要将更改大小的文字选中，在"字符"面板上单击 ![T]（文字大小）选项右侧列表中的 ![小三角]（小三角）按钮，弹出数值菜单，选择需要的数值后单击即可。也可以在列表中直接输入数值，然后按【Enter】键确认。单击 ![微调]（微调）按钮或键盘的上、下方向键可逐步增减其中的数值。

　　使用快捷菜单或菜单栏"文字/大小"命令子菜单中的预设数值也可以更改文字大小，若要自定义文字大小，则在子菜单中选择"其他"命令，然后通过"字符"面板更改。

3．基线偏移

　　基线偏移是指文字在基线上偏移的位置。文字在基线上可上升，也可下降，从而创建上标和下标。基线偏移的数值为正，则文字向上偏移；数值为负，则文字向下偏移；0 表示无基线偏移。

先画一条路径，然后使用文字工具在路径上输入文字，那么所画的这条路径就可作为文字的基线。在"字符"面板上单击 A⁺ （基线偏移）选项右侧列表中的 ✓ （黑色小三角）按钮，弹出数值菜单，选择需要偏移的数值单击即可。也可以在列表中直接输入数值，然后按【Enter】键确认。单击 ⬍ （微调）按钮或键盘右侧的上、下方向键可逐步增减其中的数值。图 8-17 列出了不同的基线偏移值与效果。

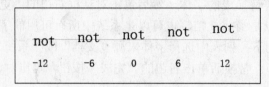

图 8-17　具有不同"基线偏移"值的文字

4. 设置行距

行距是指两行文字基线间的垂直距离，用户可以自定义行距或使用"自动"行距。选择至少两行或两行以上的文字，在"字符"面板上单击 ⬆A （设置行距）选项右侧列表中的 ✓ （小三角）按钮（若是直排文字，行距设置图标会变成 AA 形状），弹出数值菜单，选择需要的数值，单击即可。若执行"自动"命令，则系统自动调整行距比例，自动行距的比例为 120%，是以当前文字大小为基准的，用当前文字大小乘以120%可以得出自动行距的大小，即 15 pt 文字将有 18 pt 的行距（15×120%＝18）。

也可以在行距列表中直接输入数值，然后按【Enter】键确认。单击 ⬍ （微调）按钮或键盘右侧的上、下方向键可逐步增减其中的数值。双击 ⬆A 图标则可以使所选文字的行距回到和文字大小相同的数值。

5. 水平和垂直缩放

水平和垂直缩放指的是文字在基线上高和宽的比例变化。 T （水平缩放）选项可以在水平方向通过挤压或扩展来人为地创建缩小或扩大的文字；IT （垂直缩放）选项可以在垂直方向缩放文字。下面分别说明。

（1）水平缩放

选择要进行调整的文字，单击"字符"面板中的 T （水平缩放）选项右侧列表中的 ✓ （小三角）按钮，弹出数值菜单，选择需要的数值单击即可。也可以直接输入数值，按【Enter】键确认。

（2）垂直缩放

选择要进行调整的文字，单击"字符"面板中 IT （垂直缩放）选项右侧列表中的 ✓ （小三角）按钮，弹出数值菜单，选择需要的数值单击即可。也可以直接输入数值，按【Enter】键确认。

没有进行缩放的文字，水平和垂直缩放文本框中的数值均为 100%，输入小于 100%的数值，则文字被缩小；大于 100%的数值，则文字被扩大。使用缩放工具和自由变形工具也可以对选中的文字对象进行缩放调整，但不适用于单个字符的调整。进行水平和垂直缩放后的文字只在外观上发生变化，并没有改变原文字的字体大小。举个例子，将 21 pt 大小的文字同时进行 200%的缩放，文字明显变大，达到 42 pt 字体的大小，但"字符"面板中显示它的尺寸仍是 21 pt。

6．字偶间距和字符间距调整

字偶间距调整就是增加或减少两个字符的间距。字符间距调整就是增加或减少所选文字或整个文字块中文字的紧密程度。字偶间距调整和字符间距调整的度量单位都是 1/1000 em（全方，印刷名词），这是一种相对测量单位，以当前的全角字宽为参考单位。例如，在 1 pt 大小的字体中，1 em（即 1 个全角字宽）等于 1 pt；在 10 pt 的字体中，1 em 等于 10 pt。字偶间距调整和字符间距调整与当前的文字大小严格成比例。下面分别说明。

（1）调整字偶间距

将文字光标停放在需要调整间距的两个字符之间，单击"字符"面板中的 选项（如果是直排文字，则图标显示为" ![] "）右侧列表中的 ![] （小三角）按钮，弹出数值菜单，选择需要的数值单击即可，也可以直接输入数值，按【Enter】键确认。

如果选择了一定范围的文本，则无法使用这些数值或手动对文本进行字偶间距调整，而要使用原始设定字偶间距调整或视觉字偶间距调整来自动调整字偶间距，从下拉列表中选择"0"、"自动"或"视觉"选项，也可以使用字间距调整。Illustrator 默认使用原始设定字偶间距调整，以便于在导入或输入文本时，会自动调整这些特定字母对的字距。

注意："0"选项是 Illustrator 中默认的使用原始设定字偶间距调整，也可以看做是"自动"字偶间距调整，它采用大多数字体中都包括的字偶（字偶包含特定字母对间距的相关信息，其中包括 LA、P、To、Tr、Ta、Tu、Te、Ty、Wa、WA、We、Wo、Ya 和 Yo）自动调整特定字符的字距；"视觉"字偶间距调整选项，可根据字符的形状，调整相邻字符之间的间距。有些字体中包含功能强大的字偶规范，但是，如果字体中只包含极少的内建字偶，或根本不包含字偶，或者在一行中一个或多个单词中使用两种不同的字体或大小，则可能需要使用视觉字偶间距调整选项。

使用不同方法调整字偶间距的结果如图 8-18 所示。

```
A  Who had youth and love
B  Who had youth and love
C  Who had youth and love
```

图 8-18　不同方式的字偶间距调整结果

A：原始文本　B：使用"视觉"字偶间距调整的文本　C：手动调整 W 和 H 间距的文本

（2）调整字符间距

选择需要调整间距的字符或文字块，单击"字符"面板中的 ![] （字符间距调整）选项（如果是直排文字，则图标显示为 ![] ）右侧列表中的 ![] （小三角）按钮，弹出数值菜单，选择需要的数值单击即可，也可以直接输入数值，按【Enter】键确认。不同数值调整的字符间距结果如图 8-19 所示。

Who had youth and love	-100
Who had youth and love	-50
Who had youth and love	0
Who had youth and love	50
Who had youth and love	100

图 8-19 字符间距调整

7. 旋转字符

Illustrator CS3 支持以任意角度旋转单个字符，既可旋转整个文字对象，也可旋转单个字符或部分字符。

选择需要旋转的字符，在“字符”面板中单击（字符旋转）选项右侧列表中的（小三角）按钮，弹出数值菜单，选择需要的数值单击即可。也可以直接输入数值，按【Enter】键确认。

若要旋转整个文字对象（包括字符和文字边框），则选择文字对象，通过旋转文字边框、“自由变换”工具、“旋转”工具、“旋转”命令或“变换”面板，对整个文字对象进行旋转。

8. 分行缩排

分行缩排就是把文字按一定比例缩小，并分成指定的行数，放在原来的文字位置。横排和直排文字都可使用此命令（此命令对路径文字无效）。此命令多用于文字的后缀注释和说明文字等。

选择需要分行缩排的文字，在“字符”面板菜单中执行“分行缩排”命令，默认将所选文字分为两行缩排，文字缩放 50%，如图 8-20 所示。

行距，两行文字基线间的垂直距离，用户可以自定义行距或使用“自动”行距。选择至少两行或两行以上的文字

（a）原文字

行距，两行文字基线间的垂直距离，用户可以自定义行距或使用“自动”行距。选择至少两行或两行以上的文字

（b）分行缩排后文字

图 8-20 分行缩排文本

用户也可以自行设置“分行缩排”样式。方法是：从“字符”面板菜单中执行“分行缩排设置”命令，弹出“分行缩排设置”对话框，如图 8-21 所示，设定文本缩排行数和文字缩放比例，单击“确定”按钮即可。选择“预览”选项可以随时从页面中查看设定结果。

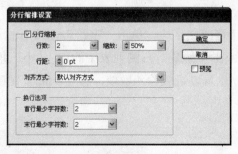

图 8-21 “分行缩排设置”对话框

行数：设置要分行缩排字符显示的文本行数。

行距：设置分行缩排字符的行间距。

缩放：设置分行缩排字符大小占正文文本大小的百分比。

对齐方式：从弹出菜单中选择一个选项，指定分行缩排字符的对齐方式。例如，在直排框架网格中，选择"顶对齐"选项则从框架顶部开始对齐分行缩排字符。字符对齐方式代理会显示分行缩排文本相对正文文本的显示方式。

换行选项：设置在换行以开始新文字行时，前后所需的最少字符数量。

8.3.3　段落面板

"段落"面板可以设置段落文字的对齐、缩进等，如图 8-22 所示。在面板菜单中还可以对段落标点进行设置。若要显示"段落"面板，则执行"窗口/文字/段落"菜单命令。在默认情况下，"段落"面板中只显示最常用的选项。若要显示所有选项，可从面板菜单中执行"显示选项"命令，或单击"面板"选项卡上的双三角，循环切换显示大小。

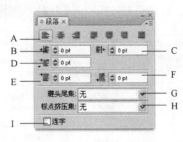

图 8-22　"段落"面板

A：对齐方式	B：左缩进	C：右缩进	D：首行左缩进	E. 段前间距
F：段后间距	G：避头尾集	H：标点挤压集	I：连字	

8.3.4　段落面板的使用

1．段落对齐

"段落"面板上最顶端的一排是对齐选项，若要对齐现有文本，则先选择文字对象或在要更改的段落中插入光标（如果未选择文字对象，或未在段落中插入光标，对齐方式将会应用于所创建的新文本），然后单击需要的对齐图标，可以将该方式应用到所选择的文本。对齐选项包含以下几种对齐方式。

（1）▤（左对齐）

以页面的最左端为每行的插入点（页面可以是图文框、文字框），剩余的空间留在每行的右端，由于每行含有的字符数不同，所以左对齐文字的右边缘会不整齐，如图 8-23 所示。若是直排文字，左对齐图标会变成▥（顶对齐）形状。

（2）▤（居中对齐）

文字的插入点在页面的中间，每行文字的剩余空间被平分，置于文字的两端。居中对齐的结果是文字平衡于垂直轴，段的左右两端会不整齐，如图 8-24 所示。若是直排文字，居中对齐图标会变为▥形状。

我看到星星在夏夜的天空中闪光，
就和从遥远的世界有光射照着他们的时候那样，
它们依然在闪光。
它们并不比我有更高的全能力量，
他们不能见，不能梦，不能变，不能死亡。
我不蒙在无量数的星星面前低头，
那无声的矜庄并不能使我投降。

图 8-23　左对齐文本

我看到星星在夏夜的天空中闪光，
就和从遥远的世界有光射照着他们的时候那样，
它们依然在闪光。
它们并不比我有更高的全能力量，
他们不能见，不能梦，不能变，不能死亡。
我不蒙在无量数的星星面前低头，
那无声的矜庄并不能使我投降。

图 8-24　居中对齐文本

（3）（右对齐）

与左对齐方式刚好相反，文字的插入点在页面的最右端，行尾的剩余空间留在每行的左端，结果是段落的左边缘参差不齐，如图 8-25 所示。若是直排文字，居中对齐图标会变为（底对齐）形状。

（4）（全部两端对齐）

插入的每行文字都充满左、右两端。通过在字符和单词间平均分配多余的空间，或压缩字符间距来形成左右两侧同时对齐的效果。强制对齐的段落通常要用连字符，否则字符间距会变得不一致，如图 8-26 所示。若是直排文字，居中对齐图标会变为形状。

我看到星星在夏夜的天空中闪光，
就和从遥远的世界有光射照着他们的时候那样，
它们依然在闪光。
它们并不比我有更高的全能力量，
他们不能见，不能梦，不能变，不能死亡。
我不蒙在无量数的星星面前低头，
那无声的矜庄并不能使我投降。

图 8-25　右对齐文本

They were not more om-
nipotent than i, they
could not see and dream
andchange and die.
I could not bow before
infinity, the silent gran-
deur could not conquer
me.

（a）原文本

They were not more omnipo-
tent than i, they could not
see and dream andchange
and die.
I could not bow before
infinity, the silent gran-
deur could not conquer me.

（b）两端对齐文本

图 8-26　两端对齐文本

（5）（两端对齐，末行左对齐）

文字的插入点位于页面的左端。段落末行左对齐，其余各行均两端对齐，如图 8-27 所示。若是直排文字，居中对齐图标会变为（两端对齐，末行顶对齐）形状。

They were not more om-
nipotent than i, they
could not see and dream
andchange and die.
I could not bow before
infinity, the silent gran-
deur could not conquer
me.

（a）原文本

They were not more omnipo-
tent than i, they could not
see and dream andchange
and die.
I could not bow before
infinity, the silent gran-
deur could not conquer me.

（b）两端对齐，末行左对齐

图 8-27　两端对齐，末行左对齐

（6）（两端对齐，末行居中对齐）

文字插入点位于页面的中间。段落末行居中，其余各行均两端对齐，如图 8-28 所示。若是直排文字，居中对齐图标会变为形状。

（7）（两端对齐，末行右对齐）

文字的插入点位于页面的右端。段落末行右对齐，其余各行均两端对齐，如图 8-29 所示。若是直排文字，居中对齐图标会变为（两端对齐，末行底对齐）形状。

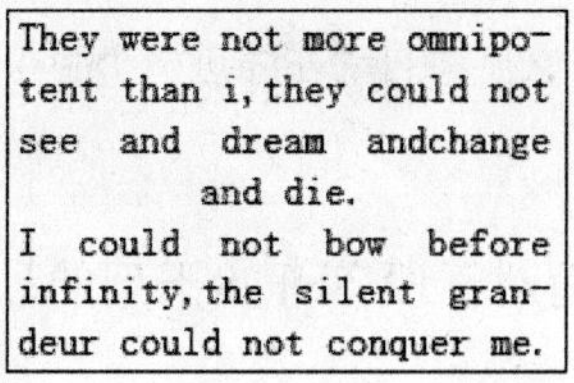

图 8-28　两端对齐，末行居中对齐　　　　图 8-29　两端对齐，末行右对齐

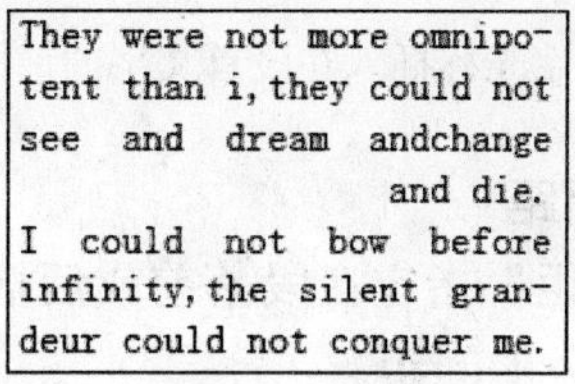

2. 段落缩进

"缩进"是指文本和文字对象边界间的间距量。缩进的类型有左缩进、右缩进和首行左缩进 3 种。缩进结果只影响选中的段落，因此可以很容易地为多个段落设置不同的缩进。若要缩进现有文本，则先选择文字对象或在要更改的段落中插入光标（如果未选择文字对象，或未在段落中插入光标，缩进将会应用于所创建的新文本），然后在需要缩进的选项类型后面输入数值，或使用🔽（微调）按钮增减缩进数值即可。

（1）📥（左缩进）

使所选段落的左端缩进指定的数值。选择要进行左缩进的段落，在"段落"面板📥（左缩进）选项后面的文本框内输入数值，或使用🔽（微调）按钮增减数值，便可对选中的段落执行左缩进，如图 8-30 所示。若是直排文字，居中对齐图标会变为📥（顶端缩进）形状。

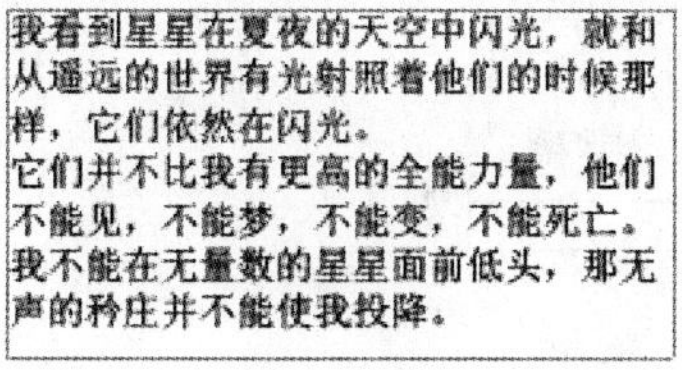

（a）原文本　　　　　　　　　　　　（b）左缩进文本

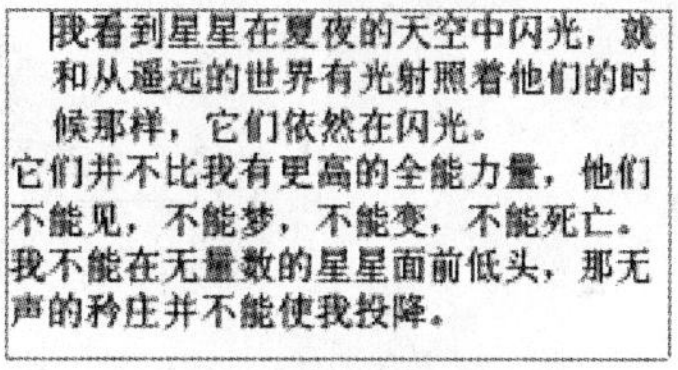

图 8-30　左缩进段落

（2）📤（右缩进）

使所选段落的右端缩进指定的数值。选择要进行右缩进的段落，在"段落"面板📤（右缩进）选项后面的文本框内输入数值，或使用🔽（微调）按钮增减数值，便可对选中的段落执行右缩进，如图 8-31 所示。若是直排文字，居中对齐图标会变为📤（底端缩进）形状。

（3）📥（首行左缩进）

使所选段落的首行向左缩进指定的数值。选择要进行首行缩进的段落，在"段落"面板📥（右缩进）选项后面的文本框内输入数值，或单击🔽（微调）按钮增减数值，便可对选中的段落执行右缩进，如图 8-32 所示。若是直排文字，居中对齐图标会变为📥（首行顶缩进）形状。

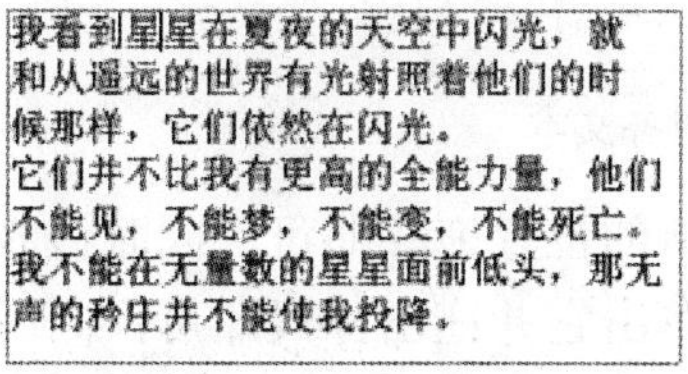

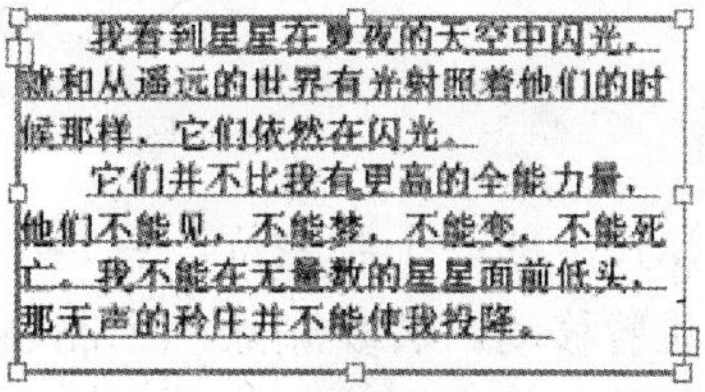

图 8-31　右缩进文本　　　　　　　　　图 8-32　首行左缩进文本

说明：将文字光标插入在段首文字的前面，按【Tab】键，文字将自动左缩进两个字符。

3. 段落间距

"段落间距"指定在段落前或后插入多少间距，而对于段落开始于列的顶部，则不会在段落前添加额外的间距。

在要更改段落间距的段落中插入光标，或选择要更改其全部段落的文字对象（如果没有在段落中插入光标，或未选择文字对象，设置将会应用于所创建的新文本），在"段落"面板 ▄▟/（段前距）和 ▄▟（段后距）选项后面的文本框内输入数值，或单击 ▾（微调）按钮增减数值，可在段落前后插入适当的间距。若是直排文字，居中对齐图标会变为 ▟▟（段前距）和 ▟▟（段后距）形状。

8.3.5 制表符

制表符用来设置段落或文字对象的定位点，横排文本可设置左对齐、居中对齐、右对齐和小数点对齐；直排文本可设置顶对齐、居中对齐、下对齐和小数点对齐。执行"窗口/文字/制表符"菜单命令，可在所选文本上方弹出"制表符"面板，如图 8-33 所示。如果是直排文字，则"制表符"面板出现在文本的右侧。

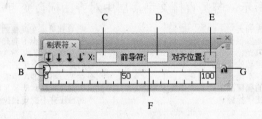

图 8-33 "制表符"面板

A：制表符对齐按钮	B：设置缩进	C：制表符位置	D：制表符前导符框
E：对齐位置框	F：制表符标尺	G：在文本上方放置面板	

在制表符上单击一种对齐符号：▼（左对齐）、▼（居中对齐）、▼（右对齐）、▼（小数点对齐），再单击标尺上所需的位置，制表位将出现在单击处。选择文字工具，把插入点放在定位标尺左边的文字区，按一次【Tab】键，可使文本对准制表符上定下的位置，如图 8-34 所示。

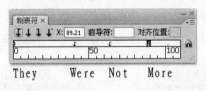

图 8-34 "制表符"对齐文本

要移动标尺上的一个制表位，只要单击它并向新的位置拖移即可，同时该制表位下所对齐的文本也随着移动。若要删除一个制表位，只要单击它并拖出标尺即可，同时该制表位下所对齐的文本会向后推移到下一个制表位，其后的文本也顺移。

在制表符标尺的最左端（直排文字为顶端），拖动上半部的黑色三角，可以控制文本首行缩进，如图 8-35 所示。而下半部的黑色三角可以控制除首行文字外文本的缩进，如图 8-36 所示。

图 8-35 控制首行缩进

图 8-36 控制其他文本行缩进

8.3.6 字符编辑命令

1．查找和替换

"查找和替换"命令可以帮助用户快速修改文本中需要更换的字符。首先，使用选择工具选中文字对象，或在文本中插入文字光标，然后执行"编辑/查找和替换"菜单命令，弹出"查找和替换"对话框，如图 8-37 所示。

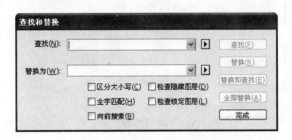
图 8-37 "查找和替换"对话框

在"查找和替换"对话框的"查找"文本框内输入要查找的字符，再将要替换的字符输入"替换为"后面的文本框中。然后单击对话框右侧的"查找"按钮，查找到的字符就会以黑色背景突出显示。此时单击"替换"按钮，查找到的字符就会被替换。单击"查找下一个"按钮，则继续向下查找；单击"查找和替换"按钮，则在向下查找的同时替换查找到的字符；若单击"全部替换"按钮，则替换掉文档中所有需要替换的字符。

对话框底部包含一些选项，可供自定 Illustrator 搜索特定文本字符串。

区分大小写：仅搜索大小写与"查找"文本框中所输入文本的大小写完全匹配的文本字符。

全字匹配：只搜索与"查找"文本框中所输入文本匹配的完整单词。

向前搜索：从堆叠的最下方向最上方搜索文本。

检查隐藏图层：搜索隐藏图层中的文本。不选择此项，搜索时会忽略隐藏图层中的文本。

检查锁定图层：搜索锁定图层中的文本。不选择此项，搜索时会忽略锁定图层中的文本。

2. 拼写检查

"拼写检查"命令用于查找英文拼写中错误的单词。执行"编辑/拼写检查"菜单命令，弹出"拼写检查"对话框，如图 8-38 所示。

单击对话框上的"开始"按钮，开始检查文本，在对话框上部的列表框中显示错误的单词，并在列表框上部给出错误的原因，"建议单词"列表框中列出了建议修改的单词。

单击"忽略"按钮，忽略当前查找的错误单词；单击"全部忽略"按钮则忽略所有与当前查找相同的单词。

单击"更改"按钮，将错误单词更换成所选择的建议单词；单击"全部更改"按钮则更换文本中所有相同错误的单词。

单击"添加"按钮，将检查到的被认为错误的单词添加到 Illustrator CS3 英文词典中，下次检查时就不会被认为是错误拼写。例如，Illustrator CS3 英文词典中没有 Email 和 email，而只有 E-mail 一种形式，当执行检查时，Email 和 email 都会被认为是错误拼写，此时就可以单击"添加"按钮，把单词定义到 Illustrator CS3 英文词典中。

检查完毕单击"完成"按钮即可。

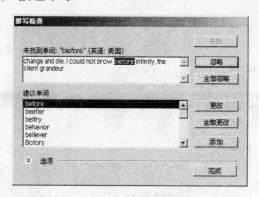

图 8-38 "拼写检查"对话框

3. 改变文字方向

通常，文字的排列都是横排，根据需要也可以将横排文字改为直排。执行"文字/文字方向/水平"或"文字/文字方向/垂直"菜单命令，可将横排文字和直排文字相互转换，如图 8-39 所示。

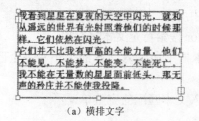

（a）横排文字

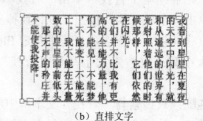

（b）直排文字

图 8-39 横排文字转换为直排文字

如果在插入文字之前需要直排，可以直接使用工具箱中的 ⊺T（直排文字工具）插入直排文字。在直排文本中还可以将个别字符改为横排。选择需要改为横排的字符，在"字符"面板菜单中执行"直排内横排"命令即可。

4. 更改大小写

"更改大小写"命令可以将选中的字符进行大小写修改。执行"文字/更改大小写"菜单命令，弹出如图 8-40 所示的子菜单。

大写：将文中所有字母改为大写。

小写：将文中所有字母改为小写。

词首大写：将每个单词的首字母改为大写。

句首大写：将每个句子中第一个单词的首字母改为大写。

5. 显示和隐藏字符

在文字操作时，文本中有一些非打印字符，如空格（·）、回车（¶）、制表符/Tab（➡）、双字节字符和自定连字符等，按照预设它们是不被显示的。若要在设置文字格式和编辑文字时使字符处于可见状态，可执行"文字/显示隐藏字符"命令，使非打印字符处于可见状态，如图 8-41 所示。

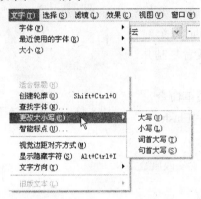
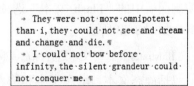

图 8-40 "更改大小写"命令　　　　图 8-41 显示隐藏字符文本

8.3.7 智能标点

"智能标点"命令可搜索键盘标点字符，并将其替换为相同的印刷体标点字符。此外，如果包括连字符和分数符号，便可以使用"智能标点"命令统一插入连字符和分数符号。执行"文字/智能标点"菜单命令，弹出"智能标点"对话框，如图 8-42 所示。

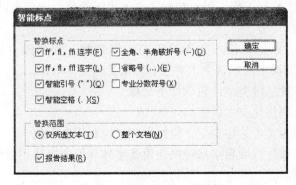

图 8-42 "智能标点"对话框

在"替换标点"区域中有如下选项。

ff，fi，ffi 连字：将 ff、fi 或 ffi 字母组合转换为连字形式。

ff，fl，ffl 连字：将 ff、fl 或 ffl 字母组合转换为连字形式。

智能引号：将键盘上的直引号（' '）和（" "）改为弯引号（' '）和（" "）。

智能空格：消除句号后的多个空格。

全角、半角破折号：将键盘输入的两个短线破折号（— —）改为一个长的破折号（——）。

省略号：用省略点（…）替换 3 个键盘句点（...）。

专业分数符号：将用来表示分数的各种字符如"2/3"，替换成一种分数字符"$2/3$"。

选择"仅所选文本"选项，则仅替换所选文本中的符号；选择"整个文档"选项，可替换整个文档中的文本符号。

8.3.8　导出到 Flash 的文本

"Flash 文本"包含点文本、区域文本和路径文本，并且所有文本将以 SWF 格式转换为区域文本，定界框保持不变。串接文本对象（见 8.4.3 节）是单独导出的，如果要标记和导出串接中的所有对象，则要确保选择并标记每个对象。标记文本后，可以从 Illustrator 中导出该文本或者复制并粘贴该文本，将其导入到 Flash 中。

选择文本后，执行"窗口/文字/Flash 文本"菜单命令，或者单击控制面板中的"Flash 文本"选项，弹出"Flash 文本"对话框，如图 8-43 所示。

图 8-43　"Flash 文本"对话框

注意：在 Illustrator 中，对文本进行标记或取消标记不会更改原始文本。

类型：包括静态文本、动态文本和输入文本。

选择"静态文本"选项将文本作为常规文本对象（在 Flash 中无法动态或以编程方式进行更改）导出到 Flash Player。静态文本的内容和外观是在创作文本时确定的。

选择"动态文本"选项将文本作为动态文本导出，可以在运行时通过 ActionScript 命令和标记以编程方式更新此类文本。可以使用动态文本来显示体育得分、股票报价、头条新闻，或者其他需要动态更新文本的类似用途。

选择"输入文本"选项将文本作为输入文本导出，这与动态文本相同，但它还允许用户在 Flash Player 中对文本进行编辑。可以将输入文本用于表单、调查表以及希望用户输入或编辑文本的其他类似用途。

实例名称：可以选择是否输入文本对象的实例名称。如果没有输入实例名称，则在 Flash 中使用"图层"面板中的默认文本对象名称来处理文本对象。

渲染类型：指定一种呈现类型，包含如下选项。

选择"可读性"选项优化文本以提高可读性。

选择"自定"选项为文本指定自定"粗细"和"锐利程度"值。

选择"使用设备字体"选项将字形转换为设备字体（设备字体不能使用消除锯齿功能），优化文本以输出到动画。

选择"_sans、_serif 和 _typewriter"选项在不同平台中映射西文间接字体以确保具有相似的外观。

选择"Gothic、Tohaba（Gothic Mono）和 Mincho"选项在不同平台中映射日文间接字体以确保具有相似的外观。

选择"可选择 **Ab**"选项使导出的文本能够在 Flash 中进行选择。

选择"在文本周围显示边框 **▤**"选项使文本边框在 Flash 中处于可见状态。

选择"编辑字符选项 **A**"选项打开"字符嵌入"对话框，能够在文本对象中嵌入特定字符。可以从提供的列表中选择要嵌入的字符，在"包括这些字符"文本框中输入这些字符，单击"自动填充"按钮可以自动选择需要嵌入的字符，或者执行上述操作的任意组合。

URL：如果将文本标记为动态文本，则可以为单击该文本时要打开的页面指定 URL，然后选择一个目标窗口以指定要载入页面的位置。

目标：包括_self、_blank、_parent 和_top。

选择"_self"选项指定当前窗口中的当前框架。

选择"_blank"选项指定一个新窗口。

选择"_parent"选项指定当前框架的父框架。

选择"_top"选项指定当前窗口中的顶层框架。

最大字符数：如果将文本标记为输入文本，则指定可以在文本对象中输入的最大字符数。

> **说明**：将文本标记为 Flash 文本后，可通过执行"选择/对象/Flash 动态文本"或"选择/对象/Flash 输入文件"命令，同时选择所有此类文本。

8.4 区域文字编辑

8.4.1 变换文字框

用户可以随时改变文字区域框的形状和大小。单击工具箱中的 **↖**（选择工具），选择文字对象，在文字框上出现一个定界框，如图 8-44 所示。拖动定界框上的节点，可以放大或缩小文字框，如图 8-45 所示。缩放文字框只会改变文字框容纳文字的量，并不会改变其中文字的大小。

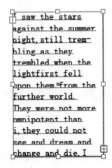

图 8-44　文字框上的定界框

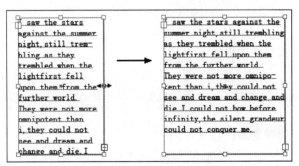

图 8-45　放大定界框

如果插入的文字超出了文字框的容量，则会在文字框的底部出现一个红色的小加号，若要将文字全部显示，可以用"选择工具"将文字框放大，当上面的加号消失时表示文字已完全显示在文字框内。

　　使用"选择工具"选择文字对象，可以通过旋转定界框来改变文字框的方向，而不改变文字的方向，如图 8-46 所示。使用 ↖.（直接选择工具）可以对文字框的形状进行调整，如图 8-47 所示。

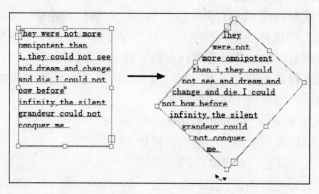

图 8-46　旋转文字框

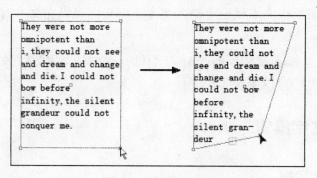

图 8-47　变换文字框

8.4.2　区域文字选项

　　选中文字对象后，执行"文字/区域文字选项"菜单命令，弹出"区域文字选项"对话框，如图 8-48 所示。

　　通过对话框可以对区域文字进行以下设置。

1．调整文字框大小

　　在"区域文字选项"对话框的"宽度"和"高度"文本框内输入需要的数值，单击"确定"按钮即可。如果文字区域不是矩形，则这里的宽度和高度定义的是文字对象定界框的尺寸。

2．创建文本行和文本列

　　设置"区域文字选项"对话框"行"和"列"区域中的选项，可以把区域文字分成横行和纵列的文本块，如图 8-49 所示。它们的高度和宽度可精确控制，行和列的间距也可自由调整。

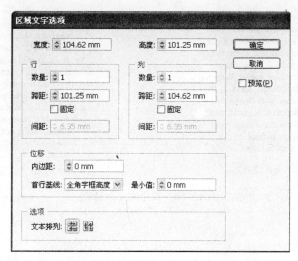

图 8-48 "区域文字选项"对话框

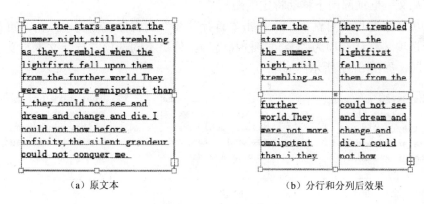

（a）原文本   （b）分行和分列后效果

图 8-49 分行和分列

可以对"行"和"列"区域中的选项进行如下设置。

数量：指定对象要包含的行数、列数。

跨距：指定单行高度和单栏宽度。

固定：确定调整文字区域大小时行高和栏宽的变化情况。选中此选项后，若调整区域大小，只会更改行数和栏数，而不会改变其高度和宽度。如果希望行高和栏宽随文字区域大小而变化，则取消选择此选项。

间距：指定行间距或列间距。

在对话框底部的"选项"区域中，可以为多行和多列的文本指定文字流向：（按行，从左到右）或（按列，从右到左）。

3．更改区域文本的边距

在使用区域文字对象时，可以控制文本边缘和区域边框路径之间的间距，这个间距被称为"内边距"。可在"区域文字选项"对话框"位移"区域中"内边距"文本框内输入适当的数值，或单击文本框中的（微调）按钮增减数值。为不带有内边距的文字对象设定内边距后的效果如图 8-50 所示。

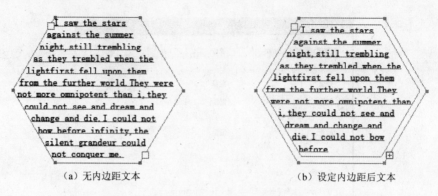

（a）无内边距文本　　　　　　　　　（b）设定内边距后文本

图 8-50　设定文字内边距

4．首行基线偏移

首行基线偏移可以控制第一行文本与文字框顶部的对齐方式。即可以使文字紧贴文字框顶部，也可从文字框顶部向下移动特定的距离。

在"区域文字选项"对话框中，单击"首行基线"列表框右侧的小三角，可从下拉列表中选择一个选项（默认选项为"全角字框高度"）。使用不同选项，首行文本与文字对象对齐的效果也不同，如图 8-51 所示。

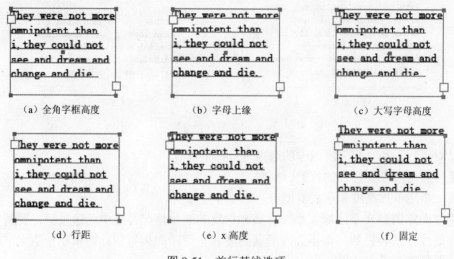

（a）全角字框高度　　　　　　　　（b）字母上缘　　　　　　　　（c）大写字母高度

（d）行距　　　　　　　　　　　（e）x 高度　　　　　　　　　　（f）固定

图 8-51　首行基线选项

全角字框高度：亚洲字体中全角字框的顶部触及文字框的顶部。此选项只有在菜单栏"编辑/首选项/文字"命令选项中选择了"显示亚洲文字选项"时才可以使用。

字母上缘：将"b、d、t、h"之类的字符高度降到文字框顶部之下。

大写字母高度：大写字母的顶部触及文字框的顶部。

行距：将文本的行距值作为文本首行基线和文字框顶部之间的距离。

x 高度：将字符"x"的高度降到文字框顶部之下。

固定：指定文本首行基线与文字框顶部之间的固定距离，其值在"最小值"文本框中指定，可输入数值，或单击文本框中的 ![按钮]（微调）按钮增减数值。

8.4.3　串接文本

如果文本在一个文字框内容纳不下，Illustrator 允许在多个文字框中填充文本，多个文字框之间保持串接的关系。串接可以跨页，但不能在不同的文档间进行。

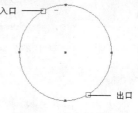

图 8-52　文字框构成

下面介绍串接文本的方法。

（1）绘制任意形状的文字框，或使用文字工具拖出一个矩形文字框，在文字框上都会包含一个入口和一个出口，如图 8-52 所示。

（2）向文字框中插入文字，如果文字超出了文字框的容量，则在文字框的"出口"上会显示一个红色的小加号。

（3）使用选择工具单击文字框的出口，此时鼠标变为"⬚"形状，可在页面空白处单击或拖动。单击时会创建与原始对象具有相同大小和形状的文字框，原来文字框中溢出的文字流入新创建的文字框中，如图 8-53 所示。拖动则可创建任意大小的矩形文本框。串接后文字框的出口或入口方框中出现一个三角形，并有粗线连接。

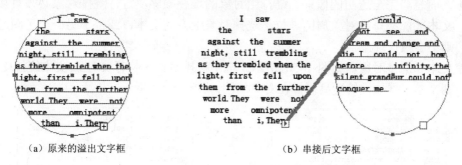

（a）原来的溢出文字框　　　　　　　（b）串接后文字框

图 8-53　串接文本

（4）若要将溢出的文字串接到其他形状的文本框中，可以在带有溢出文本的文字框旁边再绘制一个任意形状的路径（为了方便选取，形状最好应用描边属性），如图 8-54 所示。

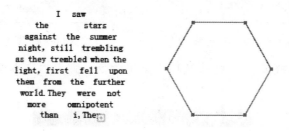

图 8-54　绘制形状路径

（5）使用选择工具选中文字对象，单击文字框上的出口，将鼠标移到刚绘制的路径上，鼠标变成"⬚"形状，单击鼠标便可把这两个文字框串接起来（单击后原来的形状路径转变成文字框，无论形状是否应用填充和描边属性，都将取消），如图 8-55 所示。也可以将原始文字框和绘制的形状路径一并选中，然后执行"文字/串接文本/创建"菜单命令。

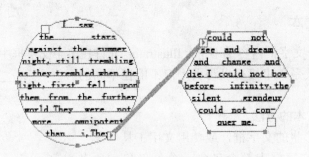

图 8-55　不同形状文本框串接

若要取消串接，则执行"文字/串接文本/移去串接文字"菜单命令，串接文本框之间的粗线消失，原来串接的文本框变成孤立的。

8.4.4　文本绕排

"文本绕排"命令可以将文本绕排在任何对象的周围，包括文字对象、导入的图像和 Illustrator 中绘制的对象。如果绕排对象是位图图像，Illustrator 将会沿不透明或半透明的像素绕排文本，而忽略完全透明的像素。绕排由对象的堆叠顺序决定，绕排对象必须直接位于文本上方，文本才能绕排在对象周围。位于绕排对象上方的文本，或位于另一个子图层或组中的文本，则不会执行绕排。

创建文本和绕排对象，如图 8-56 所示。选中绕排对象，执行"对象/文本绕排/建立"菜单命令，则文本根据预设的距离绕排在对象周围，如图 8-57 所示。

图 8-56　创建文本和绕排对象

图 8-57　文本绕排结果

执行"对象/文本绕排/文本绕排选项"菜单命令，弹出"文本绕排选项"对话框，如图 8-58 所示。

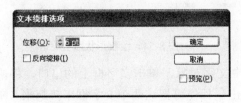

图 8-58　"文本绕排选项"对话框

位移：指定文字与绕排对象之间的距离，也可以输入负值。

反向绕排：选择此项，文字反转填入对象内。未选择"反向绕排"选项和选择"反向绕排"选项的效果比较如图 8-59 所示。

(a) 未选择"反向绕排"　　　　　　　　　(b) 选择"反向绕排"

图 8-59　反向绕排文本效果

要取消文本绕排，则在选中绕排对象后，执行"对象/文本绕排/释放"菜单命令即可。

8.5　路径文字编辑

8.5.1　调整文字在路径上的位置

在路径上输入完文字后，单击 （选择工具），文字对象被选中，在路径的起点、中点和终点上分别带有一小段竖线，当鼠标指针放到竖线上时会变成" "形状，拖动两端的竖线，可以改变文字在路径上的起始位置，如图 8-60 所示。

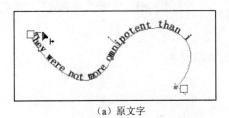

(a) 原文字　　　　　　　　　　　　　　(b) 移动后文字

图 8-60　移动路径文字

也可以让文字沿路径翻转，选中路径文字，将鼠标放到路径中间的竖线上，拖动鼠标到另一侧，释放鼠标，文字即被翻转，如图 8-61 所示。

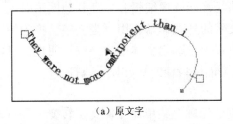
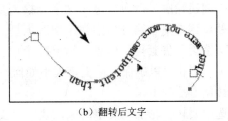

(a) 原文字　　　　　　　　　　　　　　(b) 翻转后文字

图 8-61　翻转路径文字

8.5.2　路径文字效果

Illustrator CS3 新增了路径文字的效果，执行"文字/路径文字"菜单命令，可在展开的子菜单中选择一种效果应用到路径文字上，如图 8-62 所示。

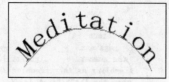
（a）彩虹效果

（b）倾斜效果

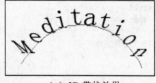
（c）3D 带状效果

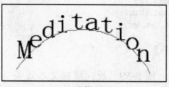
（d）阶梯效果

（e）重力效果

图 8-62　路径文字效果

也可以执行"文字/路径文字"菜单命令，从子菜单中选择"路径文字选项"命令，弹出"路径文字选项"对话框，如图 8-63 所示。

效果：指定需要的路径文字效果。

对齐路径：指定文字与路径的对齐方式。可供选择的对齐方式有以下几种。

图 8-63　"路径文字选项"对话框

"字母上缘"以当前最高字符的上缘为基准对齐。

"字母下缘"以当前最低字符的下缘为基准对齐。

"中央"以当前最高字符和最低字符的中央为基准对齐。

"基线"以字符本身的基线为基准对齐。

间距：指定字符的间距；

翻转：选择此项，可以翻转路径文字。

8.6　创建轮廓

"创建轮廓"命令可以将文字转换为复合路径，能够像编辑和处理其他图形对象一样编辑和处理这些复合路径，它对于更改大型显示文字的外观非常有用。当文字转换为轮廓时，这些文字会丢失其提示信息，这些提示信息是内置于轮廓化字体中的一些说明性信息，用以调整字体形状，以确保无论文字大小如何，系统都能以最佳的形态显示或打印。

转化方法如下。

选中要转化轮廓的文字对象，执行"文字/创建轮廓"菜单命令，文字转变为具有原文字形状的复合路径，如图 8-64 所示。

转化轮廓后的文字可使用工具箱中的 ![直接选择工具图标]（直接选择工具）或其他形状编辑工具，编辑路径上的锚点扭曲路径形状，如图 8-65 所示。

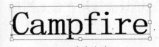

（a）选中文字

（b）转化为路径

图 8-64　创建轮廓

图 8-65　编辑路径形状

注意：要创建轮廓必须将一个选区中的所有文字都转换为轮廓，而不能只转换文字字符组中的一个字母或单个文字。若要将单一字母或文字转换为轮廓，则须创建只包含该字母或文字的字符，然后再做转换。位图文字和外框保护的文字不能被转换。

第9章 滤镜效果

Illustrator 提供了许多种滤镜，以改变对象的形状和路径。有些滤镜只能运用在像素图形上，要在矢量图形上使用这些滤镜，必须对图形进行栅格化处理。

9.1 栅格化矢量图形

栅格化图形就是将矢量图形转化为位图图像（像素图像），可以执行"对象/栅格化"菜单命令，也可以执行"效果/栅格化"命令。两者之间的差异在于，"对象/栅格化"命令将对象完全转换成位图，而"效果/栅格化"命令不改变对象的属性，只将特效应用到对象外观上，对象的实际架构还保留着矢量的属性。

下面通过实例讲解栅格化图形的过程。

选择要进行栅格化处理的图形，若要选择多个对象可以按住【Shift】键加选，再将图形编组。执行"对象/栅格化"或"效果/栅格化"菜单命令，弹出"栅格化"对话框，如图 9-1 所示。

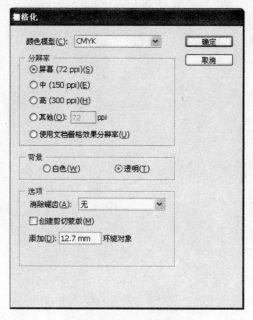

图 9-1 "栅格化"对话框

在对话框"颜色模型"后面的下拉列表中可以选择当前文件使用的颜色模式。如果文件的颜色模式是 CMYK 模式，那么在"颜色模型"的下拉列表中可选择 CMYK、灰度和位图 3 个选项。同样，如果文件颜色模式是 RGB 模式，那么在"颜色模型"的下拉列表中可选择 RGB、灰度和位图 3 个选项。

"分辨率"区域内的选项决定图形转化后的品质。分辨率设置得越高，图像的颜色变化越细腻，在一般情况下，要根据不同的使用场合来定义转化图像后的分辨率。

屏幕（72 ppi）：栅格化后的图像使用适合屏幕的 72 ppi 的分辨率。例如，用于网上传播的图像，选择 72 ppi 的分辨率就足够了。

中（150 ppi）：栅格化后的图像使用 150 ppi 的分辨率。

高（300 ppi）：栅格化后的图像使用 300 ppi 的分辨率。如果图像最后要用于印刷或彩色打印，则需要选择高一些的分辨率。

其他：此选项用于自定义转化图像的分辨率，可根据需要在后面的文本框中输入数值。

使用文档栅格效果分辨率：栅格化矢量对象时，通常选择此项来使用全局分辨率设置。

"背景"区域中的选项用于确定矢量图形的透明区域如何转换为像素。

白色：用白色像素填充透明区域。

透明：使背景透明。选择"透明"选项，会创建一个 Alpha 通道（适用于除位图图像以外的所有图像）。如果图稿被导出到 Photoshop 中，则 Alpha 通道被保留。

在"选项"区域中可以对如下选项进行设置。

消除锯齿：应用消除锯齿效果，可以改善栅格化图像的锯齿边缘外观。后面的下拉列表中包含了栅格化矢量对象时的 3 种选择，若选择"无"选项，则不会应用消除锯齿效果，而线稿图在栅格化时也将保留其尖锐边缘；选择"优化图稿"选项，可应用最适合无文字图稿的消除锯齿效果；选择"优化文字"选项，可应用最适合文字的消除锯齿效果。

创建剪切蒙版：创建一个使栅格化图像的背景显示为透明的蒙版。如果已为背景选择了"透明"选项，则不需要再创建剪切蒙版。

添加环绕对象：围绕栅格化图像添加指定数量的像素。

栅格化图像之后就可以进行滤镜处理了。

9.2 滤镜菜单

在菜单栏中"滤镜"菜单下的选项分为 3 栏，如图 9-2 所示。

图 9-2 "滤镜"菜单

第一栏中有两个命令，表示重复上一次的滤镜处理和继续使用此滤镜编辑图像（命令因所执行的滤镜不同而异），并且当执行任意滤镜命令后，这两个命令都将显示该滤镜名称。例如，已经对一个图像执行了高斯模糊处理，那么要对选择的第二个图像也执行高斯模糊处理，就可以选择第一栏中上面的命令（应用"高斯模糊"）；如果对图像执行的"高斯模糊"效果不满意而需要增大模糊，可以选择下面的命令（高斯模糊），继续对图像进行调节。

　　第二栏中的滤镜命令为 Illustrator 滤镜，可以对 Illustrator 产生的矢量图形进行滤镜处理。

　　第三栏中的滤镜命令为 Photoshop 滤镜，只对像素图像起作用，可以应用到位图对象上，不可应用到矢量对象或黑白位图对象上，若要对矢量图形应用此栏中的命令，则需要对图形进行栅格化处理。

> **注意**：在对图像执行第三栏中的滤镜命令时，很多命令只对 RGB 颜色模式的图像起作用，如扭曲、画笔描边、素描效果、纹理、艺术效果等命令。

　　下面分别介绍使用"滤镜"菜单中的命令所实现的效果。

9.3　Illustrator 滤镜菜单

9.3.1　创建命令

　　执行"滤镜/创建"菜单命令，弹出"创建"子菜单，在子菜单中有"对象马赛克"和"裁剪标记"两个命令，如图 9-3 所示。

1．对象马赛克

　　"对象马赛克"命令可将图像转化为由马赛克的小格子组成的图形，这些小格子为矢量图。可以导入一张位图图像，也可以栅格化一个矢量对象，将其作为马赛克的基底，如图 9-4 所示。

图 9-3　"创建"子菜单

图 9-4　基底图像

　　执行"滤镜/创建/对象马赛克"菜单命令，弹出"对象马赛克"对话框，如图 9-5 所示。

　　当前大小：显示当前基底图像的宽度和高度。

　　新建大小：指定转化马赛克后图形的宽度和高度。

　　拼贴间距：指定马赛克之间的距离。

　　拼贴数量：指定图形中马赛克的数量。

　　在"选项"区域内有如下设定项。

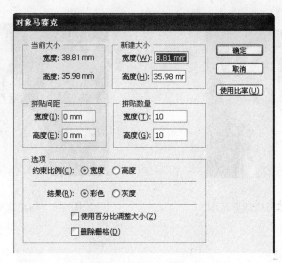

图 9-5 "对象马赛克"对话框

约束比例：锁定原始位图图像的宽度和高度尺寸。选择"宽度"选项将以相应宽度所需的原始拼贴数为基础，计算达到所需的马赛克宽度需要的相应拼贴数；选择"高度"选项，将以相应高度所需的原始拼贴数为基础，计算达到所需的马赛克高度需要的相应拼贴数。

结果：指定马赛克拼贴是彩色的还是黑白的。

使用百分比调整大小：选择此项将通过调整宽度和高度的百分比来更改生成马赛克后图形的大小。

删除栅格：选择此项将删除原始位图图像，否则，马赛克图形和原始位图图像同时存在。

在对话框的右侧单击"使用比率"按钮，可利用"拼贴数量"中指定的拼贴数，使马赛克拼贴呈方形。设置完选项，单击"确定"按钮，可得到矢量的马赛克图形，如图 9-6 所示。

图 9-6 矢量的马赛克图形

说明：位图图像在执行"对象马赛克"命令后转换为矢量图形。

2．裁剪标记

"裁剪标记"命令可以对选定对象创建裁剪标记，以利于印刷的后期制作。例如，设计一幅如图 9-7 所示的图稿。先使用矩形工具框选出需要印刷后裁剪的部分，因为黑色的矩形框是不需要印制的，所以将描边设为无；选择矩形框，然后执行"滤镜/创建/裁剪标记"菜单命令，矩形框的四周就出现了裁剪线，如图 9-8 所示。

图 9-7 定义图稿裁剪范围 　　　　　　　图 9-8 创建裁剪标记

9.3.2 扭曲命令

执行"滤镜/扭曲"菜单命令，弹出"扭曲"子菜单，执行子菜单中的命令可以对矢量图形进行各种变形处理，如图 9-9 所示。

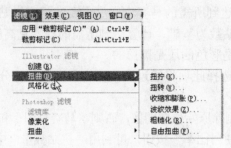

图 9-9 "扭曲"子菜单

1．扭拧

"扭拧"命令可以随机地向内或向外弯曲和扭曲路径段。先在画板中绘制一个图形，如图 9-10 所示。选中需要变形的图形，执行"滤镜/扭曲/扭拧"菜单命令，弹出"扭拧"对话框，如图 9-11 所示。

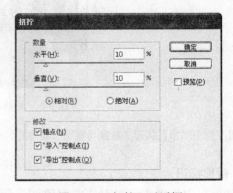

图 9-10 绘制的图形 　　　　　　　图 9-11 "扭拧"对话框

在该对话框"数量"区域内有如下选项。

水平：控制水平方向上的扭曲数量。

垂直：控制垂直方向上的扭曲数量。

相对：选择此项，以百分比的方式设置水平和垂直扭曲数量。

绝对：选择此项，以具体数值的方式设置水平和垂直扭曲数量。

在对话框的"修改"区域内有如下选项。

锚点：指定扭曲时是否修改锚点位置。

"导入"控制点：移动通向路径锚点的控制点。

"导出"控制点：移动通向路径锚点的控制点。

选择"预览"选项，可以随时查看变化结果。图 9-12 所示是对图形进行不同程度的"扭拧"扭曲后的效果（该命令的扭曲效果是随机的），执行该命令时在"修改"区域中取消选择了"锚点"选项。

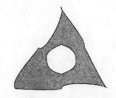  

（a）水平 10%，垂直 10%　　　　（b）水平 20%，垂直 20%　　　　（c）水平 30%，垂直 30%

图 9-12　不同程度的"扭拧"扭曲效果图

说明：打开"扭拧"对话框后按住【Alt】键，则"取消"按钮变为"重置"按钮，单击此按钮后，所有选项的参数恢复到默认设置的状态。

2．扭转

"扭转"命令可通过围绕中心旋转来改变物体外形。选中需要变形的图形，执行"滤镜/扭曲/扭转"菜单命令，弹出"扭转"对话框，如图 9-13 所示。

图 9-13　"扭转"对话框

在"角度"文本框中输入扭转的角度，范围为-360°～360°。输入正值将顺时针扭转；输入负值将逆时针扭转，如图 9-14 所示。

（a）原图　　　　　（b）扭转角度 60°　　　　　（c）扭转角度-60°

图 9-14　"扭转"扭曲效果图

3．收缩和膨胀

"收缩和膨胀"命令可在将线段向内弯曲（收缩）时，向外拉出矢量对象的锚点；或在将线段向外弯曲（膨胀）时，向内拉入锚点。这两个选项都可相对于对象的中心点来拉出锚点。

选中需要变形的图形，执行"滤镜/扭曲/收缩和膨胀"菜单命令，弹出"收缩和膨胀"对话框，如图 9-15 所示。

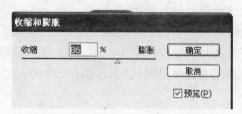

图 9-15 "收缩和膨胀"对话框

文本框中的默认值为 0，拖动对话框滑动栏上的三角形滑块，向左拖动滑块输入负值（最小值为-200），图形出现收缩变化；向右拖动滑块输入正值（最大值为 200），图形出现膨胀变化，如图 9-16 所示。

（a）原图　　　　　　　（b）收缩效果　　　　　　　（c）膨胀效果

图 9-16 "收缩和膨胀"扭曲效果图

4．波纹效果

"波纹效果"命令作用于路径，将对象的路径段变换为由同样大小的尖峰和凹谷形成的锯齿和波的形状。选中需要变形的图形，执行"滤镜/扭曲/波纹效果"菜单命令，弹出"波纹效果"对话框，如图 9-17 所示。

图 9-17 "波纹效果"对话框

在对话框"选项"区域内，拖动"大小"滑动栏上的滑块，可调节波纹长度大小；选择"相对"或"绝对"选项可决定输入"大小"数值的方式。拖动"每段的隆起数"滑块，可设置每个路径段隆起的数量，并在"pt"区域内为波纹边缘选择"平滑"或"尖锐"选项。

选择"预览"选项可以随时查看设置的结果。完成设置后单击"确定"按钮，制作的波纹效果如图9-18所示。

（a）原图 （b）平滑波段 （c）尖锐波段

图9-18 "波纹效果"扭曲效果图

5. 粗糙化

"粗糙化"命令可在矢量对象的路径段上添加锚点，将其变形为由各种大小的尖峰和凹谷组成的锯齿形状。选中需要变形的图形，执行"滤镜/扭曲/粗糙化"菜单命令，弹出"粗糙化"对话框，如图9-19所示。

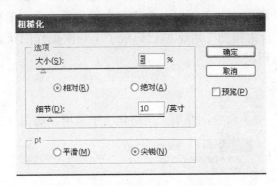

图9-19 "粗糙化"对话框

对话框"选项"区域内"大小"和"细节"滑动栏可设置路径段粗糙的程度和每英寸锯齿边缘的密度；选择"相对"或"绝对"选项可决定输入"大小"数值的方式；并在"pt"区域内为粗糙边缘选择"平滑"或"尖锐"选项。

粗糙化滤镜效果如图9-20所示。

（a）原图 （b）平滑边缘 （c）尖锐边缘

图9-20 "粗糙化"扭曲效果图

6. 自由扭曲

"自由扭曲"命令可以通过拖动四个角落任意控制点的方式来改变矢量对象的形状。

选中需要变形的图形，执行"滤镜/扭曲/自由扭曲"菜单命令，弹出"自由扭曲"对话框，如图 9-21 所示。

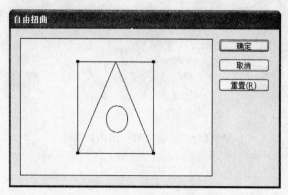

图 9-21 "自由扭曲"对话框

在对话框显示图形的区域中，拖动图形外框上的 4 个控制点，便可使图像变形。单击对话框上的"重置"按钮，可使图形回到原始形状，确定形状后单击"确定"按钮即可。在按住【Shift】键的同时拖动调节点，可以对对象进行水平或垂直方向的拖动。并且当再次执行"自由扭曲"命令时，"自由扭曲"对话框已记录了上一次操作的状态，如果要回到初始状态，需要单击"重置"按钮。

9.3.3 风格化命令

执行"滤镜/风格化"菜单命令，弹出"风格化"子菜单，如图 9-22 所示。

图 9-22 "风格化"子菜单

1. 圆角

"圆角"命令可将被选图形的拐角由折角变为圆角。选中需要改变的图形，执行"滤镜/风格化/圆角"菜单命令，弹出"圆角"对话框，如图 9-23 所示。

图 9-23 "圆角"对话框

在对话框"半径"文本框内输入数值，定义圆角半径的大小，单击"确定"按钮，效果如图 9-24 所示。

（a）原图　　　　　　　　　　　　　　　（b）圆角效果

图 9-24　"圆角"风格化效果图

2．投影

"投影"命令可以基于对象的外轮廓创建自然渐变的投影效果，增加对象的立体感。选中需要添加投影的图形，执行"滤镜/风格化/投影"菜单命令，弹出"投影"对话框，如图 9-25 所示。

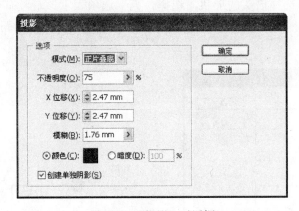

图 9-25　"投影"对话框

在对话框中可以设置如下选项。

模式：用来设定阴影和下方图形的混合模式，在下拉列表中选择一个选项即可。

不透明度：用来设定阴影不透明度的高低。百分比值越大，阴影越不透明。

X 位移：用来设定阴影在水平方向上的位移量。

Y 位移：用来设定阴影在垂直方向上的位移量。

模糊：用来设定阴影的模糊程度。

颜色：用来设定阴影的颜色，单击后面的色块可定义阴影颜色。

暗度：用来设定投影相对原图颜色的加深比例，值越大阴影越暗。在默认情况下调节的是黑色的显示百分比。

创建单独阴影：选择此项，阴影和原图形成两个单独的图形，使用 工具可以分别调整图形和阴影；反之，生成的阴影和原图合为一体。

使用"投影"滤镜创建的效果如图 9-26 所示。

（a）原图　　　　　　　　　　　　　　（b）添加投影

图 9-26　"投影"风格化效果图

3．添加箭头

"添加箭头"命令可对开放路径添加箭头或其他图形。绘制一段开放路径，选中该路径，执行"滤镜/风格化/添加箭头"菜单命令，弹出"添加箭头"对话框，如图 9-27 所示。

在对话框上可为路径的"起点"和"终点"设置 27 种形状的箭头，单击→（向前）和←（向后）按钮，可选择箭头的形状，选择"无"选项表示该端没有箭头；"缩放"文本框中的数值控制箭头的缩放比例。设置完选项单击"确定"按钮，为路径添加箭头的效果如图 9-28 所示。

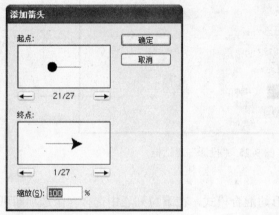

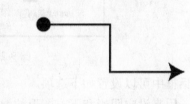

图 9-27　"添加箭头"对话框　　　　　　　　图 9-28　"添加箭头"风格化效果图

9.4　Photoshop 滤镜菜单

"Photoshop 滤镜"可针对位图图像制作各种奇特的滤镜效果。需要注意的是，链接图像不能使用 Photoshop 滤镜，例如置入的位图图像。执行"文件/打开"菜单命令，打开位图文件，Photoshop 滤镜才有效。

9.4.1　滤镜库

使用"滤镜库"可以累积应用滤镜，并多次应用单个滤镜；可以查看每个滤镜效果的缩览图示例；还可以重新排列滤镜并更改每个已应用滤镜的设置，以便实现所需的效果。因为"滤镜库"非常灵活，所以它通常是应用滤镜的最佳选择。但是，并非"滤镜"菜单中列出的所有滤镜在"滤镜库"中都可用。

选择添加滤镜的图层，执行"滤镜/滤镜库"菜单命令，弹出"滤镜库"对话框，在对话框中有扭曲、画笔描边、素描、纹理、艺术效果、风格化 6 种类型，每种类型都包含有子样式，单击可以展开子样式，如图 9-29 所示。通过这些滤镜样式的缩览图可以直观地选取应用滤镜。

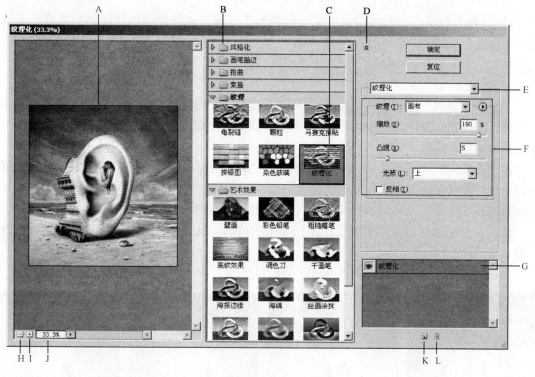

图 9-29 "滤镜库"对话框

其中：

A：应用滤镜预览框。显示当前所用单个或多个滤镜的效果。

B：滤镜类型文件夹。单击文件夹可以展开其中的子样式。

C：被选用滤镜的缩览图。

D：显示/隐藏滤镜类型框按钮。单击此处可以隐藏滤镜类型框，再次单击则显示类型框。

E：滤镜样式列表。单击按钮弹出下拉列表，选择滤镜样式名称并应用滤镜。

F：滤镜样式设定项。显示所选滤镜的选项，设定选项调整滤镜效果。

G：所选滤镜和其滤镜效果列表。显示所选滤镜和其排列状况，列表中样式名称前有👁（眼睛）图标的表示当前应用的滤镜；不带有👁图标的表示被选取但未被应用的滤镜。单击👁图标可以显示/隐藏所选滤镜。不同的排列顺序会产生不同的滤镜效果。可以像图层那样拖动滤镜改变其位置。被选择的滤镜样式显示灰色背景。

H：缩小视图。单击可以缩小预览框中的图像，以便完全显示。

I：放大视图。单击可以放大预览框中的图像，要显示图像细节，将鼠标放到预览框中拖动可以调节预览位置。

J：缩放列表。单击下拉列表框可选择缩放比例。

K：新建滤镜图层。先单击此图标新建一层滤镜（新建的滤镜效果和当前选择的滤镜相同），再从样式列表或缩览图中选择滤镜效果即可。

L：垃圾桶。用来删除滤镜图层。选取滤镜效果图层，单击此图标按钮即可删除滤镜效果。当只有一个滤镜效果图层时，此按钮不可用。

"滤镜库"对话框的基本构成大家已经熟悉了，那么滤镜库中的滤镜类型都有什么效果呢？下面逐一介绍。

1. 扭曲

"扭曲"滤镜用来将图像进行几何变换，创建 3D 或其他整形效果。滤镜库中的扭曲滤镜包括扩散亮光、海洋波纹和玻璃 3 种效果。扭曲菜单命令下的其他效果在接下来的小节中也有具体操作说明。

扩散亮光：将图像渲染成像，像是透过一个柔和的扩散滤镜来观看的。此滤镜添加透明的白杂色，并从选区的中心向外渐隐亮光。

海洋波纹：将随机分隔的波纹添加到图像表面，使图像看上去像是在水中。

玻璃：使图像看起来像是透过了不同类型的玻璃。从设定项中可以选择不同类型的玻璃纹理效果。

使用"扭曲"滤镜的效果如图 9-30 所示。

　　　（a）原图　　　　　　　（b）扩散亮光　　　　　　（c）海洋波纹　　　　　　（d）玻璃

图 9-30　"扭曲"滤镜效果图

2. 画笔描边

"画笔描边"滤镜使用不同的画笔和油墨描边，创造出绘画效果的外观。画笔描边滤镜所应用的效果有喷溅、喷色描边、墨水轮廓、强化的边缘、成角的线条、深色线条、烟灰墨、阴影线 8 种。

喷溅：在图像上创建模拟喷枪喷溅的效果。可供调节的选项有喷色半径和平滑度。

喷色描边：使用图像的主导色，用成角的、喷溅的颜色线条重新绘制图像。拖动滑块调整描边长度和喷色半径，在"描边方向"下拉列表中选择喷色描边的方向。

墨水轮廓：以钢笔画的风格，用纤细的线条在原细节上重绘图像。拖动滑块调整描边长度、深色强度和光照强度。

强化的边缘：强化图像边缘。设置高边缘亮度控制值时，强化效果类似于白色粉笔；设置低边缘亮度控制值时，强化效果类似于黑色油墨。"平滑度"选项可以调节边缘的柔化程度。

成角的线条：使用对角描边重新绘制图像，用相反方向的线条来绘制亮区和暗区。

深色线条：用绷紧的深色短线条绘制暗区；用白色长线条绘制亮区。拖动滑块可以调节黑色和白色的强度。

烟灰墨：以日本画的风格绘制图像，看起来像是用蘸满油墨的画笔在宣纸上绘画。烟灰墨使用非常黑的油墨来创建柔和的模糊边缘。"描边压力"选项决定黑色油墨的摄入量。

阴影线：保留原始图像的细节和特征，同时使用模拟的铅笔阴影线添加纹理，并使彩色区域的边缘变粗糙。"强度"选项确定使用阴影线的次数。

使用"画笔描边"滤镜的效果如图 9-31 所示。

（a）喷溅　　　　　　（b）喷色描边　　　　　　（c）墨水轮廓　　　　　　（d）强化的边缘

（e）成角的线条　　　　（f）深色线条　　　　　　（g）烟灰墨　　　　　　（h）阴影线

图 9-31　"画笔描边"滤镜效果图

3．素描

"素描"滤镜将不同的纹理效果添加到图像上，可获得 3D 效果。"素描"滤镜还适用于创建美术或手绘外观。"素描"滤镜的许多样式在重绘图像时要使用前景色和背景色。

便条纸：创建用手工制作的纸张绘制图像的效果。图像的暗区显示为纸张上层的洞，可使背景色显示出来。

半调图案：在保持连续色调范围的同时，模拟半调网屏效果。

图章：简化图像，使之看起来像是用橡皮或木制图章创建的一样。此滤镜用于黑白图像时效果最佳。

基底凸现：变换图像，使之呈现浮雕般的雕刻状，突出光照下变化各异的表面。图像的暗区呈现前景色，而浅色使用背景色。

塑料效果：按 3D 塑料效果塑造图像，然后使用前景色与背景色为结果图像着色，暗区凸起，亮区凹陷。

影印：模拟影印图像的效果。大的暗区趋向于只复制边缘四周，而中间色调要么为纯黑色，要么为纯白色。

撕边：重建图像，使之像是由粗糙、撕破的纸片组成，然后使用前景色与背景色为图像着色。对于文本或高对比度图像，此滤镜尤其有用。

水彩画纸：像是在潮湿的有污点的纤维纸上涂抹，使颜色流动并混合。

炭笔：产生色调分离的涂抹效果。主要边缘以粗线条绘制，中间色调用对角描边进行素描。炭笔是前景色，纸张颜色是背景色。

炭精笔：在图像上模拟浓黑和纯白的炭精笔纹理。"炭精笔"滤镜在暗区使用前景色，在亮区使用背景色。为了获得更逼真的效果，可以在应用滤镜之前将前景色改为常用的"炭精笔"颜色（黑色、深褐色和血红色）。要获得减弱的效果，则将背景色改为白色，在白色背景中添加一些前景色，然后再应用滤镜。在"纹理"列表中可选择不同类型材质的纹理。

粉笔和炭笔：重绘高光和中间调，并使用粗糙粉笔绘制纯中间调的灰色背景。阴影区域用黑色对角炭笔线条替换。炭笔用前景色绘制，粉笔用背景色绘制。

绘图笔：使用细线状的油墨描边以捕捉原图像中的细节。对于扫描图像，效果尤其明显。此滤镜使用前景作为油墨，使用背景色作为纸张，以替换原图像中的颜色。

网状：模拟胶片乳胶的可控收缩和扭曲来创建图像，使之在"阴影"选项下呈结块状，在"高光"选项下呈轻微颗粒状。

铬黄渐变：渲染图像，就好像它具有擦亮的铬黄表面。高光在反射表面上是高点，阴影是低点。应用此滤镜后，使用"色阶"对话框可以增加图像的对比度。

使用素描滤镜创建的效果如图 9-32 所示。

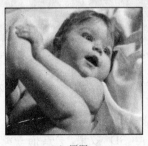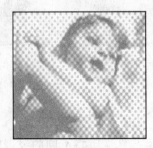

　　（a）原图　　　　　　　　　（b）便条纸　　　　　　　　（c）半调图案

图 9-32　"素描"滤镜效果图

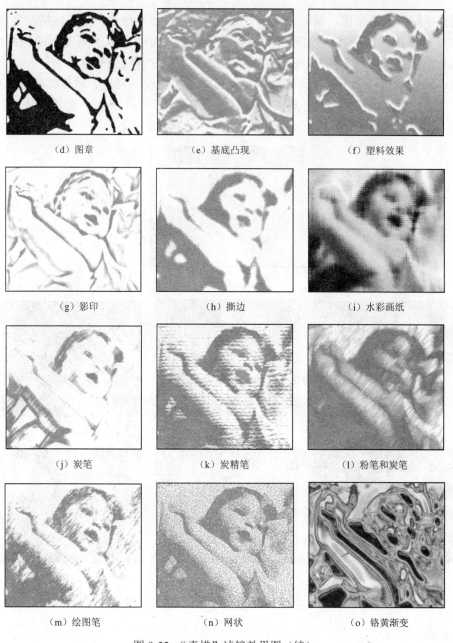

(d) 图章　　　　　　　　　(e) 基底凸现　　　　　　　　(f) 塑料效果

(g) 影印　　　　　　　　　(h) 撕边　　　　　　　　　(i) 水彩画纸

(j) 炭笔　　　　　　　　　(k) 炭精笔　　　　　　　　(l) 粉笔和炭笔

(m) 绘图笔　　　　　　　　(n) 网状　　　　　　　　　(o) 铬黄渐变

图 9-32　"素描"滤镜效果图（续）

4．纹理滤镜

"纹理"滤镜主要用来模拟具有深度感或物质感的外观，或者添加一种器质外观，如拼缀图、染色玻璃、纹理化、马赛克拼贴、龟裂纹和颗粒等效果。

拼缀图：将图像分解为用图像中该区域的主色填充的正方形。此滤镜随机减小或增大拼贴的深度，以模拟高光和阴影。

染色玻璃：将图像重新绘制为用前景色勾勒的单色相邻单元格。

纹理化：将选择或创建的纹理应用于图像。

马赛克拼贴：渲染图像，使图像看起来像是由小碎片拼贴组成，然后在拼贴之间灌浆。

龟裂纹：将图像绘制在一个高凸现的石膏表面上，循着图像等高线生成精细的网状裂缝。使用此滤镜可以对包含多种颜色值或灰度值的图像创建浮雕效果。

颗粒：通过模拟以下不同种类的颗粒在图像中添加纹理：常规、软化、喷洒、结块、强反差、扩大、点刻、水平、垂直和斑点，它们可从"颗粒类型"列表中选择。

使用"纹理"滤镜创建的效果如图 9-33 所示。

（a）原图

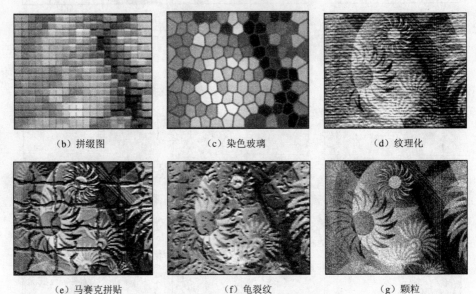

（b）拼缀图	（c）染色玻璃	（d）纹理化
（e）马赛克拼贴	（f）龟裂纹	（g）颗粒

图 9-33 "纹理"滤镜效果图

5. 艺术效果

"艺术效果"滤镜用于制作绘画效果或艺术效果，以得到各种精美艺术品的特殊效果。"艺术效果"滤镜下的子样式多达 15 种，有塑料包装、壁画、干画笔、底纹效果、彩色铅笔、木刻、水彩、海报边缘、海绵、涂抹棒、粗糙蜡笔、绘画涂抹、胶片颗粒、调色刀和霓虹灯光。

塑料包装：给图像涂上一层光亮的塑料，以强调表面细节。

壁画：使用短而圆的、粗略涂抹的小块颜料，以一种粗糙的风格绘制图像。

干画笔：使用干画笔技术（介于油彩和水彩之间）绘制图像边缘。此滤镜通过将图像的颜色降到普通颜色范围来简化图像。

底纹效果：像在带纹理的背景上绘制图像，可以在"纹理"下拉列表中选择不同的。

纹理类型：砖形、粗麻布、画布、砂岩。

彩色铅笔：使用彩色铅笔在纯色背景上绘制图像，可保留重要边缘，外观呈粗糙阴影线；纯色背景透过比较平滑的区域显示出来。

木刻：使图像看上去像是由从彩纸上剪下的边缘粗糙的剪纸片组成的。高对比度的图像呈剪影状，而彩色图像像是由几层彩纸组成的。

水彩：以水彩的风格绘制图像，使用蘸了水和颜料的中号画笔绘制以简化细节。当边缘有显著的色调变化时，此滤镜会使颜色饱满。

海报边缘：根据设置的海报化选项减少图像中的颜色数量，并查找图像的边缘，在边缘上绘制黑色线条。大而宽的区域有简单的阴影，而细小的深色细节遍布图像。

海绵：使用颜色对比强烈、纹理较重的区域创建图像，以模拟海绵绘画的效果。

涂抹棒：使用短的对角描边涂抹暗区以柔化图像。亮区变得更亮，以致失去细节。

粗糙蜡笔：在带纹理的背景上应用粉笔描边。在亮色区域，粉笔看上去很厚，几乎看不见纹理；在深色区域，粉笔似乎被擦去了，使纹理显露出来。

绘画涂抹：可以选取各种大小和类型的画笔来创建绘画效果。画笔类型包括简单、未处理光照、暗光、宽锐化、宽模糊和火花。

胶片颗粒：将平滑图案应用于阴影和中间色调。将一种更平滑、饱合度更高的图案添加到亮区。在消除混合的条纹和将各种来源的图素在视觉上进行统一时，此滤镜非常有用。

调色刀：减少图像中的细节以生成描绘得很淡的画布效果，可以显示出下面的纹理。

霓虹灯光：将各种类型的灯光添加到图像中的对象上。此滤镜用于在柔化图像外观时给图像着色。要选择一种发光颜色，单击"发光颜色"后面的色块并从"拾色器"中选择一种颜色。

使用"艺术效果"滤镜创建的效果如图 9-34 所示。

（a）原图

（b）塑料包装　　　　　　　（c）壁画　　　　　　　（d）干画笔

图 9-34　"艺术效果"滤镜效果图

　　(e) 底纹效果　　　　　　　　(f) 彩色铅笔　　　　　　　　　(g) 木刻

　　(h) 水彩　　　　　　　　　　(i) 海报边缘　　　　　　　　　(j) 海绵

　　(k) 涂抹棒　　　　　　　　　(l) 粗糙蜡笔　　　　　　　　(m) 绘画涂抹

　　(n) 胶片颗粒　　　　　　　　(o) 调色刀　　　　　　　　　(p) 霓虹灯光

图 9-34　"艺术效果"滤镜效果图（续）

6. 风格化

　　"风格化"滤镜通过置换像素、查找并增加图像的对比度，在选区中生成绘画或印象派的效果。在滤镜框中只有"照亮边缘"一种样式。"滤镜/风格化"菜单命令。展开的子菜单中还包含更多的滤镜效果，在后面的章节会对这些效果详细讲解。这里先来看看使用"照亮边缘"样式产生的效果，如图 9-35 所示。

　　照亮边缘：标识颜色的边缘，并向其添加类似霓虹灯的光亮。

（a）原图　　　　　　　　　　　　　（b）照亮边缘

图 9-35　"风格化"滤镜效果图

9.4.2　其他滤镜

1．像素化

　　"像素化"子菜单中的滤镜通过使单元格中颜色值相近的像素结成块来清晰地定义一个选区。子菜单中的滤镜有：彩色半调、晶格化、点状化、铜版雕刻。执行"滤镜/像素化"菜单命令，在子菜单中选择所需的滤镜，使用效果如图 9-36 所示。

（a）原图　　　　　　　　（b）彩色半调　　　　　　　　（c）晶格化

（d）点状化　　　　　　　　　　　　（e）铜版雕刻

图 9-36　"像素化"滤镜效果图

　　（1）**彩色半调**：模拟在图像的每个通道上使用放大的半调网屏的效果。对于每个通道，滤镜将图像划分为矩形，并用圆形替换每个矩形，圆形的大小与矩形的亮度成比例。执行"滤镜/像素化/彩色半调"菜单命令，弹出"彩色半调"对话框，如图 9-37 所示。

最大半径： 为半调网点的最大半径输入一个以像素为单位的值，范围为 4～127。

网角： 为一个或多个通道输入网角值（网点与实际水平线的夹角）。

通道： 对于灰度图像，只使用通道 1。对于 RGB 图像，使用通道 1、2 和 3，分别对应于红色、绿色和蓝色通道。对于 CMYK 图像，4 个通道都要使用，分别对应于青色、洋红、黄色和黑色通道。单击"默认"按钮，可使所有网角返回默认值。

（2）**晶格化：** 使像素结块形成多边形纯色。执行"滤镜/像素化/晶格化"菜单命令，弹出"晶格化"对话框，如图 9-38 所示。单击图像预览窗口下的" - "和" + "按钮，可以缩放窗口中的显示图像。拖动"单元格大小"滑块，可调节图像上晶格化碎片的大小。

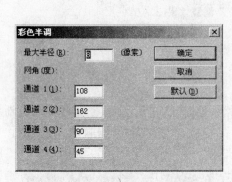

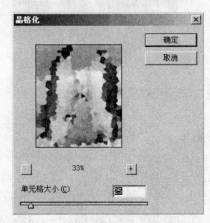

图 9-37 "彩色半调"对话框　　　　　图 9-38 "晶格化"对话框

（3）**点状化：** 将图像中的颜色分解为随机分布的网点，如同点状化绘画一样，并把背景色作为网点之间的画布区域。对话框设置方法同"晶格化"滤镜。

（4）**铜版雕刻：** 将图像转换为黑白区域的随机图案，或彩色图像中完全饱和色的随机图案。要使用此滤镜，执行"滤镜/像素化/铜版雕刻"菜单命令，弹出"铜版雕刻"对话框，如图 9-39 所示。在对话框的"类型"下拉列表中选择一种网点图案，单击"确定"按钮即可。

图 9-39 "铜版雕刻"对话框

需要说明的是：滤镜中的"彩色半调"和"半调图案"具有相似的效果，两者的区别在于"彩色半调"属于"像素化"滤镜组，而"半调图案"属于"属于"滤镜组；"彩色半调"通过设置"网角"的各个通道值创建由圆组成的彩色半调图案，而"半调图案"通过设置图案的"大小"、"对比度"以及定义"图案类型"创建各种类型的单色图案。

2. 模糊滤镜

"模糊"滤镜柔化选区或整个图像,降低局部细节的相对反差,这对于修饰非常有用。它们通过平衡图像中已定义的线条和遮蔽区域清晰边缘旁边的像素,使变化显得柔和。可应用的模糊滤镜有径向模糊、特殊模糊及高斯模糊等。应用产生的效果如图9-40所示。

（a）原图　　　　　　　　　　（b）径向模糊

（c）特殊模糊　　　　　　　　（d）高斯模糊

图9-40 "模糊"滤镜效果图

（1）**径向模糊**:模拟缩放或旋转的相机所产生的一种柔化的模糊。执行"滤镜/模糊/径向模糊"菜单命令,弹出"径向模糊"对话框,如图9-41所示。选中"旋转"选项,沿同心圆环线模糊,然后指定旋转的度数。选中"缩放"选项,则沿径向线模糊,调整"数量"值的大小像是在放大或缩小图像。

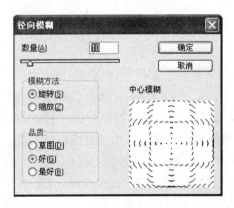

图9-41 "径向模糊"对话框

模糊的"品质"有草图、好、最好。"草图"产生最快但为粒状的效果,"好"和"最好"

产生比较平滑的效果，除非在大选区上，否则看不出这两种品质的区别。通过拖动"中心模糊"框中的图案，指定模糊的原点。

（2）**特殊模糊**：精确地模糊图像，可以指定半径、阈值和模糊品质。执行"滤镜/模糊/特殊模糊"菜单命令，弹出"特殊模糊"对话框，如图 9-42 所示。

"半径"值确定在其中搜索不同像素的区域大小，"阈值"确定像素具有多大差异后才会受到影响。也可以为整个选区设置"模式"为"正常"；或为颜色转变的边缘设置"模式"为"仅限边缘"和"叠加"。在对比度显著的地方，选中"仅限边缘"选项将应用黑白混合的边缘，而选中"叠加边缘"选项则应用白色的边缘，如图 9-43 所示。

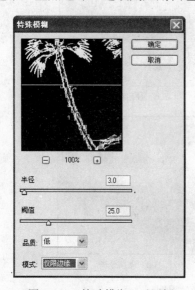 

图 9-42　"特殊模糊"对话框　　　　图 9-43　选中"叠加边缘"选项的特殊模糊效果图

（3）**高斯模糊**：使用可调整的量快速模糊选区。"高斯"是指当 Photoshop 将加权平均应用于像素时生成的钟形曲线。"高斯模糊"滤镜添加低频细节，并产生一种朦胧效果。

需要说明的是："模糊"滤镜和"羽化"效果都具有在对象的边缘产生均匀柔化的效果；不同的是，"模糊"将对象的边缘分别向内和向外进行模糊柔化，而"羽化"是将对象的边缘向内进行消退柔化。

3．视频

"视频"滤镜是视频图像编辑时需要使用的选项，如果要处理的图像最终需要进行视频输出，则有可能会用到此滤镜。其子菜单包含"逐行"滤镜和"NTSC 颜色"滤镜。

逐行：通过移去视频图像中的奇数或偶数隔行线，使在视频上捕捉的运动图像变得平滑。可以通过复制或插值来替换删掉的线条。用于对捕捉显示器、TV 画面、视频画面的图像的行频进行编辑和删除。

NTSC 颜色：NTSC 是 TV 显示器规则中的一个标准。TV 具有 NTSC 和 PLA 方式。因为计算机显示器中的颜色和 TV 显示的颜色存在差异，所以使用该滤镜可以将 TV 图像的 PLA 方式转换成 TNSC 方式，以减少差异。

4. 锐化

"锐化"滤镜通过增加相邻像素的对比度来聚焦模糊的图像，只包括 USM 锐化，应用"锐化"滤镜的效果如图 9-44 所示。

（a）原图

（b）USM 锐化

图 9-44 "锐化"滤镜效果图

USM 锐化：通过增加图像边缘的对比度来锐化图像，"USM 锐化"不检测图像中的边缘，相反，它会按指定的阈值找到与周围不同的像素。然后按指定的量增强邻近像素的对比度。因此，对于邻近像素，较亮的像素将变得更亮，而较暗的像素将变得更暗。执行"滤镜/锐化/USM 锐化"菜单命令，弹出"USM 锐化"对话框，如图 9-45 所示。在对话框中可以指定区域半径，半径越大，边缘效果越明显。

图 9-45 "USM 锐化"对话框

第10章　图形外观属性

外观属性是一组在不改变对象基础结构的前提下影响对象外观的属性。外观属性包括填色、描边、透明度、样式和效果。如果把一个外观属性应用于某对象，然后又编辑或删除这个属性，那么该基本对象以及任何应用于该对象的其他属性都不会改变。

10.1　外观面板

"外观"面板是处理外观属性的关键途径。因为可以把外观属性应用于层、组和对象（还可应用于填色和描边），所以图稿中的属性层次可能会变得十分复杂。例如，如果对整个图层应用了一种效果，而对该图层中的某个对象应用了另一种效果，就可能很难分清到底是哪种效果导致了图稿的更改。"外观"面板则可显示已向对象、组或图层应用的填色、描边和图形样式。

如果"外观"面板不在窗口中显示，则执行"窗口/外观"菜单命令，弹出"外观"面板，如图 10-1 所示。为图形施加的各种样式效果都可在"外观"面板中显示，当"外观"面板中的某个项目含有其他属性时，该项目名称的左上角便会出现一个三角形，单击此三角形可显示或隐藏内容，如图10-2 所示。

通过"外观"面板可以重新编辑对象，例如，要重新定义对象的描边颜色，在"外观"面板中单击"描边"选项，从"色板"或"颜色"面板中选择所需颜色即可。如果需要重新编辑对象应用的效果，可在"外观"面板中双击效果的名称或后面的图标fx，弹出该效果对应的对话框，然后重新编辑效果。

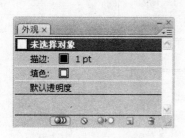

图 10-1　"外观"面板

图 10-2　显示外观属性

注意："外观"面板上被选定对象名称后显示"fx"，表示被选定的对象包含在至少施加了一种效果的层或组中。栅格化后面的"fx"表示对象应用的效果。

面板底部有一排小按钮，从左至右依次是： （新建图稿保持外观，按下则变为 新建图稿具有基本外观）、 （清除外观）、 （简化至基本外观）、 （复制所选项目）、 （删除所选项目）。

（新建图稿保持/具有基本外观）按钮：若要对新对象只应用一种单一的填色和描边

效果，则使用⬤⬤（新建图稿具有基本外观）按钮；若要向新对象应用当前的所有外观属性，则使用⬤⬤（新建图稿保持外观）按钮。

⬤（清除外观）按钮：删除所有外观属性，包括任何填色或描边。

⬤▶⬤（简化基本外观）按钮：只保留基本填色或描边，删除此外的所有外观属性。

◱（复制所选项目）按钮：在"外观"面板中选择一个项目，单击此按钮，可以在面板中复制出所选项目。

◱（删除所选项目）按钮：在"外观"面板中选择一个项目，单击此按钮，可以从面板中删除所选项目。

单击"外观"面板右上角的扩展按钮，弹出"外观"面板的菜单栏，如图 10-3 所示。

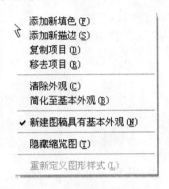

图 10-3　"外观"面板菜单栏

添加新填色： 为选定的对象添加新的填充颜色。

添加新描边： 为选定的对象添加新的描边。

复制项目： 复制选定的项目。

移去项目： 移去选定的项目。

清除外观： 清除应用到选定对象中的所有项目。

简化至基本外观： 清除特殊项目，对象的属性为默认的基本外观。

新建图稿具有基本外观： 在新创建的对象上不应用原先应用到对象上的项目，默认选择此项。

隐藏缩览图： 隐藏面板中项目的缩览图。

重新定义图形样式： 为对象重新定义图形样式。

10.2　实时上色

实时上色是一种创建彩色图形的直观方法。一旦建立了实时上色组，每条路径都会保持完全可编辑状态。在移动或调整路径形状时，前期已应用的颜色不会像在自然介质作品或图像编辑程序中那样保持在原处，相反，Illustrator 自动将其应用于由编辑后的路径所形成的新区域。

简而言之，实时上色结合了上色程序的直观与矢量插图程序的强大功能和灵活性。

10.2.1　建立实时上色组

首先绘制一个线稿图形，如图 10-4 所示。选中该图形中的所有路径，在工具箱中单击
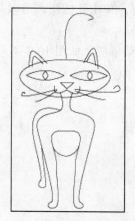（实时上色）工具按钮，在图形上单击建立实时上色组，如图 10-5 所示。执行"对象/实
时上色/建立"菜单命令，也可建立实时上色组。使用选择工具选择实时上色组时，出现的图
形定界框与其他图形的定界框不同，如图 10-6 所示。

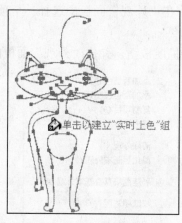

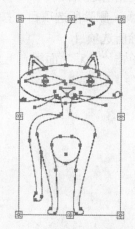

图 10-4　绘制的图形	图 10-5　建立实时上色组	图 10-6　实时上色组定界框

实时上色组中可以上色的部分称为边缘和表面，"边缘"是指路径交叉后，处于交点之间
的路径部分；"表面"是指多条边缘所围成的区域。

在"色板"面板中选择需要的颜色，使用实时上色工具在图形表面单击（被选择的表面
边缘会呈红色加粗显示），可以随心所欲地为每个表面填色，如图 10-7（a）所示。

在工具箱中单击 （实时上色选择）工具，可分别选择实时上色组中的表面和边缘进行
上色。先使用实时上色选择工具选中需要上色的表面或边缘（按住【Shift】键可以执行多
选），再从"色板"面板中选择需要的颜色，还可以通过控制面板中的"描边"选项或"描
边"面板修改描边的宽度。进行实时上色后的图形如图 10-7（b）所示。如果选择小的表面或
边缘的时候很难选择，可以放大视图，或将实时上色工具设置为选择填充或描边。

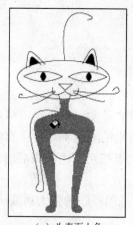

（a）为表面上色	（b）上色完成后效果

图 10-7　实时上色

10.2.2 在实时上色组中添加路径

如果需要在实时上色组中新增加元素，可以使用绘图工具，在已建立好的实时上色组中绘制所需的路径形状，如图 10-8 所示。

选中实时上色组和路径，单击"实时上色组"控制面板上的"合并为实时上色"按钮，或执行"对象/实时上色/合并"菜单命令，将路径添加到实时上色组内，则原来的选择工具定界框变成实时上色的定界框，如图 10-9 所示。使用实时上色选择工具可以为新增的实时上色组设定填充和描边，如图 10-10 所示。

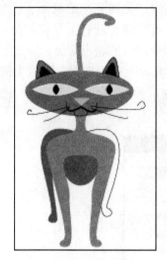 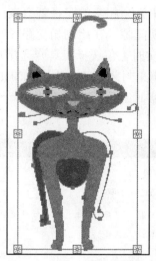 

　图 10-8　创建路径　　　　图 10-9　添加路径到实时上色组　　　　图 10-10　上色

10.2.3 实时上色选项

双击工具箱中的实时上色工具 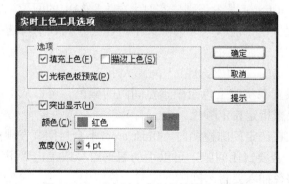（ico），打开"实时上色工具选项"对话框，如图 10-11 所示，该对话框用于指定实时上色的工作方式，即选择只对填充进行上色或只对描边进行上色，以及当工具移动到表面和边缘时如何对其进行突出显示。

图 10-11　"实时上色工具选项"对话框

填充上色： 可以对实时上色组的各表面进行上色。

描边上色：选择此项，可以对实时上色组的各边缘上色。

光标色板预览：选择此项，可以在使用实时上色工具时，光标上端显示为 3 种颜色色板，选定的填充或描边颜色以及"色板"面板中仅靠颜色两侧的颜色，通过左右键可以访问相邻颜色以及这些颜色旁边的颜色。

突出显示：选择此项，可以绘制出光标当前所在表面或边缘的轮廓。用粗线突出显示表面，细线突出显示边缘。

颜色：通过此下拉列表，可以设置突出显示线的颜色，默认为红色。

宽度：用于指定突出显示轮廓线的粗细。

10.2.4　间隙选项

间隙是路径之间的小空间，未完全相交的路径就会在图稿中产生间隙，给表面上色时颜色常常会渗到间隙中。为避免出现间隙，在绘制相交路径时，可将路径延长至互相超出，然后在建立实时上色组后使用 （实时上色选择工具）选择并删除边缘的超出部分。

对于间隙路径，可以手动编辑来封闭间隙，也可以单击"实时上色组"控制面板上的 （间隙选项）按钮，执行"对象/实时上色/间隙选项"菜单命令，弹出"间隙选项"对话框，如图 10-12 所示。

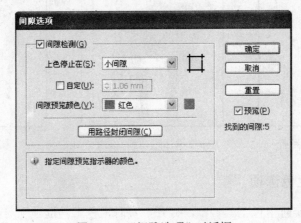

图 10-12　"间隙选项"对话框

"间隙选项"对话框可以预览并控制实时上色组中可能出现的间隙，包括如下选项。

间隙检测：指定 Illustrator 是否识别"实时上色"路径中的间隙。

上色停止在：设置颜色不能渗入的间隙大小。在下拉列表中可选择"小间隙"、"中等间隙"、"大间隙"3 个选项。

自定：指定一个自定的"上色停止在"间隙大小。

间隙预览颜色：设置在实时上色组中预览间隙的颜色。可以从下拉列表中选择颜色，也可以单击旁边的颜色块来指定自定颜色。

用路径封闭间隙：在选定间隙检测时，Illustrator 不会封闭其发现的任何间隙，它仅防止颜色渗漏过这些间隙。若要封闭间隙，可以手动编辑路径或单击"用路径封闭间隙"按钮。该选项会将未上色的路径插入要封闭间隙的实时上色组中。

注意：由于闭合间隙的路径没有上色，看起来间隙可能还存在，但实际上间隙已经没有了。

10.3 制作渐变颜色

渐变颜色可在一个或多个对象间创建颜色平滑的过渡。**Illustrator** 提供了两种制作渐变颜色的方法：使用 (渐变工具) 和使用 (网格工具) 填入渐变颜色。渐变颜色只可用于图形的内部填色，不能用于描边填色。如果要对图形的描边进行渐变填色，须将描边转化成轮廓。

10.3.1 渐变工具

渐变工具可在一个方向上对图形使用两种或两种以上颜色的混合颜色，形成一种平滑过渡的填色方式。

1. 制作渐变颜色

渐变颜色的制作需使用"渐变"面板。执行"窗口/渐变"菜单命令，弹出"渐变"面板，如图 10-13 所示。从"渐变"面板菜单中执行"显示选项"命令，可显示面板中隐藏的选项，如图 10-14 所示。单击面板左上角的双三角（ ）可循环显示面板中的选项。

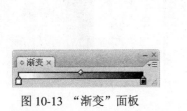

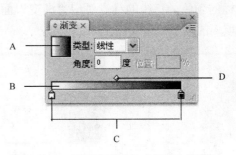

图 10-13 "渐变"面板   图 10-14 显示选项后的"渐变"面板

A：渐变填色框   B：渐变滑动条   C：色标   D：滑块

单击渐变滑动条最左边的色标，使色标被选中（被选中的色标顶部三角形呈黑色 ，未被选中的色标顶部三角形呈空心状 ），然后在工具箱中双击"填充"图标，从弹出的拾色器中选择需要的颜色，定义渐变起点的颜色，也可以在选择色标后从"颜色"或"色板"面板中取色；单击最右边的色标可使用同样方法定义终点颜色。若需要使用多种颜色编辑渐变，可在滑动条的下方单击，添加色标，并定义所需颜色，如图 10-15 所示。

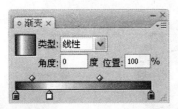

图 10-15 多种颜色渐变

拖动滑动条上方的滑块或选中滑块后在面板上"位置"文本框内输入数值（滑块被选中时显示为黑色），调整色标间两种颜色渐变的组成比例。在"渐变填色框"后面的"类型"下拉列表中选择填充类型："径向"或"线性"，两种不同类型填充的效果如图 10-16 所示。当选择"线性"选项时，可在"角度"文本框内输入渐变填色倾斜的角度。

（a）线性渐变　　　　　　　　　　　（b）径向渐变

图 10-16　渐变类型

2．应用渐变

编辑后的渐变颜色会在"渐变"面板的渐变填色框中显示，选择一个对象，单击面板上的渐变填色框可对所选对象应用渐变。

使用渐变工具可以随意向对象中填入各个方向和不同颜色组成比例的渐变颜色。单击工具箱中的 ▨（渐变工具），在应用渐变填充的图形上拖动，拖出直线的起点对应"渐变"面板中起点色标的颜色，直线的终点对应"渐变"面板中终点色标的颜色。不同角度和不同的起点、终点填入的渐变效果如图 10-17 所示。

 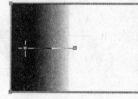 

（a）斜向渐变　　　　　　　　（b）中间向左渐变　　　　　　　　（c）从右向左渐变

图 10-17　不同方向、位置填充的渐变效果

注意：在拖动鼠标时按住【Shift】键，可拖出水平、垂直或 45°角倍数方向的直线来渐变填充对象。

如果选用的渐变类型为"径向"，则渐变工具的单击处（起点）确定渐变的中心点，拖出直线的长短控制渐变区域内颜色的组成比例，拖动的起点长短不同，填充的效果也会有所差异，如图 10-18 所示。由于"径向"类型填入的效果是放射状，以一点为圆心向外扩散，所以这种渐变不受角度影响。

（a）圆心向外一半渐变　　　　　　（b）圆心向外渐变　　　　　　　（c）斜向渐变

图 10-18　不同起点、长短的径向渐变填充效果

3. 编辑"渐变"面板

在 Illustrator 中设置渐变颜色，需要多次编辑才能达到最理想的效果，因此，需要将"渐变"面板中的多种工具配合使用，才能达到最终效果。

打开"渐变"面板，如图 10-19 所示，从"色板"面板中拖动蓝色色板到"渐变"面板的红色渐变滑块上，当光标上出现"+"符号时释放鼠标，如图 10-20 所示，蓝色便取代了红色，如图 10-21 所示。

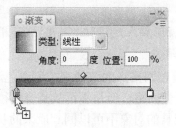
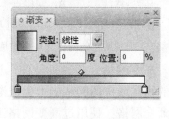

图 10-19 "渐变"面板　　图 10-20 拖动"色板"面板至滑块图　　图 10-21 替换滑块颜色

如果将"色板"面板中拖动的蓝色色板放置在渐变条上，即可向渐变条中添加蓝色，位置在释放"色板"面板的地方，如图 10-22 所示。当按住【Alt】键，在"渐变"面板上拖动红色渐变滑块时，将复制红色渐变滑块，如图 10-23 所示；在按住【Alt】键的同时，在渐变面板上拖动红色渐变滑块到另一个渐变滑块上，便对调了滑块的颜色。在两个颜色之间，可能需要更多的过渡色，那就需要添加中间颜色，只须在渐变条需要添加颜色的下方单击，便可以添加中间色的渐变滑块，然后设置颜色即可，如图 10-24 所示。

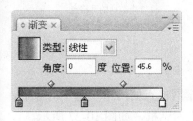

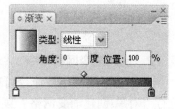

图 10-22 添加颜色　　　　　图 10-23 复制颜色　　　　　图 10-24 添加中间色

10.3.2 网格渐变

网格是指在作用对象上利用"创建渐变网格"命令或渐变工具形成的网格，利用这些网格可以对图形进行多个方向和多种颜色的渐变填充。渐变网格的出现为在复杂对象上处理颜色过渡提供了一种简便的方法。施加网格的对象只具有填充属性，在建立网格的同时会自动取消图形中具有的描边属性。

1. 网格的构成

在对象上创建的网格如图 10-25 所示。网格中多条交叉的线穿过对象，这些线被称为网格线；在网格线相交处形成的交叉点，称为网格点（网格点的形状是菱形，单击会出现该点的方向线）；4 个网格点围成的区域叫做网格面片；网格线上出现的点叫做锚点（锚点的形状是正方形，以区分菱形网格点；锚点可移动、增加或删除）。

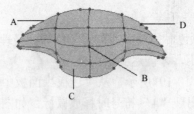

图 10-25　网格

A：网格线　　　B：网格点　　　C：网格面片　　　D：锚点

说明： 工具箱中的添加锚点以及删除锚点工具等在网格里同样适用。在删除锚点的时候，如果该锚点是网格点，则其所在的网格线也会被删除。

渐变网格就是通过拉伸，调整网格点的节柄来控制颜色渐变的，并可以在任何由路径组成的物体或位图的基础上生成渐变网格，但是不可从复合路径、文本和链接的 EPS 图形中产生渐变网格；使用过渐变网格工具的对象不可以回到原来的状态。

位于物体中央的网格点有 4 个方向的节柄，可以使用节点转换工具来单独调整及拉伸以控制颜色的渐变，而位于网格边缘的网格点只有 3 个或 2 个方向的节柄，如图 10-26 所示。

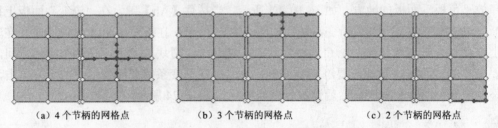

（a）4 个节柄的网格点　　　　　（b）3 个节柄的网格点　　　　　（c）2 个节柄的网格点

图 10-26　网格点的方向手柄个数

2. 创建渐变网格命令

"创建渐变网格"命令可在所选对象上创建具有规则图案网格点的网格，选中对象后，执行"对象/创建渐变网格"菜单命令，弹出"创建渐变网格"对话框，如图 10-27 所示。

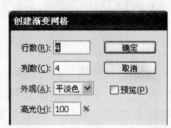

图 10-27　"创建渐变网格"对话框

在对话框中对如下选项进行设置。选择"预览"选项可以随时查看网格设置的变化。

行数： 在后面的文本框内输入数值，可设置网格在水平方向创建的排数。

列数： 在后面的文本框内输入数值，可设置网格在垂直方向创建的栏数。

外观： 在后面的下拉列表中选择创建网格渐变后图形高光的位置，选择"平淡色"选项会将对象的原色均匀地覆盖在对象表面，不产生高光，如图 10-28 所示；选择"至中心"选项会在对象的中心创建高光，如图 10-29 所示；选择"至边缘"选项会在对象的边缘处创建高光，如图 10-30 所示。

高光：输入要应用于网络对象的白色高光百分比，值越大，高光的强度越大；值越小，高光的强度越小。100%代表将最大的白色高光应用于对象；0%则代表不将任何白色高光应用于对象。

设置完选项单击"确定"按钮，即可创建网格对象。

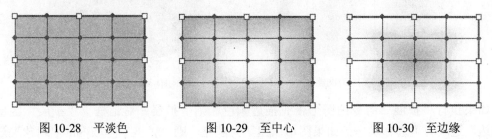

图 10-28　平淡色　　　　　　图 10-29　至中心　　　　　　图 10-30　至边缘

3．网格工具

"网格工具"可在指定对象上创建具有不规则图案网格点的网格。单击工具箱中的 ▓ （网格工具），在具有填充属性的对象上单击，则出现两条相互垂直的交叉线，一直延伸到图形的边界，鼠标单击的地方会生成一个网格点，如图 10-31 所示。继续在图形内部单击，可添加其他网格点，如图 10-32 所示。如果在网格线上单击，则生成一条通过单击点并与所在网格线垂直的线，延伸到图形的边界。

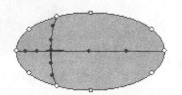 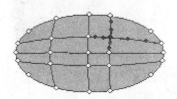

图 10-31　单击添加网格点　　　　　　图 10-32　添加其他网格点

4．扩展命令

选择具有渐变填充的对象，如图 10-33 所示。执行"对象/扩展"菜单命令，弹出"扩展"对话框，如图 10-34 所示。

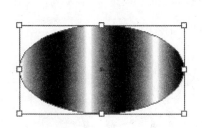 

图 10-33　选择渐变图形　　　　　　图 10-34　"扩展"对话框

在对话框底部的选项中选择"渐变网格"选项，单击"确定"按钮，原图形中的渐变就成为网格渐变，如图 10-35 所示。使用网格工具在图形中单击可出现更多网点，如图 10-36 所示。在添加网点的同时按住【Shift】键，网点将保持原有的图形填充色。

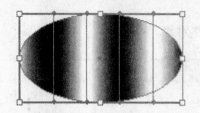

图 10-35　扩展为网格

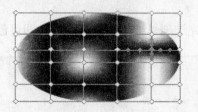

图 10-36　添加网格点

如果执行"扩展"命令的图形带有描边颜色，则"扩展"对话框上"扩展"区域内的"描边"选项为可选择状态；如果图形以图案为填充，则"扩展"区域内的"对象"选项也为可选择状态，图案扩展后成为独立的图形。在对话框底部"将渐变扩展为"区域内可以选择将对象扩展为"渐变网格"还是"指定对象"。

渐变网格：可以把渐变填充变为渐变网格。

指定对象：可以把图形按颜色分解为多个图形，如图 10-37 所示。分解图形的多少由文本框内的数值决定。使用直接选择工具可以选择单个分解图形，如图 10-38 所示。

图 10-37　扩展为指定对象

图 10-38　选择单个分解图形

"创建渐变网格"和"扩展"命令仅能制作出网格对象的网格线或简单的渐变网格，如要对网格点进行调整或上色，仍需要使用网格工具。

10.3.3　编辑渐变网格对象

编辑渐变网格对象包括添加网格点、网格线和锚点；调节网格点、网格线和锚点；为网格点上色等。下面通过一个实例介绍编辑网格对象的方法。

（1）使用钢笔工具在画板中绘制如图 10-39 所示的路径形状。

（2）执行"对象/创建渐变网格"菜单命令，在对话框中设置 4 行 8 列，单击"确定"按钮，创建的网格对象如图 10-40 所示。

图 10-39　绘制形状路径

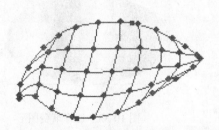

图 10-40　创建网格对象

（3）单击工具箱中的 （网格工具），在对象中间的网格线两侧单击添加两条网格线（单击时指针停放在垂直方向的网格线上），如图 10-41 所示。按住【Alt】键单击网格点，可以删除该点和经过该点的两条网格线。

（4）单击工具箱中的 ▶（直接选择）或 （网格工具），单击中间部分网格线上的网格点，同时会出现该点的方向线。单击网格点拖动可以改变其位置，拖动方向线上的控制点可以改变网格线的形状。将中间部分的 3 条网格线修改成如图 10-42 所示。

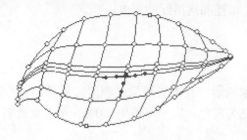 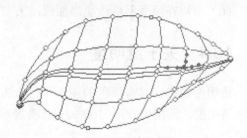

图 10-41　添加网格线　　　　　　　　　图 10-42　调整网格对象

（5）使用直接选择工具或网格工具单击网格点，从"颜色"面板或"色板"面板中选择需要的颜色为对象上色（上色范围仅为所选网格点）。逐一选择对象边缘的网格点并对其上色，效果如图 10-43 所示。

（6）单击内部的其他网格点，选择适当的颜色为其上色，效果如图 10-44 所示。如果单击一个网格面片，则上色范围是以单击点为中心的网格面片。

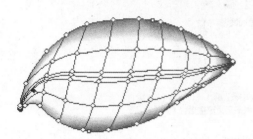 

图 10-43　为边缘网格点上色　　　　　　　图 10-44　内部上色效果

（7）选择剩余网格点并逐一上色，效果如图 10-45 所示。

（8）使用钢笔工具绘制叶梗形状，并通过渐变网格为其着色，最终效果如图 10-46 所示。

图 10-45　为其余网格点上色　　　　　　　图 10-46　最终效果

说明： 在使用网格方面有一些比较实用的技巧，列举如下。

（1）要添加一个网格点而不改变颜色，则按住【Shift】键单击；

（2）要减去网格点及相关网格线，则按住【Alt】键击；

（3）使用调色桶及吸管工具辅助绘图，可添加或吸取颜色到单个网格点或网格面片；

（4）可以使用自由变换组的工具对单个网格点或网格面片进行变换，如旋转、镜像、缩放等；

（5）如果需要渐变网格物体的轮廓，可使用"偏移路径"命令；

（6）可以在渐变网格线上添加或减去节点，以控制网格线的曲率。

10.4　关于透明度

透明度是指在具有填色的图形中，上方对象能透过其下层对象的程度。通常用百分数来表示透明度，范围为0%～100%。100%表示填充为实色，完全不透明；0%表示完全透明。

10.4.1　透明度面板

Illustrator 中调整透明度的唯一途径是通过"透明度"面板，它不仅可以指定对象的不透明度，而且还可以设置混合模式和创建不透明蒙版，或使用覆盖于上层的透明对象部分来挖空对象的一部分。若"透明度"面板不在窗口中显示，则执行"窗口/透明度"菜单命令，弹出"透明度"面板，如图10-47所示。

图 10-47　"透明度"面板

在默认情况下，"透明度"面板中仅显示最常用的选项。在面板菜单中执行"隐藏/显示缩览图"和"隐藏/显示选项"命令，或单击面板左上角的双三角（ ），可循环显示面板中的其他选项，如图10-48所示。

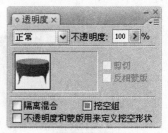

（a）常用选项　　　　　（b）显示缩览图隐藏选项　　　　　（c）显示所有选项

图 10-48　在面板中显示不同选项

10.4.2 使用"透明度"面板

"透明度"面板最基本的功能就是设置混合模式和调整透明度,此外还可以建立图形的不透明度蒙版和图形间的剪切关系。

1.设置混合模式

在面板的常用选项栏中单击混合模式列表,弹出下拉菜单,如图 10-49 所示。在这里可以选择合适的混合模式来设置所选对象(混合色)与其下层对象(基色)的颜色混合。

图 10-49 混合模式菜单

正常:为预设选项,它不与基色之间产生混色关系,但可以调节不透明度以决定其与下方图形的关系。

变暗:选择基色或混合色中较暗的颜色作为结果色。比混合色亮的区域会被结果色取代;比混合色暗的区域将保持不变。任何颜色和黑色混合,结果总是黑色;任何颜色和白色混合,颜色保持不变。

正片叠底:将基色与混合色相乘。得到的颜色总是比基色和混合色都暗一些。将任何颜色与黑色混合,都会产生黑色;将任何颜色与白色混合,颜色保持不变。

颜色加深:加深基色以反衬混合色。与白色混合后不产生变化。

变亮:选择基色或混合色中较亮的一个作为结果色。比混合色暗的区域将被结果色取代;比混合色亮的区域将保持不变。

滤色:将混合色的反相颜色与基色混合。得到的颜色总是比基色和混合色都亮一些。 用黑色滤色时颜色保持不变;用白色滤色将产生白色。

颜色减淡:加亮基色以反衬混合色。与黑色混合时则不发生变化。

叠加:对颜色进行相乘或滤色,具体取决于基色。图案或颜色叠加在现有的图稿上,在与混合色混合以反衬原始颜色的亮度和暗度的同时,保留基色的高光和阴影。

柔光：使颜色变暗或变亮，具体取决于混合色。如果混合色（光源）比 50%灰度亮，则图稿变亮，仿佛被淡化了；如果混合色（光源）比 50%灰度暗，则图稿变暗，就像加深后的效果。使用纯黑或纯白上色会产生明显的变暗或变亮区域，但不会出现纯黑或纯白。

强光：对颜色进行相乘或过滤，具体取决于混合色。如果混合色（光源）比 50%灰度亮，则图稿变亮，仿佛加了滤网，这对于给图稿添加高光很有用；如果混合色（光源）比 50%灰度暗，则图稿变暗，就像正片叠底后的效果，这对于给图稿添加阴影很有用。用纯黑色或纯白色上色会产生纯黑色或纯白色。

差值：从基色减去混合色或从混合色减去基色，具体取决于哪一种的亮度值较大。与白色混合将反转基色值；与黑色混合则不发生变化。

排除：创建一种与"差值"模式相似但对比度更低的效果。与白色混合将反转基色分量；与黑色混合则不发生变化。

色相：用基色的亮度和饱和度以及混合色的色相创建结果色。

饱和度：用基色的亮度和色相以及混合色的饱和度创建结果色。在无饱和度（灰度）的区域上用此模式着色不会产生变化。

混色：用基色的亮度以及混合色的色相和饱和度创建结果色。这样可以保留图稿中的灰阶，对于给单色图稿上色以及给彩色图稿染色都非常有用。

明度：用基色的色相和饱和度以及混合色的亮度创建结果色。此模式创建与"颜色"模式相反的效果。

2．调整不透明度

单击"透明度"面板顶部常用选项中"不透明度"文本框后面的三角形，可弹出不透明度滑动条，如图 10-50 所示，拖动上面的滑块可调整所选对象的不透明度。也可以直接在文本框中输入数值。

图 10-50 "不透明度"滑动条

在默认状态下，给对象施加的颜色是实色，也就是说，颜色不透明度为 100%，如图 10-51 所示。如果不施加透明度，则图中的窗户玻璃是实色，完全遮住下层的对象。选中玻璃图形，在"透明度"面板中设置不透明度为 50%，便可透出下层建筑物，如图 10-52 所示。

透明效果也可以作用在成组对象或一个图层上，产生的效果就像作用在一个对象上一样。如图 10-53 所示，3 个不透明度为 100%且相互重叠的椭圆放在黑白交接的背景上。将这 3 个椭圆分别降低不透明度至 60%，则椭圆重叠的部分发生颜色混合，如图 10-54 所示；如果将这 3 个椭圆编组后，再将不透明度降至 60%，这时 3 个椭圆的重叠部分并没有发生混合，而是被作为一个对象处理，如图 10-55 所示。

图 10-51　玻璃不透明度为 100%

图 10-52　降低玻璃不透明度至 50%

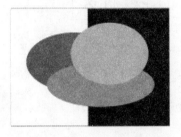

图 10-53　椭圆和背景

图 10-54　未编组时效果

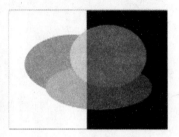

图 10-55　编组后效果

在调整一个图层的透明度时，位于该图层内的所有对象被作为一个组进行统一调整，效果像调整编组对象那样。

3．建立不透明蒙版

通过"透明度"面板，还可以制作不透明蒙版，但是这里的不透明蒙版和菜单栏中的"剪切蒙版"不同。例如，绘制如图 10-56 所示的两个图形，选中这两个图形，从面板菜单中执行"建立不透明蒙版"命令，则六边形作为蒙版形状被挖空，图案叠加到下层对象上（剪切蒙版则不会保留六边形上的图案），而下层图形除六边形以外的部分被遮挡，如图 10-57 所示。

图 10-56　创建图形

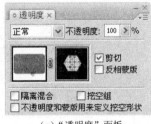

（a）"透明度"面板

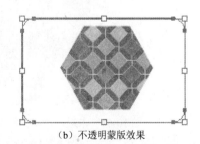

（b）不透明蒙版效果

图 10-57　建立不透明蒙版效果

在建立不透明蒙版时，面板中自动选择"剪切"选项，"剪切"选项就是为蒙版设置黑色背景，将被蒙版覆盖的图像裁剪为蒙版对象的大小。若取消选择此项，则可以释放出下层图形被遮挡的部分，如图 10-58 所示。再选择"反相蒙版"选项，则六边形蒙版中的颜色转化为相反的颜色，如图 10-59 所示，"反向蒙版"就是反转蒙版对象的亮度值，即反转蒙版图像的不透明度。

　　若要取消不透明蒙版，则从面板菜单中执行"释放不透明蒙版"命令，即可释放蒙版图形和被遮蔽的图形，将其还原成最初状态。若执行"停用不透明蒙版"命令，则可释放出被遮蔽的图形，隐藏作为蒙版的图形，并在蒙版缩览图上出现一个叉号，如图 10-60 所示。执行"取消链接不透明蒙版"命令，可取消图形与蒙版的链接关系，图形和蒙版缩览图之间的链接符号消失，可以单独移动被遮蔽图形。单击缩览图之间的"⬚"图标，也可取消或链接不透明蒙版。

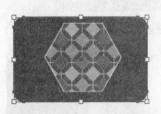
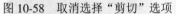
图 10-58　取消选择"剪切"选项

图 10-59　选择反相蒙版

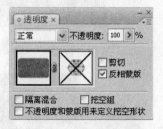
图 10-60　停用不透明蒙版

注意： 不透明蒙版的"不透明度"指的是蒙版对象的灰度亮度，不是颜色或矢量结构。

4．图形间的剪切

　　在"透明度"面板底部有 3 个复选项："隔离混合"、"挖空组"以及"不透明度和蒙版用来定义挖空形状。"

　　隔离混合： 此选项可将混合模式与已定位的图层或组进行隔离，以使其下方的对象不受影响。

　　挖空组： 此选项可以保持成组图形中单个物体或图层在相互重叠的地方不受每个物体应用透明度设置的影响。图 10-61 所示为未选择"挖空组"选项效果；将图形成组后，选择"挖空组"选项，得到如图 10-62 所示的效果。

图 10-61　未选择"挖空组"选项效果

图 10-62　选择"挖空组"选项后效果

　　不透明度和蒙版用来定义挖空形状： 此选项可创建与对象的不透明度成比例的挖空效果，在接近 100%不透明度的蒙版区域，挖空效果较强；在不透明度较小的区域，挖空效果较弱。如果使用渐变蒙版作为挖空区，则下方对象会被逐渐挖空，就像使用渐变投下的阴影。也可以使用矢量和栅格对象来创建挖空形状。该技巧对于未使用"正常"模式而使用其他混合模式的对象最为有用。

10.5　混合

使用混合工具和“混合”命令可以在两个或多个选定对象之间创建从形状到颜色的一系列具有层次的中间对象。混合也可以在两个开放路径或图形之间进行，甚至描边的粗细和颜色也可以混合，如图 10-63 所示。

（a）两个不同图形

（b）混合后效果

图 10-63　混合对象效果

10.5.1　混合选项

建立混合需要在两个或两个以上的图形间进行。选中要进行混合的两个图形，执行“对象/混合/混合选项”菜单命令，或直接双击工具箱中的 ![混合工具] （混合工具）按钮，弹出“混合选项”对话框，如图 10-64 所示。

图 10-64　“混合选项”对话框

在“混合选项”对话框中可以确定混合的方向及混合类型。单击“间距”后面的列表框可弹出下拉列表，其中有 3 个选项：“平滑颜色”、“指定的步数”、“指定的距离”。下面以图 10-65 所示的两个基础图形为例，分别介绍这 3 个选项的混合效果。

图 10-65　基础图形

平滑颜色：此项根据所指图形的颜色和形状让 Illustrator 自动计算混合的步骤数，如图 10-66 所示。如果对象是使用不同颜色进行填色或描边，则计算出的步骤数将是为实现平滑颜色过渡而取的最佳步骤数。如果对象包含相同的颜色、渐变或图案，则步骤数将根据两对象定界框边缘之间的最长距离计算得出。

指定的步数：此项可自定义混合开始与混合结束之间的图形数。选择此项后，可在后面的文本框内输入步数值，图 10-67 所示为输入混合步数 5 得到的效果。

指定的距离：此项用来控制每一步混合之间的距离，指定的距离是指从一个对象边缘起到下一个对象相对应边缘之间的距离。选择此项后，可在后面的文本框内输入间距值，图 10-68 所示为输入混合间距 15 得到的效果。

图 10-66　平滑颜色　　　　　　图 10-67　指定的步数　　　　　　图 10-68　指定的距离

"取向"后面的两个图标可控制混合图形的方向。

（对齐页面）：此项表示混合的图形垂直于页面，防止对象在沿着弯曲的路径分布时发生旋转，如图 10-69 所示。

（对齐路径）：此项表示混合的图形垂直于路径，它允许对象沿着路径发生旋转，如图 10-70 所示。

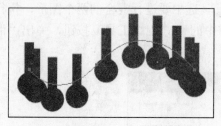

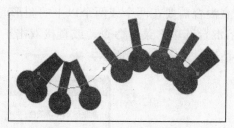

图 10-69　对齐页面　　　　　　　　　　图 10-70　对齐路径

10.5.2　混合建立

1. 使用混合工具建立混合

在工具箱中单击 （混合工具），分别在要建立混合的对象上单击，如图 10-71 所示。若要从指定的锚点上混合，则单击各自对象上的锚点，当指针移近锚点时，指针形状会由白色的方块变为透明，且中心处有一个黑点。

在对象间选择的锚点不同，混合形状也不同，图 10-72 所示为选择前面五角星顶点处的一个锚点和圆角矩形左下角的锚点得到的混合效果。

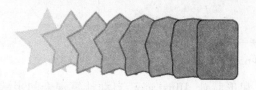

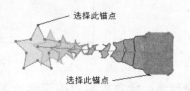

图 10-71　在对象上单击　　　　　　图 10-72　单击锚点混合

使用混合工具也可以在多个对象间进行混合，方法和在两个对象间混合一样，可依次单击，两两混合。如图 10-73 所示，用混合工具依次单击图形（a）、（b）、（c）、（d），便得到如图 10-74 所示的混合效果。单击图形的顺序不同，混合的效果也不同。

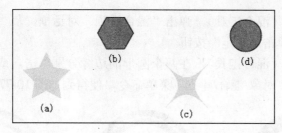

图 10-73　混合基础图形

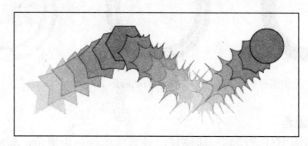

图 10-74　多图形混合效果

制作后的混合效果也可以通过"混合选项"对话框中的选项进行更改。选择混合效果，双击工具箱中的 （混合工具），弹出"混合选项"对话框，重新设置混合类型、混合步数、混合间距等参数即可。选择"预览"选项，可以随时在页面上预览更改效果。

2．使用"混合"命令建立混合

使用"混合"命令创建混合效果，需先将要进行混合的对象选中，然后执行"对象/混合/建立"菜单命令或按【Ctrl】+【Alt】+【B】组合键。如果在混合建立之前未对混合选项进行设定，Illustrator 会使用"平滑颜色"选项，自动计算最佳混合的步骤数。

"混合"命令也可在多对象间建立混合效果。将需要建立混合的对象全部选中，执行"对象/混合/建立"菜单命令，则根据所选对象在页面中的前后顺序建立混合效果。若要自定义混合顺序，需要使用混合工具依次单击对象，或按照需要的顺序重新排列对象。

选择混合对象，再执行"对象/混合/混合选项"菜单命令，可以重新在"混合选项"对话框中调整混合效果。

10.5.3　对路径和点应用混合

无论是路径还是点，混合的方法都是一样的，可以使用混合工具分别建立，也可以通过执行"对象/混合/建立"菜单命令来建立。

1．闭合路径间的混合

使用椭圆工具绘制一个正圆，将"填充"设为无，"描边"设为黑色，在"描边"面板中设置描边的宽度为 20 pt，如图 10-75 所示。

选择绘制的圆形，按【Ctrl】+【C】键，或执行"编辑/复制"菜单命令。然后按【Ctrl】+【F】键，或执行"编辑/贴在前面"菜单命令。原位便得到一个复制的圆形，把此圆形描边设为白色，描边宽度设为 2 pt，效果如图 10-76 所示。

双击工具箱中的 （混合工具），弹出"混合选项"对话框，从"间距"下拉列表中选择"平滑颜色"选项，单击"确定"按钮。

单击工具箱中的 （混合工具），在两个圆形的边缘分别单击，或使用选择工具同时选中这两个圆形，再执行"对象/混合/建立"菜单命令，便得到如图 10-77 所示的混合效果。

图 10-75　绘制圆形　　　　　图 10-76　粘贴圆形　　　　　图 10-77　混合效果

2．开放路径间的混合

使用钢笔工具在页面中任意绘制一段路径，设置描边颜色为黑色，宽度为 1 pt，无填充。本例绘制的路径如图 10-78 所示。

用同样方法在图 10-78 的路径上再绘制一段路径，设置描边颜色为浅灰色（或白色），宽度为 1 pt，无填充，效果如图 10-79 所示。

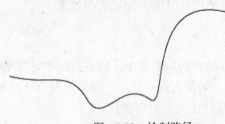 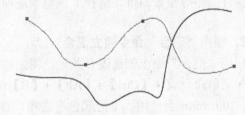

图 10-78　绘制路径　　　　　　　　　　图 10-79　绘制另一条路径

使用选择工具同时框选住这两条路径，执行"对象/混合/混合选项"菜单命令，在弹出的"混合选项"对话框中设置"混合的步数"为 25，再执行"对象/混合/建立"菜单命令，便得到如图 10-80 所示的混合效果。

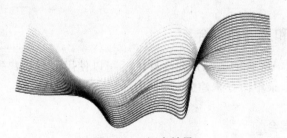

图 10-80　混合效果

3．点和路径间的混合

使用椭圆工具在页面中绘制一个正圆，将"填充"设为无，"描边"设为白色，描边的宽度设为 1 pt；使用钢笔工具在圆外单击，创建一个锚点，将"填充"设为无，"描边"设为黑色，描边的宽度设为 1 pt。

由于这两个图形在页面中都不容易找到，所以使用混合命令比较容易操作。使用选择工具在这两个图形区域上画矩形框，将它们选中，如图 10-81 所示。设置合适的混合步数，再执行"对象/混合/建立"菜单命令，便得到如图 10-82 所示的混合效果。

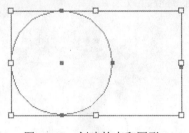

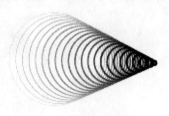

图 10-81　创建的点和圆形　　　　　　　　图 10-82　混合效果

10.5.4　混合编辑

1．重新为混合图形上色

图形进行混合之后，有时会对混合后的颜色不满意，或在制作具有白色填充和描边的混合图形时，可以重新为混合图形上色。

2．修改混合轴

混合轴是混合图形中贯串一系列中间对象的一段路径。一般而言，这段路径为直线，两端各有一个节点，如图 10-83 所示。用直接选择工具拖动节点可以移动图形位置。

图 10-83　混合轴

若要改变中间对象的排列形状，可以使用工具箱中的钢笔工具在混合轴上单击添加锚点，再选择工具箱中的 ▶ （转换锚点工具），或在选择钢笔工具的同时按住【Alt】键切换到此工具，在锚点上单击并拖动两条方向线，如图 10-84 所示。

如果一个锚点不能实现所需形状，可以继续使用钢笔工具添加锚点，然后调节方向线改变混合轴的形状，使中间对象按照修改的混合轴排列。

图 10-84　在混合轴上添加锚点

3. 替换混合轴

"替换混合轴"命令可将原混合图形的混合轴替换成任意形状的路径。使用钢笔工具在混合图形附近绘制一条路径，如图 10-85 所示。将混合图形和路径一起选中，再执行"对象/混合/替换混合轴"菜单命令，便得到如图 10-86 所示的混合效果。

图 10-85 绘制路径形状   图 10-86 替换混合轴效果

4. 反向混合轴和反向堆叠

"反向混合轴"命令可以反向混合图形的位置。先选中图 10-87 所示的混合图形，再执行"对象/混合/反向混合轴"菜单命令，可以看到混合图形的位置发生了变化，得到如图 10-88 所示的效果。

图 10-87 原混合图形   图 10-88 反向混合轴效果

"反向堆叠"命令可以反向混合图形的堆叠顺序。先选中如图 10-89 所示的混合图形，再执行"对象/混合/反向堆叠"菜单命令，所选混合图形的上下顺序便发生了变化，如图 10-90 所示。

图 10-89 原混合图形   图 10-90 反向堆叠效果

5.混合打散

图形混合后就形成一个整体，由原始图形和连接中间对象的混合轴组成。在混合图形中不能单独对某一图形进行编辑，要单独编辑，必须把混合打散。

选中如图 10-91 所示的混合图形，执行"对象/混合/扩展"或"对象/扩展"菜单命令，混合图形便被打散。打散后的混合图形自动成组，如图 10-92 所示。使用 ▶⁺（编组选择工具）可单独选择组内对象并移动，如图 10-93 所示。也可以执行"对象/取消编组"菜单命令，将成组图形取消编组后再编辑。

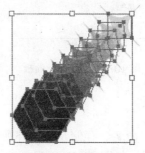

图 10-91 所选混合图形　　图 10-92 打散混合　　图 10-93 移动混合图形

6.释放混合

图形混合后，如果不再使用混合或要重新使用混合，可释放混合，清除混合效果。只需选择多个对象，执行"对象/混合/释放"命令（或按【Alt】+【Shift】+【Ctrl】+【B】组合键），便可以释放多个对象，只保留原始对象。

选中如图 10-94 所示的混合图形，执行"对象/混合/释放"菜单命令，混合图形便被释放，中间图形自动被删除，剩下原始对象，如图 10-95 所示。

图 10-94 混合图形　　　　　　图 10-95 释放混合图形

10.6 图形样式

图形样式是一组可反复使用的外观属性的集合。可以快速更改对象的外观，例如，更改对象的填色、描边颜色，更改其透明度等，还可以在一个步骤中应用多种效果。

通过"图形样式"面板可以完成创建、命名、存储以及将图形样式施加到对象上等操作。例如，要制作一个如图 10-96 所示的按钮效果，从图 10-97 所示的"外观"面板中可以看出制作此按钮的过程非常复杂。若要再制作一个具有同样效果但形状大小不同的按钮，重复如此烦琐的工作很麻烦，也很浪费时间。如果将制作好的按钮存储为一个图形样式，那么只需要从"图形样式"面板中找到它，施加到图形上就可以了，如图 10-98 所示。

图 10-96 椭圆形按钮效果　　　　图 10-97 "外观"面板　　　　图 10-98 方形按钮效果

10.6.1 图形样式面板

　　"图形样式"面板可用来创建、命名、存储及应用外观属性集。执行"窗口/图形样式"菜单命令，可弹出"图形样式"面板，如图 10-99 所示。

　　将"图形样式"面板中的样式施加到图形上，并不会改变图形本身的基本形状，只是对图形的外观应用新的属性。在图形上所加的样式可以随时去掉，以返回到原来的形状。

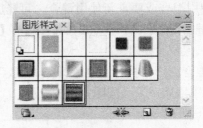

图 10-99 "图形样式"面板

　　"图形样式"面板中的样式显示方式有 3 种，可以从面板菜单中选择"缩览图视图"、"小列表视图"以及"大列表视图"，如图 10-100 所示。

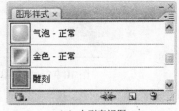

（a）缩览图视图　　　　　　（b）小列表视图　　　　　　（c）大列表视图

图 10-100 "图形样式"面板显示方式

10.6.2 应用图形样式

　　图形样式可应用于对象、组和图层。如果将图形样式应用于图层，则图层内的所有对象都将具有图形样式的属性；如果将图形样式应用于组，则显示出成组的效果，而不是单个效应，图 10-101 所示为将两个重合的椭圆同时选中后应用图形样式，其中（a）是未编组前应用图形样式的效果，（b）是成组后应用图形样式的效果。

（a）未成组图形效果　　　　　　　　（b）成组图形效果

图 10-101　分别对成组和未成组图形应用样式

在对象上施加图形样式的方法很简单，只需选择一个对象或组（或在"图层"面板中定位一个图层），然后从"图形样式"面板中选择一种样式单击即可。还可以将图形样式拖动到文档窗口的对象的路径上，如图 10-102 所示，在面板中选择一种样式，拖到图形路径上，即可应用该样式。

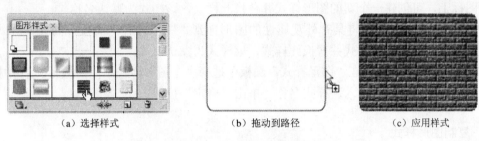

（a）选择样式　　　　　　　（b）拖动到路径　　　　　　　（c）应用样式

图 10-102　拖动应用图形样式

10.6.3　编辑图形样式

1．新建图形样式

在页面中创建一个图形，设定它的外观属性。要将此图形应用的外观属性存为图形样式，须确定"图形样式"面板中没有任何样式被选择，可使用以下方法。

（1）选择图形，单击"图形样式"面板底部的 ▣（新建图形样式）按钮，在面板中创建一个新的图形样式，该样式为默认名称，如图 10-103 所示。

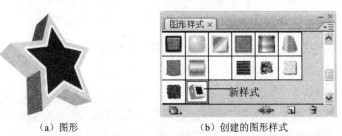

（a）图形　　　　　　　　　　（b）创建的图形样式

图 10-103　新建图形样式

（2）将"外观"面板左上角的图形缩览图拖到"图形样式"面板中或底部的 ▣ 按钮上，即可在面板中创建一个新的图形样式，该样式为默认名称。

（3）从"图形样式"面板菜单中执行"新建图形样式"命令，弹出"图形样式选项"对话框，如图 10-104 所示。在"样式名称"文本框内输入新图形样式的名称或使用默认名称，单击"确定"按钮，新的图形样式便出现在面板中。

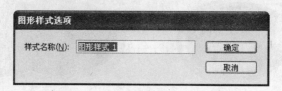

图 10-104 "图形样式选项"对话框

（4）直接将具有外观属性的图形拖到"图形样式"面板中，也可建立一个新的图形样式，该样式为默认名称。

（5）按住【Alt】键，单击"图形样式"面板底部的 （新建图形样式）按钮，弹出"图形样式选项"对话框，输入新图形样式的名称，单击"确定"按钮。

（6）按住【Alt】键，将"外观"面板左上角的图形缩览图拖到"图形样式"面板中的其他样式图标上，可创建一个新的图形样式并替换此样式，该样式为默认名称。

（7）按住【Alt】键，将具有外观属性的图形拖到"图形样式"面板中的其他样式图标上，可创建一个新的图形样式并替换此样式，该样式为默认名称。

（8）按住【Ctrl】键，在"图形样式"面板中选择多个图形样式图标，从面板菜单中执行"合并图形样式"命令，输入新样式名称，单击"确定"按钮。

2．复制图形样式

在"图形样式"面板中，选择欲复制的图形样式图标，从面板菜单中执行"复制图形样式"命令，或单击面板底部的 （新建图形样式）按钮，即可复制所选的样式，如图 10-105 所示。

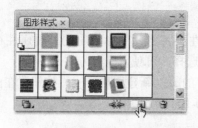
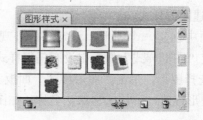

（a）"新建图形样式"按钮　　　　　　　　　（b）复制的图形样式

图 10-105 复制图形样式

3．删除图形样式

在"图形样式"面板中，选择欲删除的图形样式图标，从面板菜单中执行"删除图形样式"命令，或将所选图标拖到面板底部的 （删除图形样式）按钮上。

4．更改图形样式名称

在"图形样式"面板中双击选择欲改变名称的图形样式图标，或选择样式图标，从面板菜单中执行"图形样式选项"命令，弹出"图形样式选项"对话框，输入新名称，然后单击"确定"按钮。

5．断开图形样式链接

选择要施加图形样式的对象（图形、组或图层），从面板菜单中执行"断开图形样式链接"命令，或单击面板底部的 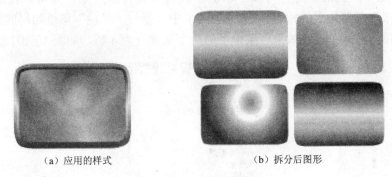（断开图形样式链接）按钮，可以把对象上的样式移走，但在对象本身和"外观"面板中的外观并没有改变，只是这些属性和"图形样式"面板中的样式没有关系了。也可以在"外观"面板中改变其外观属性，如填充、描边、透明度和效果等。

6．拆分图形样式

选中施加图形样式后的对象，执行"对象/扩展外观"菜单命令，然后使用直接选择工具或编组选择工具在图上单击，并移动和编辑分解图形，如图 10-106 所示。

（a）应用的样式　　　　　　　　　（b）拆分后图形

图 10-106　拆分图形样式

10.6.4　图形样式库

图形样式库是一组预设的图形样式集合。若要打开一个图形样式库，可执行"窗口/图形样式库"菜单命令，从子菜单中选择所需样式库名称，或从"图形样式"面板菜单的"打开图形样式库"子菜单中选择样式库。

也可以将自己创建的或常用的图形样式存储为一个新的图形样式库。

1．存储图形样式库

向"图形样式"面板添加所需的图形样式，或删除任何不需要的图形样式，然后从"图形样式"面板菜单中执行"存储图形样式库"命令，弹出"将面板存储为图形样式库"对话框，输入新样式库的名称，单击"保存"按钮即可。预设图形样式库中所有的图形样式都存放在 Adobe Illustrator CS3 安装目录"Adobe Illustrator CS3\预设\图形样式"文件夹下。

> **说明**：可以将新样式库存储在任何位置。不过，将库存储在默认位置，重启 Illustrator 时，新库名称将出现在"图形样式库"和"打开图形样式库"子菜单中。

2. 使用图形样式库

执行"窗口/图形样式库"菜单命令，从子菜单中选择所需样式库名称，或从"图形样式"面板菜单的"打开图形样式库"子菜单中单击样式库即可。

当打开一个图形样式库时，它会出现在一个新的面板（而非"图形样式"面板）中。其操作方式与在"图形样式"面板中执行这些操作的方式一样，可对图形样式库中的项目进行选择、排序和查看；不过，不能在图形样式库中添加、删除或编辑其中的项目。单击库中的某种图形样式，该图形样式会自动复制到"图形样式"面板中。

注意： 如果文字要应用图形样式，需更改为轮廓，否则不可以应用图形样式。

10.7　关于效果菜单

对象应用效果是 Illustrator CS3 的重要功能，它改变对象的外观而不影响对象的基本结构。结合"外观"面板的应用，可以了解对象具有哪些特殊效果，并可以在面板上进行编辑，这是"效果"菜单最大的特点。"效果"菜单中包括与"滤镜"菜单相同的滤镜，此外还有独有的子菜单。在菜单栏"效果"菜单下的命令选项分为 4 栏，如图 10-107 所示。

图 10-107　"效果"菜单

第 1 栏中有两个命令，分别重复上一次的效果处理和继续使用此效果编辑图形；第 2 栏为文档删格效果设置，用于图形删格化设置；第 3 栏为 Illustrator 效果，可以对 Illustrator 产生的矢量图形起作用；第 4 栏为 Photoshop 效果，只对像素图像起作用。

"效果"菜单下的许多用来更改对象外观的命令都同时出现在"滤镜"菜单中。例如，"滤镜/艺术效果"子菜单中的所有命令同样出现在"效果/艺术效果"子菜单中。不过，滤镜和效果所产生的结果却有所不同，因此，了解这两者在使用上的区别是十分重要的。

效果是实时的，这就意味着可以向对象应用一个效果命令，然后继续使用"外观"面板随时修改效果选项或删除该效果。一旦向对象应用了一种效果，"外观"面板中便会列出该效果，可以对该效果进行编辑、移动、复制、删除，或将其存储为图形样式的一部分，如图 10-108（a）所示。当对效果操作进行保存并关闭文件时，再次打开文件，原对象仍可以恢复。

滤镜更改的是底层对象，一经应用，就无法再修改或移去滤镜所做的更改，在"外观"面板上的显示如图 10-108（b）所示，不过，使用"滤镜"命令来改变对象形状也有其优势，那就是可以立即访问滤镜创建的新锚点或已修改锚点。而使用"效果"命令，则必须在效果被扩展之后才能访问新的锚点。

（a）"外观"面板 1

（b）"外观"面板 2

（c）"外观"面板 3

图 10-108　应用各种效果后的"外观"面板

"效果"菜单中的下半部分命令不仅可以对位图图像进行操作，还可以对矢量图形进行操作，如图 10-108（c）所示，而"滤镜"命令只能对位图图像进行操作。

下面对于在"滤镜"菜单中未出现的效果加以说明，其他命令的操作和创建效果与"滤镜"菜单中的相同，这里就不再赘述。

10.7.1　创建 3D 效果

Illustrator 中的 3D 效果可以从二维（2D）图稿创建（3D）对象，可以通过高光、阴影、旋转和其他属性来控制 3D 对象的外观，还可以将图稿贴到 3D 对象的每一个表面上。执行"效果/3D"菜单命令，可弹出"3D"子菜单，其中有 3 个选项，如图 10-109 所示。

图 10-109　"3D"子菜单

1. 通过"凸出和斜角"创建 3D 对象

"凸出和斜角"命令可确定 3D 对象的深度，以及向对象添加或从对象剪切任何斜角的延伸。选中如图 10-110 所示的图形（图形设有填充色，描边设为无），执行"效果/3D/凸出和斜角"菜单命令，弹出"3D 凸出和斜角选项"对话框，如图 10-111 所示。

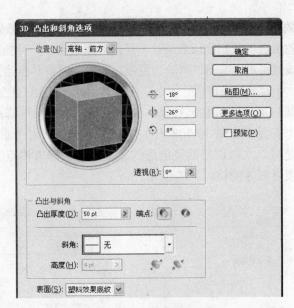

图 10-110 所选形状　　　　　　　图 10-111 "3D 凸出和斜角选项"对话框

选择"3D 凸出和斜角选项"对话框右侧的"预览"选项，在对对象设置凸出和斜角效果时可以随时查看设置的效果。

位置：设置对象转变立体后如何旋转，以及观看对象的透视角度，从后面的下拉列表中可选择一个预设位置，Illustrator 中默认选择"离轴-前方"选项，效果如图 10-112 所示。

也可以自定义对象视角，拖动对话框上模拟立方体的表面旋转，根据模型上不同的颜色可识别对象的可视面：蓝色表面表示对象的前表面，对象的上表面和下表面为浅灰色，两侧为中灰色，后表面为深灰色。更精确的旋转可在右边 ⊖（X 轴）、⊘（Y 轴）和 ⊙（Z 轴）文本框中输入介于−180～180 的值。如果对象带有描边，则创建 3D 凸出效果后，原来的描边被拓展为面，颜色会比原来的深，如图 10-113 所示。

若要限定对象围绕一条对象轴旋转，可拖动模拟立方体的一个边缘。鼠标指针放到模型边缘会变成" ﾚ "形状，且立方体边缘的颜色也会突出显示，以帮助识别要围绕其旋转对象的轴：显示红色的边缘代表围绕对象的 X 轴旋转，绿色代表围绕对象的 Y 轴旋转，蓝色代表围绕对象的 Z 轴旋转。

透视：设置 3D 对象透视效果。

在"凸出与斜角"区域内可设置对象拉伸与斜角。

凸出厚度：设置对象拉伸的深度，单击文本框后面的三角形，弹出滑动条，拖动滑块可改变厚度值，也可直接输入 0～2 000 之间的值。

端点：指定对象显示为实心还是空心。单击 ◉（开启端点）图标可建立实心外观，参见图 10-99；单击 ◉（关闭端点）图标可建立空心外观，如图 10-114 所示。

斜角：沿对象的深度轴（Z 轴）应用所选类型的斜角边缘。从"斜角"后面的下拉菜单中可选择一种斜角类型；不创建斜角，则选择"无"。

高度：设置斜角的高度，取值介于 1～100 之间。如果对象的斜角高度太大，则可能导致对象自身相交，产生意料之外的结果。后面的两个图标用于设定添加斜角的位置，单击 ◪（斜角外扩）图标，可将斜角添加至对象的原始形状，如图 10-115 所示；单击 ◪（斜角内缩）图标，可自对象的原始形状砍去斜角，如图 10-116 所示（图中用黑线标出外扩与内缩斜角在对象自身的不同位置）。

图 10-112 "离轴−前方"效果　　图 10-113 带有描边的图形　　图 10-114 空心外观

图 10-115 斜角外扩　　　　　　图 10-116 斜角内缩

表面：为对象选择各种形状的表面底纹，从后面的下拉菜单中可选择任意选项：选择"线框"选项绘制对象几何形状的轮廓，并使每个表面透明；选择"无底纹"选项不向对象添加任何新的表面属性，3D 对象具有与原始 2D 对象相同的颜色；选择"扩散底纹"选项使对象以一种柔和、扩散的方式反射光；选择"塑料效果底纹"选项使对象以一种闪烁、光亮的材质模式反射光。

（1）"贴图"对话框

单击"3D 凸出和斜角选项"对话框右侧的"贴图"按钮，可弹出"贴图"对话框，如图 10-117 所示。

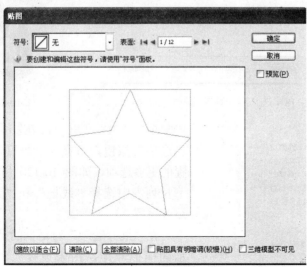

图 10-117 "贴图"对话框

选择对话框右侧的"预览"选项，可以随时查看贴图效果。

符号：选择要贴到 3D 对象表面的图稿，从后面的下拉列表中选择符号样式，菜单所含内容的多少与"符号"面板中含有符号的数量有关。要自定义新图稿，则先在页面中创建图稿，然后将其做为新符号添加到"符号"面板中。

表面：选择要创建贴图的对象表面。单击 ◄◄（第一个）、◄（上一个）、►（下一个）和►►（最后一个）箭头按钮选择对象表面，也可在文本框中输入一个表面编号。被选择的表面在对象上凸出显示边缘。

缩放以适合：单击此按钮，可将使用的贴图符号缩放到适合应用表面的大小。

清除：单击此按钮，可清除所选表面的贴图。

全部清除：单击此按钮，可清除所有表面的贴图。

贴图具有明暗调：选择此项，可使贴图表面具有对象的明暗。

三维模型不可见：选择此项，可隐藏三维模型，只显示表面应用的贴图。

（2）贴图过程/光照设置选项

下面以第一个表面（正前方的表面）为例，介绍为表面贴图的过程。

在"符号"下拉列表中选择如图 10-118 所示的按钮符号。单击对话框底部的"缩放以适合"按钮，将符号放大至表面边缘，拖动符号上的定界框，使符号完全覆盖对象表面。选中"贴图具有明暗调"选项，单击"确定"按钮。完成的贴图效果如图 10-119 所示。

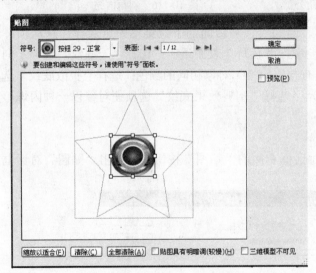

图 10-118　选择用于贴图的符号

图 10-119　贴图效果

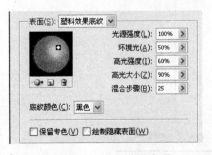

图 10-120　光照设置选项

单击"3D 凸出和斜角选项"对话框右侧的"更多选项"按钮，可在对话框底部显示出关于光照设置的更多选项，如图 10-120 所示。如果在"表面"下拉列表中选择"线框"和"无底纹"选项，则无须此设置。

在"展开选项"对话框的上部有如图 10-121 所示的模拟球体，用来设置光源在对象上的照射位置。在默认情况下，一个对象分配一个光源。也可以添加和删除光源，但对象至少要保留一个光源。模拟球体右侧的一系列设定项可以控制光源的强度和大小。

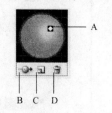

图 10-121　模拟光源设置

其中：

A：光源　　B：将所选光源移到对象前/后面　　C：新建光源　　D：删除光源

光源：单击此按钮并拖动，可以移动光源位置，选择"预览"选项，可以观察到移动光源时，页面中 3D 对象表面的明暗变化。

（光源后移）**按钮：**单击此按钮，可将选择的正面光源移到对象的背后，按钮变为 （光源前移）；再次单击此按钮，可将光源移回到对象前面。

（新建光源）**按钮：**单击此按钮，可在对象前面添加光源。在默认情况下，新建光源出现在球体正前方的中心位置。

（新建光源）**按钮：**单击此按钮，可将所选光源删除。被选择的光源周围出现黑色矩形，未被选择的光源为空心圆形。

底纹颜色：控制对象的底纹颜色，取决于所选择的命令，选择"无"选项不为底纹添加任何颜色；选择"自定"选项允许选择一种自定颜色，如果选择了此项，则单击后面的颜色块框，可以在"拾色器"中选择一种颜色。专色变为印刷色。

光源强度：控制光源照射的强度，取值介于 0%～100% 之间。

环境光：控制全局光照，统一改变所有对象的表面亮度。取值介于 0%～100% 之间。

高光强度：控制对象反射光的多少，取值介于 0%～100% 之间。较低值产生暗淡的表面，较高值产生光亮的表面。

高光大小：控制高光的大小，取值范围由大（100%）到小（0%）。

混合步骤：控制对象表面所表现出来的底纹的平滑程度。取值介于 1～256 之间，步骤数越高，所产生的底纹越平滑，路径也越多。

对话框底部有"保留专色"和"绘制隐藏表面"两个复选项。

保留专色：保留对象中的专色。如果在"底纹颜色"选项中选择了"自定"选项，则无法保留专色；反之选择了此项就无法在"底纹颜色"选项中选择"自定"颜色。

绘制隐藏表面：显示对象的隐藏背面。如果对象透明，或展开对象并将其拉开，便可看到对象的背面。

2．通过绕转创建 3D 对象

围绕全局 Y 轴（绕转轴）绕转一条路径或剖面，使其作圆周运动，通过这种方法来创建 3D 对象。通过路径绕转出的 3D 对象为空心，剖面绕转出的 3D 对象为实心。

在页面选中如图 10-122 所示的一段路径，执行"效果/3D/绕转"命令，弹出"3D 绕转选项"对话框，如图 10-123 所示。

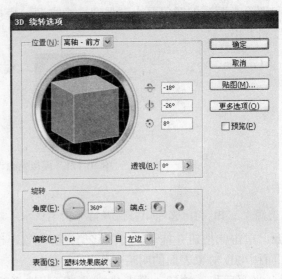

图 10-122 所选路径   图 10-123 "3D 绕转选项"对话框

在"位置"后面的下拉列表中选择 3D 对象的视角，或自定义视角，具体设置可以参照"3D 凸出和斜角选项"对话框。使用 Illustrator 中默认的选择视角（离轴–前方）创建的绕转效果如图 10-124 所示。

在"绕转"区域内设置对象绕转。

角度： 设定对象旋转角度，拖动滑块或在文本框内输入角度值。

端点： 指定对象外观是实心还是空心。单击 ◉（开启端点）图标可建立实心外观，单击 ◉（关闭端点）图标可建立空心外观，两种外观效果如图 10-125 所示。

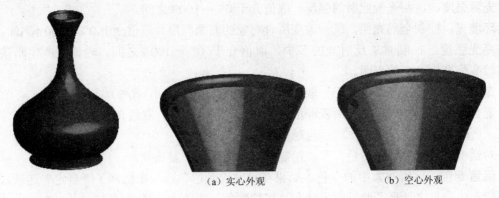

（a）实心外观   （b）空心外观

图 10-124 绕转效果   图 10-125 实心与空心外观

偏移： 在绕转轴与路径之间添加距离，可以输入一个介于 0～1000 之间的值。

自： 设置对象绕之转动的轴，可以是"左边"，也可以是"右边"。同一对象选择绕转轴创建的 3D 效果也不同，如图 10-126 所示。

表面： 创建各种不同的表面。

贴图： 将图稿贴到 3D 对象表面上，操作方法与"3D 凸出和斜角"相同。为 3D 对象表面贴图的效果如图 10-127 所示。

单击"更多选项"按钮，在对话框底部可显示出关于光照设置的更多选项，其中的设置和"3D 凸出和斜角"对话框相同，这里就不再赘述。单击"较少选项"按钮可以隐藏此处的选项。

（a）选择"左边"　　　　　（b）选择"右边"

图 10-126　选择不同绕转轴对比

图 10-127　贴图效果

3. 在三维环境中旋转对象

先选中旋转对象，然后执行"效果/3D/旋转"菜单命令，弹出"3D 旋转选项"对话框，如图 10-128 所示。

选择"预览"选项，可以在文档窗口中预览旋转效果。拖动模拟立方体表面或输入角度值便可以旋转对象；单击"更多选项"按钮，可以查看完整的选项列表；单击"较少选项"按钮，可以隐藏额外的选项。

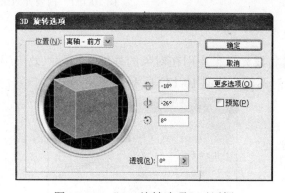

图 10-128　"3D 旋转选项"对话框

10.7.2　风格化效果

在菜单栏"效果/风格化"子菜单中，除了"内发光"、"外发光"、"涂抹"和"羽化"4 个命令外，其他的命令在"滤镜"菜单中都已经介绍过，这里就不再赘述。

1. 内发光

"内发光"命令可在对象内部创建发光效果。执行"效果/风格化/内发光"菜单命令，可弹出"内发光"对话框，如图 10-129 所示。

选择"预览"选项，可以在文档窗口中预览设定的内发光效果。

模式：设定内发光应用的混合模式。

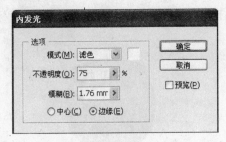

图 10-129　"内发光"对话框

不透明度：调整内发光的不透明度。

模糊：调整内发光范围大小。

中心：设定内发光从对象的中心开始。

边缘：设定内发光从对象的边缘开始。

单击"模式"后面的色块，可从弹出的"拾色器"中设定内发光的颜色。

为如图 10-130 所示的图形设定内发光效果，如图 10-131 所示。

　　　　　　　　　　　　　　　　　　（a）内发光至边缘　　　　　　　　（b）内发光至中心

图 10-130　原图　　　　　　　　　　　　图 10-131　内发光效果

2．外发光

"外发光"命令可将发光效果应用在对象的外部。执行"效果/风格化/外发光"菜单命令，可弹出"外发光"对话框，如图 10-132 所示。

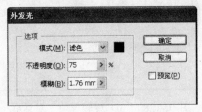

图 10-132　"外发光"对话框

　　　　"外发光"对话框中的选项设置与"内发光"相同，不再赘述。对图形应用外发光的效果如图 10-133 所示。

　　　　　（a）原图　　　　　　　　　　　　　　（b）应用外发光

图 10-133　外发光效果

3. 涂抹

"涂抹"命令可在对象上产生类似线条涂鸦的效果。执行"效果/风格化/涂抹"菜单命令，可弹出"涂抹选项"对话框，如图 10-134 所示。

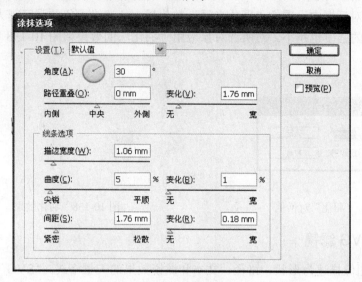

图 10-134 "涂抹选项"对话框

在"设置"下拉列表中可选择一种已设定好的涂抹风格，也可通过选项自定涂抹风格。

角度：用于控制涂抹线条的方向。可以单击"角度"图标中的任意点，或拖移角度线，也可以在框中输入一个介于−179~180 之间的值。

路径重叠：用于控制涂抹线条在路径边界内距路径边界的量或在路径边界外距路径边界的量。拖动滑块定义数值，负值将涂抹线条控制在路径边界内部，正值则将涂抹线条延伸至路径边界外部。

变化：（适用于路径重叠）用于控制涂抹线条彼此之间的相对长度差异。

描边宽度：用于控制涂抹线条的宽度。

曲度：用于控制涂抹曲线在改变方向之前的曲度。

变化：（适用于曲度）用于控制涂抹曲线彼此之间的相对曲度差异大小。

间距：用于控制涂抹线条之间的折叠间距量。

变化：（适用于间距）用于控制涂抹线条之间的折叠间距差异量。

对如图 10-135 所示的图形应用"涂抹"命令，可得到如图 10-136 所示的效果。

图 10-135 原始图形

图 10-136 应用涂抹效果

4．羽化

"羽化"命令可柔化物体的边缘，令对象从内部到外部产生渐隐到透明的效果。执行"效果/风格化/羽化"菜单命令，弹出"羽化"对话框，如图 10-137 所示。

在"羽化"对话框中设置的"羽化半径"数值越大，边缘柔化的强度越大；"羽化半径"数值越小，柔化的强度也越小。对所选对象应用"羽化"的效果如图 10-138 所示。

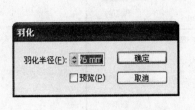

（a）原图　　　　　　　（b）羽化效果

图 10-137 "羽化"对话框　　　　　　图 10-138 羽化效果

10.7.3 SVG 滤镜

SVG 是将图像描述为形状、路径、文本和滤镜效果的矢量格式。"SVG 滤镜"是一系列描述各种数学运算的 XML 属性，生成的效果会应用于目标对象而不是源图形。Illustrator 提供了一组默认的 SVG 效果，可以使用这些效果的默认属性，还可以编辑 XML 代码以生成自定效果，或者导入新的 SVG 效果。

执行"效果/SVG 滤镜"菜单命令，弹出"SVG 滤镜"子菜单，子菜单中包含的各种 SVG 效果如图 10-139 所示。

执行"应用 SVG 滤镜"命令，弹出"应用 SVG 滤镜"对话框，如图 10-140 所示。从对话框的 SVG 滤镜列表中可选择需要的效果。当选择"预览"选项时，在列表中选择的效果可以随时在图形上表现。也可以直接从第二栏的子菜单中选择任意一种 SVG 效果应用于图形。

执行"导入 SVG 滤镜"命令，可以在 Illustrator 中导入任何 SVG 滤镜。

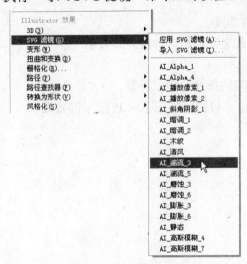

图 10-139 "SVG 滤镜"菜单

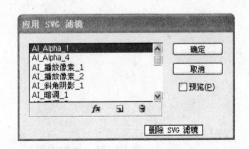

图 10-140 "应用 SVG 滤镜"对话框

第 11 章 图 表

图表可以直观地显示和比较数据，Illustrator 提供了丰富的图表类型和强大的图表功能，用户可以得心应手地使用图表对数据进行统计和比较。

11.1 创建图表

在 Illustrator CS3 中，可用图表命令和图表工具创建图表。在菜单栏的"对象"菜单下有"图表"菜单，工具箱中还有 9 种图表工具，如图 11-1 所示。

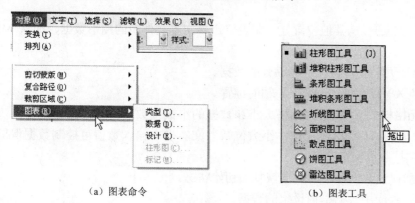

（a）图表命令　　　　　　　　（b）图表工具

图 11-1　图表命令和工具

下面以柱形图为例，介绍创建图表的方法。

单击工具箱中的 **■**（柱形图工具）图标，在画板上按住鼠标左键拖动，拖出的矩形框大小即为所创建图表的大小，如图 11-2 所示。

如果要精确定义图表大小，则单击 **■** 图标后，在需要创建图表处单击，弹出"图表"对话框，如图 11-3 所示，在此对话框中输入图表的宽度和高度即可。

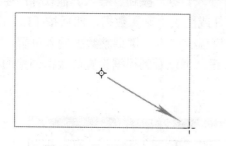

图 11-2　拖出图表大小

图 11-3　"图表"对话框

注意：在拖动过程中，按住【Shift】键拖出的图形为正方形；按住【Alt】键，将从单击点向外扩张，单击点即为图表的中心。

在图表的宽度和高度确定后，弹出符合设计形状和大小的图表以及图表数据输入框，如图 11-4 所示。

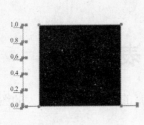

（a）图表

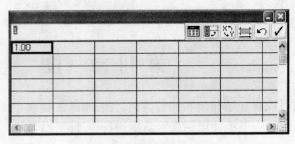

（b）图表数据输入框

图 11-4　图表和图表数据输入框

Illustrator 图表数据输入框相当于一个电子表格，由行和列组成，输入的数据将直接决定图表的形状。在图表数据输入框中，顶部除了数据输入栏之外还有几个小按钮，从左至右依次说明如下。

　　 （导入数据）：从其他位置导入制表位定界文本文件中的图形数据，如从 Microsoft 导出的数据文件。

　　 （换位行/列）：转换横行和纵列的数据。

　　 （切换 X/Y）：切换 X 轴和 Y 轴的位置。

　　 （单元格样式）：调节单元格大小和数据的小数位数，单击此按钮，弹出"单元格样式"对话框，如图 11-5 所示。在"小数位数"文本框中输入数值可控制数据保留小数的位数，"列宽度"控制单元格宽度。

　　 （恢复）：使数据框中的数据恢复到初始状态。

　　 （应用）：应用数据框内设定的数据。

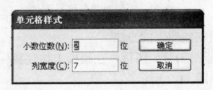

图 11-5　"单元格样式"对话框

　　在数据输入栏输入一个数据；或单击 （导入数据）按钮，导入其他软件产生的数据；也可以使用"复制"和"粘贴"方式从别的文件或图表中贴入数据，然后按【Enter】键，转入同一列的下一单元格继续输入数据，或通过键盘上的方向键调整数据输入位置。如此连续创建数据，然后单击输入框上的 （应用）按钮，可以看到根据设置的数据创建的图表，如图 11-6 所示。

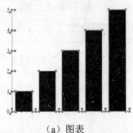

（a）图表　　　　　　　　　　　　　（b）设置的数据

图 11-6　创建的图表

图表统计的数据可能不止一组，有时会有几个对象或几种类别进行比较。例如，2007 年北京市 90 号清洁汽油、93 号清洁汽油、97 号清洁汽油、98 号清洁汽油和 0 号车用柴油的油价调整前后的价格分别为 4.59 和 4.99、4.90 和 5.34、5.22 和 5.68、5.81 和 6.27（元/公升），现在制作图表来直观地表示油价调整前后的增减量。

在工具箱中选择图表工具，在页面拖出图表大小。在弹出的数据框中输入标签，标签包括两个内容：一是分类标签，其数据输入到列中，如 90、93、97、98、0，在输入这些数字时需要将数字加上英文状态下的双引号，写成"90"、"93"、"97"等，否则纯数字不能被图表识别，如果加中文标点符号，则图表将符号一起显示；二是图例标签，其数据输入到行中，如"调整前"和"调整后"。

分别输入各型号油价调整前后的数值，将第一行和第一列相交的单元格保持空白。输入数据后的图表输入框如图 11-7 所示。单击 ✔（应用）按钮，然后关闭输入框，便得到如图 11-8 所示的图表效果。

图 11-7　设置的图表数据输入框

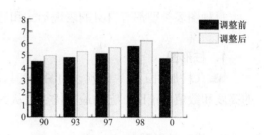

图 11-8　生成的图表

在该图表中，纵坐标表示价格，横坐标表示用油型号，调整前和调整后的油价以不同的颜色表示，在图表的右上角标明了调整前和调整后的图例。

如果分类标签使用文本，而文本过长需要换行，可以在文本需要断开处插入垂直断线，如"0 号车用柴油"，可写成"0 号|车用柴油"，则形成图表后"0 号"和"车用柴油"分成两行，如图 11-9 所示。

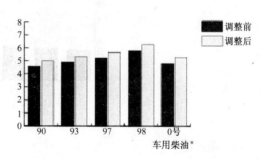

图 11-9　分行文字标签

说明： 垂直断线为"|"，可以按【Shift】键和" <kbd>\</kbd> "键得到。

11.2 修改图表

图表制作完成后，随着数据的变化，可能需要更改其中的某些数据。这时，首先要使用选择工具选中所要更改的图表，执行"对象/图表/数据"命令，弹出图表数据输入框，在此框中修改要改变的数据，然后单击输入框中的"应用"按钮即可。

11.3 图表类型

Illustrator CS3 的工具箱提供了 9 种图表类型，分别是柱形图、堆积柱形图、条形图、堆积条形图、折线图、面积图、散点图、饼图和雷达图。

11.3.1 图表的表现形式

每种图表类型都有自身的表现形式和适用场合，下面逐一进行介绍。

1. 柱形图

▇▇▇（柱形图工具）是预设的图表工具，所创建的图表用矩形的高度来表示数据值，矩形的高度和数值成正比。它的最大优点是从图表上可以直接读出不同形式的统计数据。

2. 堆积柱形图

▇▇（堆积柱形图工具）所创建的图表与柱形图类似，只是它将柱形堆积起来，而不是互相并列，如图 11-10 所示。从柱形图和堆积柱形图的图例可以看出，柱形图用于每一类项目中单个分项目数据的数值比较，而堆积柱形图则用于比较每一类分项目中所有的分项目数据，所以这种图表类型可用于表示部分和总体的关系。

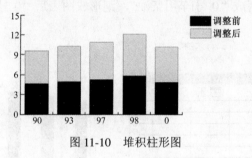

图 11-10　堆积柱形图

3. 条形图

▇▇（条形图工具）所创建的图表与柱形图类似，只是条形水平放置而不是垂直放置，如图 11-11 所示。

4. 堆积条形图

▇▇（堆积条形图工具）所创建的图表与堆积柱形图类似，只是条形是水平堆积而不是垂直堆积，如图 11-12 所示。

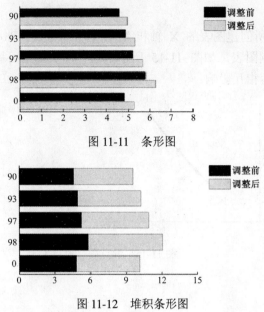

图 11-11 条形图

图 11-12 堆积条形图

5. 折线图

![折线图工具图标]（折线图工具）所创建的图表使用点来表示一组或多组数值，并对每组中的点采用不同的线段来连接。这种图表类型通常用于表示在一段时间内一个或多个主题变化的趋势，通过它能够更好地把握事物发展的进程、更好地分析变化趋势、辨别数据变化规律和特性。通过折线图，不仅能够纵向比较图表中各个横向数据，也可以横向比较各个纵向数据，如图 11-13 所示。

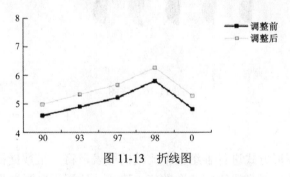

图 11-13 折线图

6、面积图

![面积图工具图标]（面积图工具）所创建的图表与折线图类似，只是它将折线形成不同颜色的面积区域，如图 11-14 所示。这种图表类型用于强调数值的整体和变化情况。

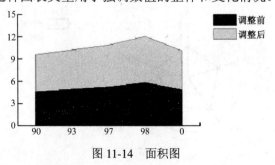

图 11-14 面积图

7. 散点图

(散点图工具) 所创建图表的 X 轴和 Y 轴都将作为数据轴，在两组数据交汇处形成坐标点，通过坐标点绘制图表，如图 11-15 所示。这种图表类型可用于识别数据中的图案或趋势，还可表示变量是否相互影响。

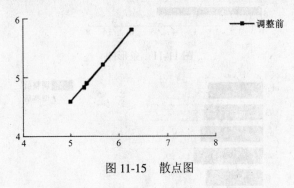

图 11-15　散点图

8. 饼图

(饼图工具) 所创建的图表为圆形图，它的楔形表示所比较数值的相对比例，如图 11-16 所示。也就是把数据的总和作为一个圆饼，各数据所占的比例通过不同的面积和颜色来表示。

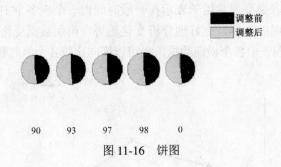

图 11-16　饼图

9. 雷达图

雷达图是一种以环形方式进行各组数据比较的图表，将一组数据根据其数值多少在刻度尺上标注成数值点，然后通过线段将各个数值点连接。适用于判断数据的变化，可在某一特定时间点或特定类别上比较数值组，并以环形格式表示，如图 11-17 所示。这种图表类型经常用于自然科学，并不常见。

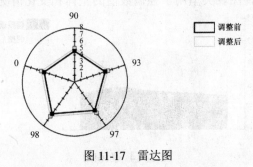

图 11-17　雷达图

11.3.2 "图表类型"对话框

执行"对象/图表/类型"菜单命令，或双击工具箱中的任意图表工具，都可弹出"图表类型"对话框，如图 11-18 所示。

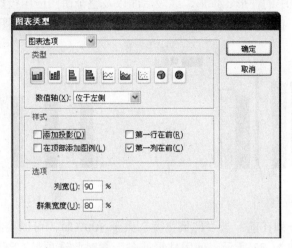

图 11-18 "图表类型"对话框

单击对话框最上面的列表框，弹出下拉列表，其中包含"图表选项"、"数值轴"和"类别轴"3 种选项。选择任意选项，在对话框中都会出现有关该选项的功能设定项。

1. 图表选项

在"图表类型"对话框顶部的列表中选择"图表选项"选项，则"图表类型"对话框中出现的内容用于更改图表类型、设定图表样式以及选项设置。

（1）类型

"类型"区域内的选项用于更改图表不同类型的表现形式。选择创建的图表，在"图表类型"对话框单击需要更改的图表类型图标，单击"确定"按钮，即可更改页面中图表的表现形式。共有"柱形图"、"堆积柱形图"、"条形图"、"堆积条形图"、"折线图"、"面积图"、"散点图"、"饼图"和"雷达图"9 种图表样式。

数值轴：确定数值轴（此轴表示测量单位）出现的位置，默认数值轴出现在图表左侧，如果在"数值轴"列表中选择"位于右侧"，则数值轴出现在图表右侧，如图 11-19 所示；如果在"数值轴"列表中选择"位于两侧"，则图表的两侧都有数值轴，如图 11-20 所示。

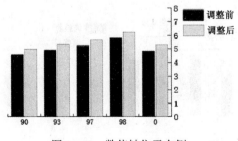

图 11-19 数值轴位于右侧

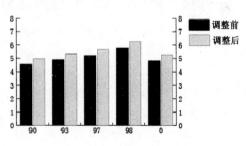

图 11-20 数值轴位于两侧

（2）样式

"样式"区域内的选项用于设定图表的表现形式，可以选择"添加投影"、"在顶部添加图例"等选项。

添加投影：对图表中的柱形、条形、线段后面以及整个饼图应用投影，如图11-21所示。

在顶部添加图例：在图表顶部（而不是右侧）水平显示图例，如图11-22所示。

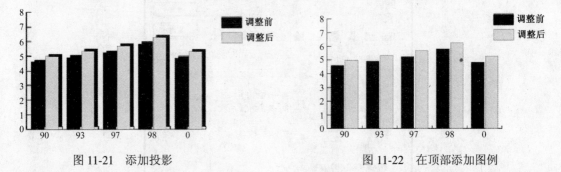

图11-21 添加投影   图11-22 在顶部添加图例

第一行在前和**第一列在前**：当"群集宽度"大于100%时，可以控制图表中数据的类别或群集重叠的方式，如图11-23所示。使用柱形或条形图时此选项最有帮助。

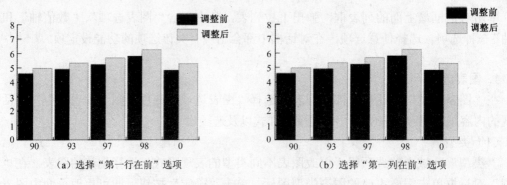

（a）选择"第一行在前"选项   （b）选择"第一列在前"选项

图11-23 "第一行在前"和"第一列在前"效果

（3）选项

"选项"区域内的选项根据选择的图表类型不同而变化，它以百分比设置"列宽"和"群集宽度"。

① 当选择图表类型为"柱形图"和"堆积柱形图"时，"选项"区域中的内容是相同的，为"列宽"和"群集宽度"，如图11-24所示。

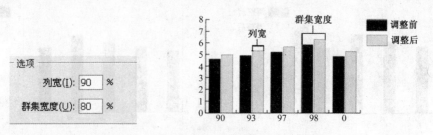

图11-24 "列宽"和"群集宽度"设置效果

列宽：定义图表中矩形条的宽度。

群集宽度：定义一组矩形条的总宽度。"群集"指图表数据输入框汇总一行数据对应的一组矩形条。

② 当选择图表类型为"条形图"和"堆积条形图"时，"选项"区域中的内容是相同的，为"条形宽度"和"群集宽度"，如图 11-25 所示。

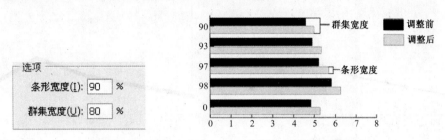

图 11-25 "条形宽度"和"群集宽度"设置效果

条形宽度：定义图表中矩形横条的宽度。

群集宽度：定义一组矩形横条的总宽度。

③ 当选择图表类型为"折线图"和"雷达图"时，"选项"区域中的选项相同，有"标记数据点"、"连接数据点"、"线段边到边跨 X 轴"、"绘制填充线"和"线宽"，如图 11-26 所示。

图 11-26 "折线图"选项内容

标记数据点：在每个数据点上置入正方形标记，如图 11-27 所示。

连接数据点：用直线连接数据点，可以更轻松地查看数据间的关系，如图 11-28 所示。

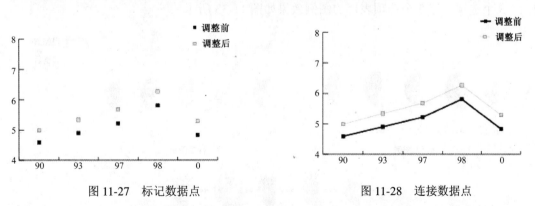

图 11-27 标记数据点 　　　　　　 图 11-28 连接数据点

线段边到边跨 X 轴：沿 X 轴从左到右绘制跨越图表的线段，如图 11-29 所示。

绘制填充线：根据"线宽"文本框中输入的值可创建更宽的线段，并且"绘制填充线"还根据该系列数据的图例来确定用何种颜色填充线段，如图 11-30 所示。在选择"连接数据点"选项时，此选项才有效。

④ 当选择图表类型为"面积图"时，"选项"区域中无选项。

⑤ 当选择图表类型为"散点图"时，"选项"区域中的选项如图 11-31 所示。选项的作用和折线图相同。

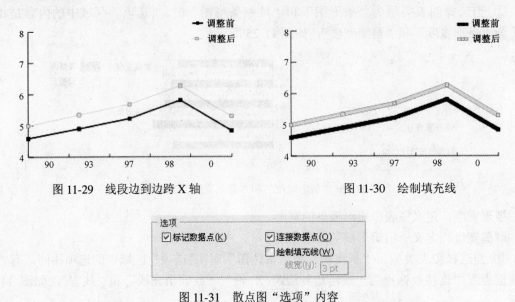

图 11-29　线段边到边跨 X 轴　　　　图 11-30　绘制填充线

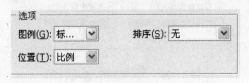

图 11-31　散点图"选项"内容

⑥ 当选择图表类型为"饼图"时，"选项"区域中的选项如图 11-32 所示。

图 11-32　饼图"选项"内容

图例：可以改变图表的图例形式。其下拉列表中包含"无图例"、"标准图例"和"楔形图例" 3 个选项，这 3 个选项表现的图例效果如图 11-33 所示。

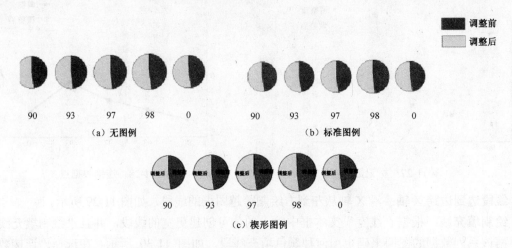

（a）无图例　　　　　　　　　　（b）标准图例

（c）楔形图例

图 11-33　不同图例表现形式

位置：可以改变圆形标签在"饼图"图表中的表现形式。其下拉列表中包含"比例"、

"相等"和"堆积"3个选项。

选择"比例"选项，图表的圆形标签大小根据数据间的比例大小来确定；选择"相等"选项，圆形标签大小全部相等，与数据值无关；选择"堆积"选项，圆形标签堆叠在一起。这3个选项的效果如图11-34所示。

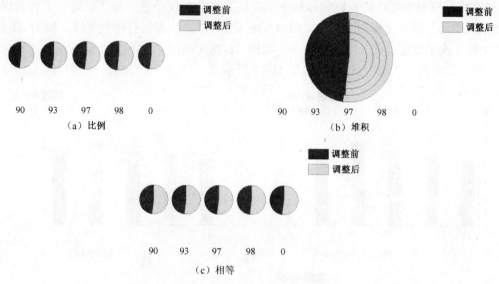

图11-34　不同位置表现形式

排序：该下拉列表中的选项控制图表元素的排列顺序。"全部"表示元素信息由大到小顺时针排列；"第一个"表示最大元素信息放在饼图顺时针方向的第一个，其余按输入顺序排列；"无"表示无特定排列顺序，按信息输入顺序顺时针排列。

2. 数值轴

在"图表类型"对话框顶部的列表中选择"数值轴"选项，则"图表类型"对话框中出现的内容用于更改图表数值轴的表现形式，如图11-35所示。

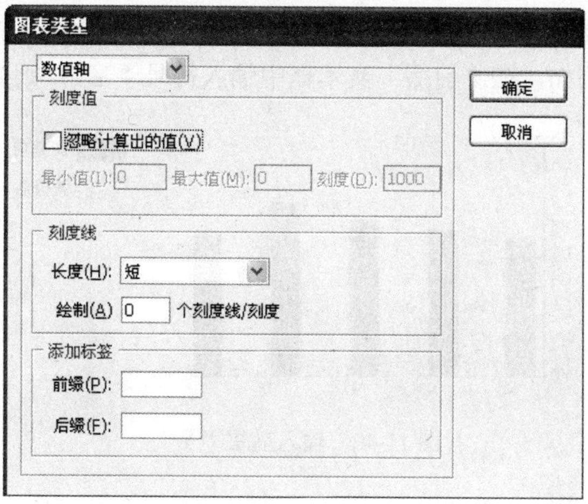

图11-35　"数值轴"选项

刻度值：定义数值轴上的刻度值，Illustrator 默认状态下不选择"忽略计算出的值"选项，此时根据输入的数据自动计算数值轴上的刻度。如果选择此项，可设定数值轴上的刻度。其中"最小值"表示原点的数值；"最大值"表示数值轴上的最大刻度；"刻度"表示在最大和最小数值间分成几部分。

刻度线：控制刻度线的长短和每两个刻度值之间的刻度个数。在"长度"下拉列表中有 3 个选项："无"表示没有刻度线，如图 11-36 所示；"短"表示有短刻度线，如图 11-37 所示；"全部"表示刻度线的长度贯穿图表，如图 11-38 所示。在"绘制"后面的文本框内输入数值"5"，长度选择"短"，则结果如图 11-39 所示。

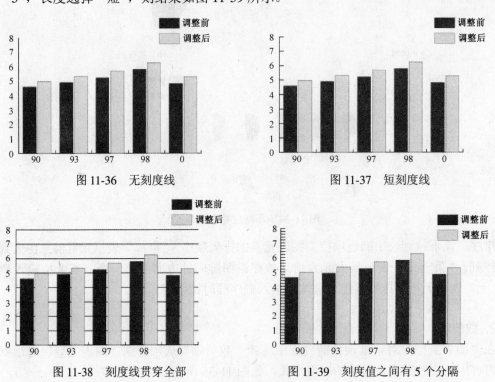

图 11-36　无刻度线　　　　　　　　　　　图 11-37　短刻度线

图 11-38　刻度线贯穿全部　　　　　　　图 11-39　刻度值之间有 5 个分隔

添加标签：可以为数值轴上的数据添加前缀或后缀。分别在"前缀"和"后缀"文本框中输入需要的内容即可，例如，在"前缀"文本框中输入符号"￥"，则效果如图 11-40 所示。

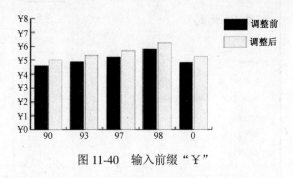

图 11-40　输入前缀"￥"

3. 类别轴

在"图表类型"对话框顶部的列表中选择"类别轴"选项，则"图表类型"对话框中出现的内容用于控制图表类别轴的表现形式，如图 11-41 所示。

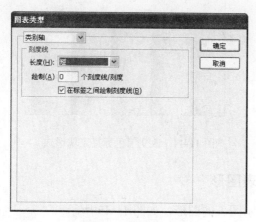

图 11-41 "类别轴"选项

选择"在标签之间绘制刻度线"选项，则在类别轴上添加刻度线。通过"长度"列表框中的选项可控制刻度线长短。

11.4 自定义图表

图表制作完成后，可以自定义图表上类别标签的填充颜色和表现方式，也可以使用自定义图案表现图表，使图表的显示更为生动。

11.4.1 改变图表部分显示

制作图表时，软件默认使用黑色和灰色来表现分类标签。使用编组选择工具双击图例图标，则该图例所表现的标签被选中，如图 11-42 所示。选中后就可以为其填充任意颜色或渐变颜色了，如图 11-43 所示。

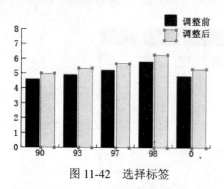

图 11-42 选择标签

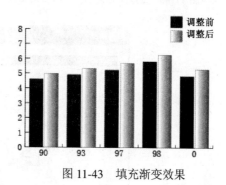

图 11-43 填充渐变效果

用编组选择工具双击黑色图例，执行"对象/图表/类型"菜单命令，在弹出的"图表类型"对话框上选择另一种图表类型，单击"确定"按钮。图 11-44 所示为在"图表类型"对话框上选择"折线图"表现黑色标签。

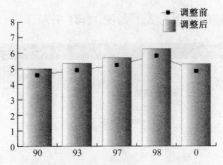

图 11-44　改变黑色标签表现形式

11.4.2　自定义图表图形

在页面中创建用于表示图表的图形，如图 11-45 所示。

选中图形，然后执行"对象/图表/设计"菜单命令，弹出"图表设计"对话框，如图 11-46 所示。单击对话框右侧的"新建设计"按钮，则右侧的列表框中出现"新建设计"字样，在下面的预览框中出现图形的预览图，如图 11-47 所示。

图 11-45　创建图形

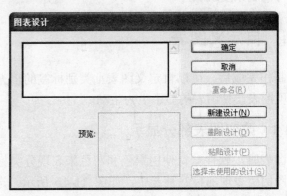

图 11-46　"图表设计"对话框

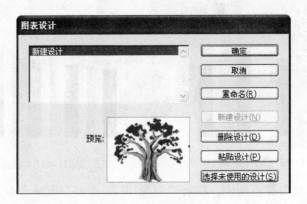

图 11-47　新建设计

列表框内的"新建设计"文字，是新设计图形的名称，要更换这个名称，则单击"重命名"按钮，弹出"重命名"对话框，如图 11-48 所示。在"名称"栏输入名称，单击"确定"按钮，然后单击"图表设计"对话框上的"确定"按钮，就完成了一个图表图形的设计。

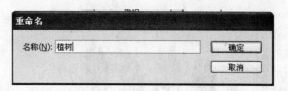

图 11-48 "重命名"对话框

再次执行"对象/图表/设计"菜单命令,在弹出的"图表设计"对话框中便出现刚才定义的图表图形和名称,单击"粘贴设计"按钮,图形便被粘贴到页面中。可对图形进行修改,再对其重新定义。单击"删除设计"按钮,可删除对话框中选择的设计。

11.4.3 应用图表图形

首先选择页面中存在的图表或新建图表(图表为柱形图),图 11-49 所示为 2002 年到 2006 年的植树总量图表。

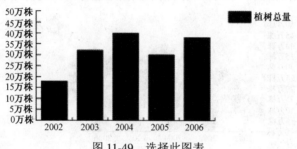

图 11-49 选择此图表

选中图表,再执行"对象/图表/柱形图"菜单命令,弹出"图表列"对话框,在左侧的列表框中选择已定义的图形名称"植树",右侧的预览框中便出现被选图形的预览图,如图 11-50 所示,确定图形无误后,单击"确定"按钮,图表便使用该图形表现数据,如图 11-51 所示。

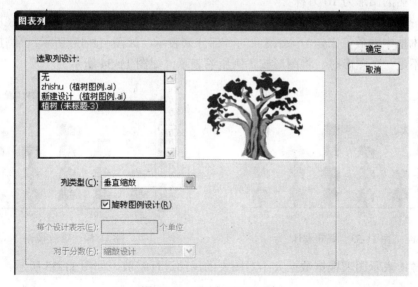

图 11-50 "图表列"对话框

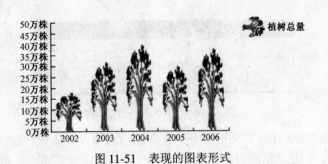

图 11-51　表现的图表形式

单击"图表列"对话框中"列类型"列表框，在弹出的下拉列表中包含"垂直缩放"、"一致缩放"、"重复堆叠"和"局部缩放"4 个选项。

垂直缩放：图表根据数据大小对图表的自定义图形进行垂直方向的缩放，水平方向保持不变，此选项为默认选项。

一致缩放：图表根据数据大小对图表的自定义图形进行同比例的缩放，如图 11-52 所示。

图 11-52　一致缩放

重复堆叠：选择此项后，要结合下面两个选项使用。

"每个设计表示"：表示每个图形代表数据轴上几个单位，如在其后面的文本框内输入 10，表示一个树的图形为 10 万株。

"对于分数"：包含两个选项，"截断设计"表示单位数据不足一个图形时（以"每个设计表示"文本框中的数值来定），由图像的一部分来表示，如图 11-53 所示；"缩放设计"表示单位数据不足一个图形时，将图形按比例压缩表示，如图 11-54 所示。

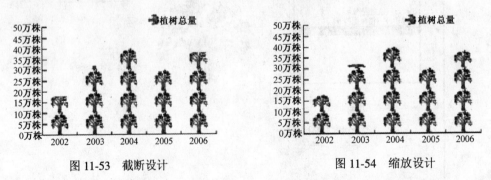

图 11-53　截断设计　　　　　　　　　　图 11-54　缩放设计

局部缩放：表示图表根据数据大小对图表的局部进行缩放，如图 11-55 所示。

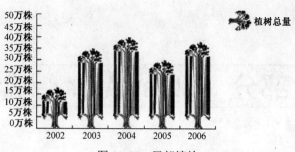

图 11-55　局部缩放

旋转图例设计：在默认状态下此项被选择，图表上的图例顺时针旋转 90°；取消选择此项，图例无旋转，如图 11-56 所示。

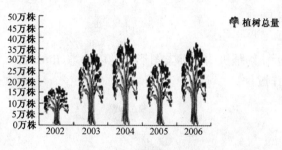

图 11-56　不选择旋转图例设计

第3部分　Illustrator 综合应用

第12章　综合应用

12.1　标志设计

制作如图 12-1 所示一舞蹈机构的标志图形，借以熟悉 Illustrator 基本绘图工具的使用方法。下面将逐步讲解制作过程。

图 12-1　标志示例

（1）单击工具箱中的 ✑（钢笔工具），绘制如图 12-2 所示的形状，并填充黑色，无描边。仍然使用钢笔工具绘制如图 12-3 所示的形状，填充黑色，无描边。将此图形放在图 12-3 所示弧形图的下方，如图 12-4 所示。

图 12-2　绘制形状

图 12-3　绘制形状

图 12-4　图形摆放位置

（2）选择图 12-3 中绘制的图形，双击工具箱中的 ↻（旋转工具），在"旋转"对话框中输入角度值 15，单击"复制"按钮。此时复制的图形是被选中的，设定其描边为白色，使用选择工具移动该图形，摆放位置如图 12-5 所示。在两组图形之间绘制一块形状将其连接，结果如图 12-6 所示。

图 12-5　摆放复制图形　　　　　图 12-6　连接图形

（3）单击工具箱中的（画笔工具），绘制如图 12-7 所示的路径形状（先绘制大体形状，然后使用 "直接选择工具" 做细致调整）。设定描边颜色（C=0，M=100，Y=0，K=0），打开 "画笔" 面板，从面板菜单中选择 "画笔库/艺术效果_油墨" 选项，选择如图 12-8 所示的画笔（标记笔-粗糙）类型，描边大小为 1 pt，将此画笔效果应用到路径，效果如图 12-9 所示。

 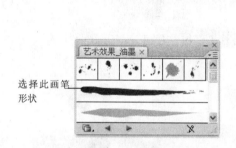 

选择此画笔
形状

图 12-7　绘制路径形状　　　　图 12-8　选择画笔类型　　　　图 12-9　应用画笔效果

（4）选中画笔效果，执行 "编辑/复制" 菜单命令，或按【Ctrl】+【C】键；再执行 "编辑/贴在后面" 菜单命令，或按【Ctrl】+【B】键，复制一个同样的画笔。更改描边颜色（C=60，M=0，Y=100，K=0），适当调整画笔大小和位置，效果如图 12-10 所示。

（5）框选中这两个画笔效果，执行 "对象/编组" 菜单命令，或按【Ctrl】+【G】键，将画笔效果和前面制作的图形组合到一起，如图 12-11 所示。

图 12-10　复制画笔效果　　　　图 12-11　组合图形效果

（6）使用画笔工具绘制如图 12-12 所示的路径形状，在"画笔"面板中选择与刚才同样的画笔类型，效果如图 12-13 所示。

（7）将画笔效果组合到图形中，效果如图 12-14 所示。

图 12-12 绘制路径形状　　　　　图 12-13 画笔效果　　　　　图 12-14 图形组合效果

（8）使用椭圆工具在图形上创建黑色和红色椭圆，如图 12-15 所示。选中所有图形，执行"对象/编组"菜单命令。

（9）使用椭圆工具绘制圆形，填充颜色（C=0，M=20，Y=10，K=0），无描边。选中圆形，执行"对象/排列/置于底层"菜单命令，再将圆形移到图形中，调整其大小，如图 12-16 所示。

（10）选择工具箱中的 IT（直排文字工具），分两排输入文字"旖尚舞蹈"，选择字体为"黑体"，如图 12-17 所示。

图 12-15 添加椭圆效果　　　　　图 12-16 放置圆形　　　　　图 12-17 输入文字

（11）选择刚才的圆形，按住【Alt】键，使用选择工具移动圆形，复制一个同样的圆形（此时复制的圆形是被选中的），执行"对象/排列/置于顶层"菜单命令。

（12）将文字颜色改为白色。同时选中文字和圆形，执行"对象/封套扭曲/用顶层对象建立"菜单命令。将制作的封套变形结果移到图形中，与圆形重合，效果如图 12-18 所示。选中封套变形的文字，执行"对象/排列/置于底层"菜单命令，然后执行"对象/排列/前移一层"命令，最终效果如图 12-19 所示。

图 12-18　放置变形文字　　　　　　　图 12-19　最终效果

（13）选中所有图形，执行"对象/编组"菜单命令，最后存储文件。

12.2　制作风景画 1

结合所学知识，制作如图 12-20 所示的风景画效果。

图 12-20　画面效果

1. 制作背景效果

（1）执行"文件/新建"菜单命令，在"新建文档"对话框中输入文件名"风景画"，设置画板大小为"A4"，单击"取向"中的 <img>（横向）按钮；选择颜色模式为"CMYK"，单击"确定"按钮，完成新文件创建。

（2）单击工具箱中的 <img>（矩形工具），在画板中绘制高 85 mm、宽 210 mm 的矩形，在"渐变"面板中单击"渐变"图标，渐变设置如图 12-21 所示，单击工具箱中的 <img>（渐变工具），对矩形填充渐变，效果如图 12-22 所示。

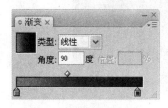

图 12-21　"渐变"设置　　　　　　　图 12-22　渐变填充效果

（3）选中渐变矩形，按【Ctrl】+【2】键锁定所选对象。单击工具箱中的 🖋️（钢笔工具），绘制山脉形状，填充灰色，无描边，并将它们放置在如图 12-23 所示的位置。

（4）单击工具箱中的 🖋️（钢笔工具），绘制如图 12-24 所示的形状，并填充暗绿色，无描边，将其放到山脉的左侧。

图 12-23　绘制山脉　　　　　　　　　　　　　　　图 12-24　绘制形状

（5）继续使用钢笔工具，绘制灌木形状，对形状填充暗绿色，无描边，如图 12-25 所示。双击工具箱中的 🖼️（晶格化工具），在"晶格化工具选项"对话框中设置晶格化选项，然后使用晶格化工具在图形上单击，创建灌木叶子形状，如图 12-26 所示。在灌木形状内部创建颜色稍浅点的形状块，效果如图 12-27 所示。

图 12-25　绘制灌木形状　　　　图 12-26　填充形状　　　　图 12-27　灌木效果

（6）使用"选择工具"框选所有灌木图形，执行"对象/编组"菜单命令，将编组后的对象移到如图 12-28 所示的位置。复制并缩小对象，沿左侧依次排列，效果如图 12-29 所示。

图 12-28　放置对象

图 12-29　复制排列对象

（7）选中所有灌木对象，执行"对象/编组"菜单命令，沿水平方向镜像复制编组后的对象，效果如图 12-30 所示。

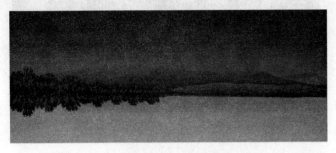

图 12-30　镜像效果

（8）通过矩形工具绘制高 33 mm、宽 210 mm 的矩形，使用"渐变"面板中已设定的渐变颜色填充矩形，设置不透明度为 75%，放置在镜像灌木图形的上面，如图 12-31 所示。

图 12-31　绘制不透明度为 75%的渐变矩形

2．制作雪地效果和景物

（1）使用钢笔工具绘制一块陆地形状，填充暗红色，放在背景图形的右侧，效果如图 12-32 所示。

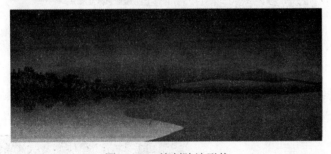

图 12-32　绘制陆地形状

（2）选中刚绘制的陆地图形，执行"编辑/复制"菜单命令，再执行"编辑/贴在前面"菜单命令。对刚复制的图形填充由白到蓝的渐变颜色，使用直接选择工具调整其形状，效果如图 12-33 所示。

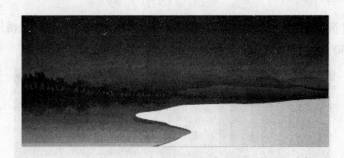

图 12-33　渐变填充图形效果

（3）使用钢笔工具绘制如图 12-34 所示的形状，仍使用刚才制作的渐变颜色，从上到下填充渐变。

图 12-34　从上到下填充渐变效果

（4）绘制另外两块渐变形状，制作起伏的雪地效果，并创建地面在水中的倒影，效果如图 12-35 所示。选中画面中的所有对象，按【Ctrl】+【2】键将画面锁定。

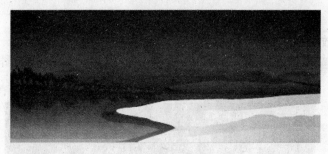

图 12-35　制作雪地效果

（5）使用各种绘图工具绘制如图 12-36 所示的房子形状，将其群组后移到雪地图形上，调整至适当大小，效果如图 12-37 所示。

图 12-36　房子形状

图 12-37　房子放置效果

（6）打开"符号"面板，在符号库中选择"自然界"符号库，选择"树木 1"形状，在页面中喷洒出如图 12-38 所示的图形。单击"符号"面板底部的 ✦✦✦（断开符号链接）按钮，符号变为路径图形，使用工具箱中的编组选择工具，选择图形中颜色较浅的形状区域，将其填充为白色，描边设为无，效果如图 12-39 所示。

图 12-38　创建"树木 1"符号图形

图 12-39　修改符号效果

（7）将松树图形移到画面上，调整至合适大小，效果如图 12-40 所示。

图 12-40　放置树木图形效果

（8）仍然使用"自然界"符号库面板，选择"树木 2"形状，在页面中喷洒出如图 12-41 所示的图形。断开符号链接，执行"对象/取消编组"菜单命令，只保留一颗树木的形状，删除多余的树木。使用编组选择工具，选择树木上的叶子并删除，剩下树干图形，如图 12-42 所示。选中树干，使用黑色对其填充，效果如图 12-43 所示。

图 12-41　创建"树木 2"符号图形

图 12-42　保留的树干

图 12-43　填充树干效果

（9）使用工具箱中的 ✎（美工刀工具）将树干底部切除一部分，然后将剩下的枝干部分移到画面中，放在红色房子的后面，效果如图 12-44 所示。

图 12-44　放置树干效果

（10）使用钢笔工具，画出房子周围栅栏的路径形状，描边设为黑色。使用形状工具或钢笔工具绘制木桩，并沿路径高矮不一地排列，使用画面中已有的树干和灌木丛，放置在栅栏和房子周围，效果如图 12-45 所示。

图 12-45　制作栅栏效果

3．创建星空背景

（1）使用工具箱中的椭圆工具，绘制如图 12-46 所示的大小、颜色不一的圆形，在页面中随机摆放。

（2）全部选中所绘制的圆形，在"画笔"面板菜单中执行"新建画笔"命令，从"新建画笔"对话框中选择"新建散点画笔"类型，单击"确定"按钮。在"散点画笔选项"中的设置如图 12-47 所示。

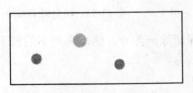

图 12-46　绘制圆形

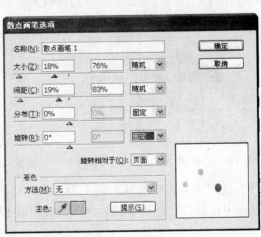

图 12-47　"散点画笔选项"设置

（3）在"画笔"面板中选择刚创建的散点画笔，使用工具箱中的画笔工具在画面中绘制路径，效果如图 12-48 所示。

图 12-48　绘制星空效果

（4）绘制圆形，在"渐变"面板上设置如图 12-49 所示的渐变类型，对圆形填充，创建月亮效果，最终效果如图 12-50 所示。

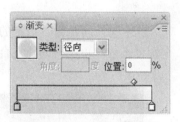

图 12-49　"渐变"面板设置

图 12-50　最终效果

（5）执行"对象/全部解锁"菜单命令，或按【Alt】+【Ctrl】+【2】键。然后使用选择工具框选住全部画面，执行"对象/群组"菜单命令即可。

12.3　制作风景画 2

结合所学知识，制作如图 12-51 所示的风景画效果。

图 12-51　要制作的画面

1．制作背景画面

（1）新建 A4 页面，使用矩形工具绘制高 88 mm、宽 128 mm 的矩形，使用渐变填充，如图 12-52 所示。

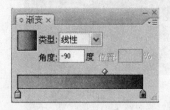

图 12-52　绘制矩形渐变

（2）选择渐变矩形，使用镜像工具，在水平方向镜像复制一个渐变矩形，如图 12-53 所示。选中这两块渐变矩形，按【Ctrl】+【2】键将其锁定。

（3）使用钢笔工具绘制如图 12-54 所示的 3 块颜色深浅不一的形状，从上到下填充的颜色值分别为：C=84，M=40，Y=58，K=4；C=90，M=58，Y=67，K=19；C=92，M=87，Y=80，K=60，无描边。

（4）双击工具箱中的 <img>（混合工具），在"混合选项"对话框中选择间距为"指定的步数"，步数值为 3，取向为"对齐路径"。然后在画面中的 3 个图形上依次单击，创建混合效果，如图 12-55 所示。

图 12-53　镜像复制渐变矩形　　　图 12-54　绘制不同颜色的形状　　　图 12-55　创建的混合效果

（5）使用钢笔工具绘制如图 12-56 所示的两个山体图形，分别填充颜色 C=67，M=21，Y=39，K=26 和 C=87，M=56，Y=60，K=12，无描边。

（6）使用选择工具将这两个图形移到画面中混合图形的后面，如图 12-57 所示。

2．制作景物图形

（1）使用钢笔工具绘制如图 12-58 所示的树干形状，填充黑色，无描边。

（2）在树干形状上绘制较细的枝干，如图 12-59 所示。然后绘制任意形状块并添加到枝干上，最终树的形状如图 12-60 所示。

图 12-56　绘制山体形状　　　　　　　　　图 12-57　放置山体形状

图 12-58　绘制树干形状　　　　图 12-59　添加枝干　　　　图 12-60　最终树的形状

（3）使用选择工具选中组成树形状的所有图形，执行"对象/编组"菜单命令。将成组后的树形移到画面中，置于顶层，摆放位置如图 12-61 所示。

（4）使用钢笔工具绘制如图 12-62 所示的形状图形，填充颜色为 C=59，M=18，Y=35，K=0，无描边。再复制两个此图形，并将其依次放大，改变填充颜色，分别为 C=72，M=31，Y=44，K=0 和 C=48，M=0，Y=22，K=0，摆放次序如图 12-63 所示。

图 12-61　放置树形　　　　图 12-62　绘制花瓣图形　　　　图 12-63　复制摆放图形

（5）双击工具箱中的 （混合工具），在"混合选项"对话框中选择间距为"指定的步数"，步数值为 5，取向为"对齐路径"。然后在画面中的 3 个图形上依次单击，创建混合效果，如图 12-64 所示。

（6）用同样方法创建其他的荷花瓣（花瓣的颜色有所不同，用户可根据情况稍作调整），将创建好的花瓣摆放到一起，组成荷花的形状，效果如图 12-65 所示。最后创建一根花径，将其放到花瓣的下层，选中组成荷花的所有图形，将它们编组。

图 12-64　混合创建荷花瓣效果　　　　　　图 12-65　组成荷花效果

（7）用同样方法创建另一朵未开放的荷花，如图 12-66 所示，也将此荷花编组。然后将这两朵荷花移到画面中，摆放位置如图 12-67 所示。

图 12-66　创建另一朵荷花　　　　　　图 12-67　在画面中摆放荷花

（8）使用钢笔工具在画面中绘制水中荷叶，填充色为 C=92，M=69，Y=70，K=43，如图 12-68 所示。

（9）使用基本形状工具在画面中绘制一个圆形和矩形，填充白色，无描边，如图 12-69 所示。选中矩形，再执行"滤镜/扭曲/粗糙化"菜单命令，在"粗糙化"对话框中调整"大小"和"细节"选项，设定粗糙化效果，如图 12-70 所示。

（10）执行"对象/全部解锁"菜单命令，或按【Ctrl】+【Alt】+【2】键。使用选择工具框选住全部画面，执行"对象/编组"命令即可。

图 12-68　创建荷叶

图 12-69　绘制圆形和矩形

图 12-70　创建粗糙化滤镜

12.4　网页设计

通过一个简单的网页布局实例（如图 12-71 所示）。介绍 Illustrator 中如何制作具有网页特点的图形，以及切片工具的用法。

图 12-71　图形效果

1．制作标题背景

（1）新建宽度为 240 mm，高度为 300 mm 大小的画板。在"渐变"面板上设置如图 12-72 所示的渐变类型。使用矩形工具绘制宽度为 240 mm，高度为 70 mm 的矩形，填入刚才设置的渐变颜色，无描边，效果如图 12-73 所示。

（2）使用钢笔工具绘制云朵的形状（可以通过直接选择工具和变形工具组中的工具调整形状），填充由白色到浅蓝色的渐变。调整每个云朵的大小和不透明度，使其在背景上产生不同远近的空间效果，如图 12-74 所示。

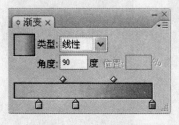

图 12-72 "渐变"面板设置

图 12-73 填充渐变效果

图 12-74 制作云层

（3）使用钢笔工具绘制山脉形状，并填充渐变颜色，放置在刚才的背景画面中，如图 12-75 所示。

图 12-75 绘制山脉

（4）创建如图 12-76 所示的灌木图形，摆放到山体的下方，如图 12-77 所示

图 12-76 灌木图形

图 12-77 放置灌木图形

（5）创建如图 12-78 所示的渐变图形，并使用工具箱中的 ![皱褶工具图标]（皱褶工具）对图形的上边缘进行皱褶变形，然后重叠摆放到天空背景图形的下方，效果如图 12-79 所示。

2．制作房屋图形

（1）使用钢笔工具绘制两个等腰梯形，填充渐变颜色，制作房屋墙面的效果，如图 12-80 所示。

（2）在梯形的底边上绘制渐变图形，效果如图 12-81 所示。

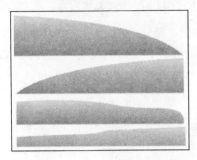

图 12-78　绘制渐变图形

图 12-79　摆放图形

图 12-80　绘制墙面图形

图 12-81　绘制底边图形

（3）使用矩形工具绘制两个矩形，适当调整矩形形状，填充暗红色，无描边，如图 12-82 所示。复制这两个形状，等比例缩小，然后填充灰色。使用直线工具在灰色矩形上绘制线条，设置较深的颜色描边，无填充，创建的窗户效果如图 12-83 所示。

图 12-82　填充形状

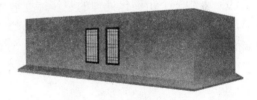

图 12-83　创建的窗户效果

（4）在房屋墙面上绘制如图 12-84 所示的条形。绘制具有木质文理的图形，摆到房屋轮廓上，如图 12-85 所示。

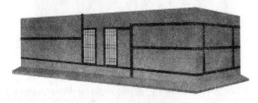

图 12-84　绘制条形

图 12-85　创建木质图形

（5）绘制如图 12-86 所示的图形，使用变形工具组中的"晶格化"和"皱褶"工具对图形底边缘进行变形处理，效果如图 12-87 所示。

图 12-86 绘制房顶图形

图 12-87 变形处理效果

（6）使用钢笔工具绘制如图 12-88 所示的路径（无填充，描边为黑色，大小为 2 pt）。执行"效果/扭曲和变形/粗糙化"菜单命令，在"粗糙化"对话框中设置"大小"为 1%，细节为 60，创建的粗糙化路径如图 12-89 所示。

图 12-88 绘制路径

图 12-89 粗糙化路径

（7）调整刚执行粗糙化的路径不透明度，并复制路径，排列效果如图 12-90 所示。

（8）在该图形的左侧绘制一个与其形状重合的图形，填充黑色，无描边，也对边缘进行变形处理，调整不透明度至 8%，效果如图 12-91 所示。

图 12-90 复制路径效果

图 12-91 创建不透明度图形效果

（9）复制一个粗糙化处理的路径，摆放到墙面图形的上缘；再复制图 12-80 所示的墙面图形，设置填充色为黑色，无描边。对边缘进行变形处理，然后调整其不透明度，作为屋顶在墙面的投影，如图 12-92 所示。

（10）将制作的屋顶图形移到墙面图形上，效果如图 12-93 所示。

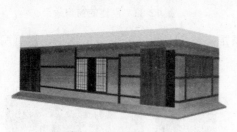

图 12-92 制作投影

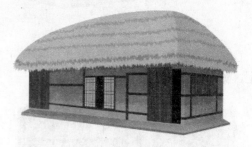

图 12-93 房屋形状

（11）制作如图 12-94 所示的箩筐图形，调整其大小，然后将它摆放到墙面上，如图 12-95 所示。选中房屋图形，执行"对象/编组"菜单命令。

图 12-94 笸筐图形

图 12-95 摆放笸筐位置

3. 布置景物

（1）镜像复制一个房屋图形，分别摆放到背景画面中，如图 12-96 所示。

图 12-96 放置房屋图形

（2）制作如图 12-97 所示的木桶图形，连续复制多个，调整至不同大小并摆放到画面中，如图 12-98 所示。

图 12-97 木桶图形

图 12-98 放置木桶图形

（3）绘制树木图形，将图形创建为符号，以便重复使用。在画面中创建不同大小的树木，如图 12-99 所示。

图 12-99 创建树木

（4）创建如图 12-100 所示的图形形状，复制该形状并重复排列，再选中复制的所有形状，将它们群组，统一填充渐变效果，如图 12-101 所示。

图 12-100　创建图形　　　　　图 12-101　复制图形填充渐变

（5）在刚复制创建的图形上稀疏地摆放几个图 12-100 中的图形，然后绘制两个条形，填充渐变颜色，完成栅栏图形的创建，如图 12-102 所示。

图 12-102　创建栅栏图形

（6）将栅栏图形摆放到画面中，在栅栏底部创建投影，效果如图 12-103 所示。

图 12-103　放置栅栏图形

4．创建果枝

（1）绘制如图 12-104 所示的路径形状，在"渐变"面板中设置渐变类型，如图 12-105 所示，使用该渐变效果填充路径，无描边，效果如图 12-106 所示。

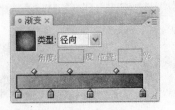

图 12-104　绘制水果路径形状　　　图 12-105　设置"渐变"面板　　　图 12-106　填充渐变效果

（2）创建如图 12-107 所示的渐变图形，将该图形放到水果形状上，如图 12-108 所示。

图 12-107　创建果叶图形

图 12-108　创建水果图形

（3）绘制如图 12-109 所示的路径形状，在"渐变"面板中设置渐变类型，如图 12-110 所示，使用该渐变效果填充路径，无描边，效果如图 12-111 所示。

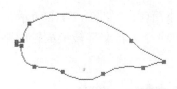

图 12-109　绘制路径形状

图 12-110　设置"渐变"面板

图 12-111　填充渐变效果

（4）在刚创建的叶子形状上绘制叶筋形状，填充白色，无描边，调整其不透明度，得到如图 12-112 所示的效果。用同样方法制作其他叶子图形。

（5）绘制如图 12-113 所示的枝干形状，复制水果和叶子图形，摆放到枝干上，效果如图 12-114 所示。

图 12-112　创建叶子图形

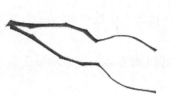

图 12-113　创建枝干形状

图 12-114　组合果枝图形

（6）将果枝图形摆放到画面中，如图 12-115 所示。

图 12-115　摆放果枝效果

（7）置入从本书指定地址下载的"图形/第 12 章/人物图形"文件，如图 12-116 所示，在画面上绘制两条小路，再把人物图形摆放到画面中，如图 12-117 所示。

图 12-116　置入人物

图 12-117　放置人物并绘制小路

5．创建文字效果

（1）使用文字工具输入文字"农家乐"，选择字体"方正详隶简体"，如图 12-118 所示。

（2）使用选择工具单击文字，执行"文字/创建轮廓"菜单命令，将文字转换成轮廓路径，如图 12-119 所示。

图 12-118　输入文字

图 12-119　文字轮廓路径

（3）使用直接选择工具拖动文字上的锚点，调整文字某一笔画的形状，或在笔画之间绘制路径，使它们首尾相连（调整笔画形状时，可使用钢笔工具和转换锚点工具在路径上添加、减去锚点以及转换锚点类型），调整效果如图 12-120 所示。

（4）使用钢笔工具绘制如图 12-121 所示的形状路径，删除"乐"字右侧的点，将绘制的形状添加到此处，如图 12-122 所示。

（5）选中全部文字，在"路径查找器"面板中单击 （区域相加）按钮，再单击后面的"扩展"按钮，文字路径被合并。

（6）使用变形工具组中的"旋转扭曲工具"和"扇贝工具"对"农"和"家"做变形处理，效果如图 12-123 所示。

图 12-120　调整文字笔划

图 12-121　绘制形状

图 12-122　整合笔划

图 12-123　变形处理

（7）在"渐变"面板中设置如图 12-124 所示的渐变效果，使用该渐变效果对文字填充，如图 12-125 所示。

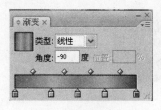

图 12-124 渐变设置

图 12-125 渐变填充

（8）把文字摆放到画面的右上方，然后输入文字"旅游"，文字设置为绿色，放到"乐"字的最后一笔上，如图 12-126 所示。

图 12-126 放置文字

6. 布局其他内容

（1）使用矩形工具绘制网页中其他内容的布局区域，如图 12-127 所示。

（2）选中所有矩形，从"图形样式"面板菜单中执行"打开图形样式库/艺术效果"菜单命令，在弹出的"艺术效果"图形样式库面板中选择"雕刻"样式，如图 12-128 所示。

图 12-127 布局内容区域

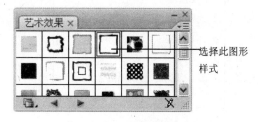

选择此图形样式

图 12-128 选择图形样式

（3）在工具箱中将描边颜色值更改为 C=14，M=10，Y=0，K=0，描边大小为 1 pt，更改的矩形框样式如图 12-129 所示。

（4）绘制如图 12-130 所示的路径形状，设置蓝色渐变，沿垂直方向填充，制作出按钮图形的样式，效果如图 12-131 所示。

图 12-129　更改图形样式

（5）再复制两个按钮图形，将其中一个垂直镜像，然后水平对齐组合。选中这两个按钮图形，单击"路径查找器"面板中的▢（区域相加）按钮，再单击后面的"扩展"按钮。

图 12-130　绘制路径　　　　　　　　　　　图 12-131　按钮图形样式

（6）将制作的两种按钮图形分配到页面中每个矩形框内，如图 12-132 所示。

（7）在页面底部绘制一个矩形，填充绿色渐变，无描边，如图 12-133 所示。

图 12-132　分配按钮图形　　　　　　　　　图 12-133　绘制渐变矩形

（8）最后使用文字工具输入按钮名称以及网站信息，创建与画板等大的剪切蒙版，完成最终效果，如图 12-134 所示。

7．切割网页

（1）单击工具箱中的✎（切片工具），在完成的网页图形中分割出需要的部分，分割后的每个部分都带有编号，如图 12-135 所示。

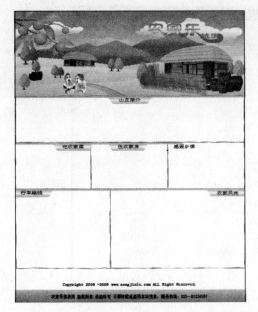

图 12-134　最终效果　　　　　　　　　　　　　图 12-135　分割区域

（2）分割之后执行"文件/存储为 Web 所用格式"菜单命令，弹出"存储为 Web 和设备所用格式"对话框，如图 12-136 所示。

（3）存储的图形默认为 GIF 格式，图形中白色的区域显示为透明，可以单击某一分割的区域，单独为其更改存储格式，如果选择 JPEG 格式，则显示白色区域。

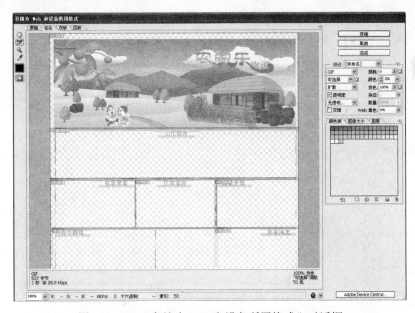

图 12-136　"存储为 Web 和设备所用格式"对话框

（4）设置完"存储"对话框，单击"存储"按钮，指定文件存储位置，输入文件名称，在"保存类型"下拉列表中选择"HTML 和图像（*. html）"，将在指定位置下存储一个 HTML 文件和"图像"文件夹，打开这个 HTML 文件将看到一幅完整的图形，打开"图像"文件夹，其中包含了所有分割后的单个图像，如图 12-137 所示。

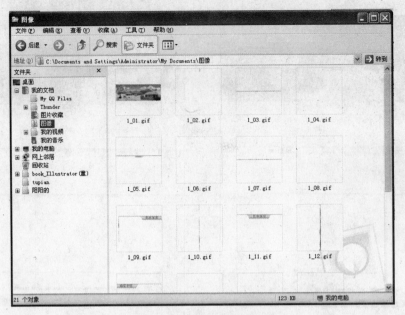

图 12-137　"图像"文件夹

　　（5）在"设置"下拉列表中选择"默认设置"选项；如果从"切片"下拉列表中选择"所有切片"，则"图形"文件夹中保存所有分割的切片；如果选择"所有用户切片"选项，则存储的文件中不包含空白切片选项，如果选择"选中的切片"选项，则存储的文件中只包含在"存储为 Web 和设备所用格式"对话框中所选择的切片。